FRANÇOIS RENAUD, WILLY HANSEN

# DICTIONNAIRE DES PRÉCURSEURS EN BACTÉRIOLOGIE

Les grands savants de l'infiniment petit

**ISBN 2-7472-0710-2**


**Editions ESKA**
**12, rue du Quatre-Septembre 75002 PARIS**
**Tél. : 01 42 86 56 00 - Fax : 01 42 60 45 35**

http://www.eska.fr

FRANÇOIS RENAUD, WILLY HANSEN† et JEAN FRENEY

# DICTIONNAIRE DES PRÉCURSEURS EN BACTÉRIOLOGIE

Les grands savants de l'infiniment petit

SFM

Editions ESKA

## À propos des auteurs

***François Renaud*** est Maître de Conférences au département de Génie Biologique de l'IUT A de Lyon. Il effectue ses recherches en bactériologie au sein de l'Institut des Sciences Pharmaceutiques et Biologiques de Lyon.
Merci de transmettre vos commentaires à l'adresse suivante :
francois.renaud@sante.univ-lyon1.fr

***Willy Hansen*** (1934-2002) était Biologiste des Hôpitaux, Praticien Hospitalier et Maître de Stage au Centre Hospitalier Universitaire Brugmann à Bruxelles. Il a enseigné la microbiologie à l'Université Libre de Bruxelles.

***Jean Freney*** est Professeur des Universités et enseigne la microbiologie à l'Institut des Sciences Pharmaceutiques et Biologiques de Lyon. Il est également Praticien Hospitalier à l'hôpital Edouard Herriot de Lyon.

# Préface

Auguste Comte disait : « *On ne connaît pas complètement une science tant qu'on n'en sait pas l'histoire* ». Cette pensée s'adapte parfaitement à l'initiative d'écrire un dictionnaire des « Précurseurs de la Bactériologie ». François Renaud et Jean Freney avec le concours du regretté Willy Hansen s'inscrivent pleinement dans cette perspective.

En Microbiologie et en Bactériologie en particulier, l'origine des noms, dont certains sont d'usage courant ou qui deviennent des éponymes comme « la boîte de Petri », mérite toute notre attention afin d'en cerner toute la signification. Dans l'enseignement de la Bactériologie, le concept des noms, des genres et des espèces est important puisqu'ils tirent leurs origines prestigieuses du passé, en éclairant encore le présent par le sens aigu de la découverte ayant présidé aux appellations et aux dénominations. Ces auteurs ont donné au cours des deux siècles passés, lettres de noblesse et avancées scientifiques à la Bactériologie. Celle-ci a largement montré par la diversité de ses implications dans la Vie et dans la connaissance des génomes, une place prépondérante.

Il y a dans la découverte, une longue pérégrination de la pensée jusqu'à l'aboutissement du fait qui devient réalité. Les auteurs cités tout au long de ce dictionnaire ont contribué très largement à la naissance et à l'évolution de la Bactériologie. La lumière scientifique ne naît pas par génération spontanée, aussi l'évocation des découvreurs de la Bactériologie et acteurs historiques rassemblés dans cet ouvrage, permet à la lumière du passé d'éclairer le présent, de le comprendre mais aussi de l'honorer. En ce sens, l'entreprise de nos collègues se transcende d'une manière éclatante en affirmant tous les acquis que nous devons à ces auteurs prestigieux. Nous pouvons encourager tous les enseignants et chercheurs à retrouver dans l'origine des noms ce qui est nécessaire pour la compréhension du présent. La science est un devenir et non un état ; on ne peut jamais considérer les connaissances comme mortes ou figées. Le véritable scientifique, aussi bien que l'historien des sciences, doit comprendre le présent, mais également appréhender le passé qui fait toujours partie dans bien des cas du présent.

Nous avons vu récemment quel était l'intérêt que portaient nos collègues, jeunes ou moins jeunes, à l'histoire de la Microbiologie, puisque les sessions « Histoire et Épistémologie » lors de notre dernier Congrès de la Société Française de Microbiologie « Bordeaux 2004 », ont connu une grande affluence. Nous souhaitons ainsi que cet ouvrage reçoive le meilleur accueil des microbiologistes intéressés par l'origine des mots, des sciences et de leur histoire.

Strasbourg, décembre 2004.

*Henri Monteil*
*Président de la Société Française de Microbiologie*

# Avant-propos

Tous ceux qui s'intéressent à la bactériologie retrouveront ici les aspects fondamentaux de la mise en évidence des différents concepts de la microbiologie ainsi que la découverte des différentes bactéries. Quels ont été les rôles fondamentaux joués par Richard Petri ou Walther Hesse dans les grandes avancées de notre discipline ? Anthonie van Leeuwenhoek a-t-il réellement inventé le microscope ? Comment Hans Joachim Christian Gram a-t-il mis au point la coloration qui sert de base à l'identification bactérienne depuis tant d'années ? Quelles influences Louis Pasteur et Robert Koch ont-ils eues sur les grands courants de la pensée scientifique de l'époque ?

L'écriture d'un tel ouvrage n'a pas été aisée, une des difficultés majeures ayant été de positionner des limites dans le temps et entre les disciplines.

C'est en observant sous la lentille du microscope le monde vivant très petit des microbes, que les pionniers de la microbiologie ont pu faire des relations entre ces derniers et les maladies. La théorie de la génération spontanée a alors été sévèrement critiquée à travers de grandes polémiques mémorables, pour être finalement abandonnée. Certains de ces microbes, les virus, n'étaient pas visibles car encore trop petits pour être observables avec les instruments de l'époque, mais ces savants les ont quand même manipulés sans le savoir pour, par exemple, réaliser des immunisations. Ceci nous montre d'ailleurs que l'émergence de l'immunologie a été étroitement liée aux grandes avancées de la microbiologie, les techniques d'immunisation ayant été pratiquées indifféremment sur les bactéries ou sur les virus.

En ce qui concerne la limite temporelle, ce qui est certain, c'est que tous ceux qui ont trouvé place dans ce livre ne sont plus là de nos jours pour témoigner de leurs travaux : ce critère a peut-être guidé notre choix.

Afin que la lecture ne soit pas trop rébarbative, nous avons volontairement introduit des aspects personnels de la vie de ces femmes et de ces hommes : de plus, l'anecdote peut parfois être source de réflexion.

Certains de ces découvreurs ne sont pas cités ici bien qu'ils auraient pu y avoir largement leur place. Pour d'autres, tel ou tel aspect de leur travail semble ne pas avoir été évoqué. Nous attendons vos remarques, vos compléments, vos suggestions car, même si ce livre a un aspect historique, il doit continuer à vivre et à évoluer. Nous en tiendrons le plus grand compte pour les éditions futures.

Nous remercions ici la Société Française de Microbiologie et la banque d'images de l'Institut Pasteur pour leur aide et l'illustration de cet ouvrage.

Les enseignants trouveront ici de quoi agrémenter leurs cours et initier les élèves à l'histoire de la bactériologie et/ou à l'épistémologie, sciences de plus en plus importantes de nos jours.

Nous tenons à dédier cet ouvrage à nos deux amis, Willy Hansen et Claude Bollet, avec lesquels nous avons écrit plusieurs ouvrages scientifiques et/ou d'aspect historique. Nous avions avec eux des relations d'amitié très fortes et leur absence nous est particulièrement douloureuse. Nous pensons à eux et à leurs proches et nous nous félicitons de les avoir connus.

*François Renaud et Jean Freney*

*Hommage à Willy HANSEN*

## HANSEN Mathieu Willy (1934-2002)

Willy est né le 25 mars 1934 à Bourg Léopold (Leopoldsburg) dans le Limbourg, province néerlandophone de la Belgique.
À 15 ans, il rejoignit Bruxelles afin d'y poursuivre ses études. La capitale de la Belgique étant en majorité francophone, il ajouta à son néerlandais natal, la langue française qu'il maîtrisera parfaitement par la suite. Très doué pour les langues, il parlait également l'anglais, l'allemand et l'espagnol. Ses études d'ingénieur chimiste terminées, il fut admis au Centre Hospitalo-Universitaire Brugman dans lequel il effectuera toute sa carrière.
Il eut alors un véritable coup de foudre pour la bactériologie.
Parallèlement à son travail de laboratoire, il enseignait à l'Université Libre de Bruxelles où sa pédagogie, sa culture et son sens de l'humour faisaient de lui un enseignant apprécié et respecté : il n'avait qu'une exigence, le travail.
À l'âge de 54 ans, il soutint sa thèse de Docteur en Biologie Médicale Appliquée. Cet imposant travail intitulé « Révision systématique et caractérisation chimiotaxonomique des bacilles à Gram négatif aérobies stricts (non fermentants) pathogènes opportunistes » résume toute la carrière scientifique de Willy : il possédait et appliquait parfaitement les méthodes d'identification conventionnelles ainsi que les techniques chimiotaxonomiques de pointe.
Il aimait la langue française, il aimait la France et il a épousé une compatriote francophone, Claire, qui lui fit découvrir ce pays dont il a beaucoup apprécié la douceur du climat de l'arrière pays niçois, la bonne chaire et les vins qui vont avec !
Il avait une autre passion : l'entomologie. Pendant plus de 40 ans, il arpenta le département des Alpes-Maritimes à la recherche des coléoptères et des lépidoptères dont il a décrit plusieurs espèces. Il était aussi internationalement connu dans ce domaine. Nous accompagnant dans les différents congrès de bactériologie, que ce soit en France ou à l'étranger, il était toujours muni de son filet à papillons et de ses petites boîtes, spécialement préparées pour la conservation des insectes !
Le couple s'installa définitivement dans le Sud-Est de la France, à la Bollène-Vésubie en 1992 au moment où Willy prit sa retraite.
Bien intégré dans son petit village, « le Belge » comme il était familièrement appelé, avait été élu au conseil municipal. Le musée d'entomologie qu'il a créé est un modèle de pédagogie que nous vous invitons à découvrir.
Willy avait commencé l'écriture d'un dictionnaire des bactériologistes avant d'être atteint par cette terrible maladie qui l'a emporté dans la souffrance en juillet 2002, sans qu'il n'ait jamais pu le terminer.
Nous lui dédions bien amicalement cet ouvrage.

*Hommage à Claude Bollet*

## BOLLET Claude (1956 – 2004)

Claude est né à Marseille d'un père jurassien peintre et juriste et d'une mère corse et pharmacienne. Il hésita longtemps entre la magistrature et la médecine pour finalement tenter l'aventure médicale. Sa culture était pluridisciplinaire. Il aurait pu être linguiste car il s'intéressait aux langues anciennes mais aussi aux langues modernes européennes comme le russe qu'il pratiquait couramment. Il sera d'ailleurs choisi comme expert plusieurs fois en ex-URSS. Il avait une passion pour les arts de l'Asie mais également pour l'Histoire, en particulier celle de la Microbiologie.
C'était un homme de la mer. Il pratiquait la voile et avait de longues années durant été membre d'une association de plongée archéologique qui découvrit le « Grand Saint Antoine », le bateau ayant apporté la peste à Marseille en 1720 et qui fera d'ailleurs le sujet de sa thèse. Il était également montagnard. Bon skieur, bon varappeur, il avait récemment conquis le Kilimandjaro et le Toubkal. C'était une force de la nature et un voyageur infatigable. Avec Christine son épouse, il a eu 3 enfants, Sacha, Jo et Hugues avec lesquels il avait des relations très proches, les guidant à la fois sur les chemins de leur vie personnelle et les emmenant aussi dans de grandes marches sportives.
Microbiologiste, enseignant et praticien hospitalier à Marseille, Claude Bollet était un spécialiste incontesté des bactéries du genre *Enterobacter*. Plus d'une trentaine de publications et de communications sur cette bactérie montrent son attachement à ce pathogène opportuniste. Il a tout particulièrement caractérisé les aptitudes d'*Enterobacter* à déclencher des épisodes infectieux, à coloniser les services hospitaliers régionaux puis nationaux et maintenant européens, mais aussi à répondre à notre arsenal thérapeutique en étudiant ses mécanismes de résistance aux antibiotiques.
Au cours de sa vie professionnelle, il a assuré la formation d'étudiants et d'assistants hospitaliers et universitaires ainsi que de nombreux stagiaires étrangers : son enthousiasme, son savoir et ses intuitions ont marqué ses étudiants. Ses qualités d'enseignant l'ont conduit à dispenser des cours au Maroc, en Chine, au Vietnam et en Russie. Il montrait un profond sens du partage des connaissances et n'a jamais compté ni ses explications, ni les discussions sur la bactériologie et la clinique dès lors que les questions lui étaient posées.
Il y avait chez Claude un côté provocateur et même marginal. On le connaissait bougon, râleur, voire provocateur mais ce n'était qu'une apparence. Généreux et serviable, il ne laissait jamais personne dans la difficulté. Il considérait comme une vertu majeure l'honnêteté scientifique. C'était un homme de grande culture, humble voire pudique. Il nous manque beaucoup.

# A

## ABADIE Bernard (1818-1888)

Médecin français qui exerça à Nantes au XIXe siècle ; il s'intéressa particulièrement à la syphilis et soigna les malades atteints par cette maladie infectieuse sexuellement transmissible.
C'est Abadie qui introduisit en 1870 le cyanure de mercure (administré par voie intraveineuse) dans le traitement de la syphilis.
Il a encore décrit un symptôme dénommé « signe d'Abadie » se caractérisant par l'absence de douleur à la pression du tendon d'Achille en cas de tabès (= manifestation neurologique tardive de la syphilis).

## ABBOTT Alexander Crever (1860-1935)

Bactériologiste et hygiéniste américain, né à Baltimore. Il devint Professeur de Bactériologie et Directeur du Laboratoire d'Hygiène de Philadelphie. Abbott écrivit plusieurs manuels de bactériologie qui eurent beaucoup de succès à cette époque.

## ABEL Rudolf (1868-1942)*

Bactériologiste allemand, né à Francfort-sur-l'Oder. Abel était l'assistant de Friedrich Loeffler* lorsque celui-ci était Professeur d'Hygiène à Greifswald ; plus tard il fut nommé lui-même Professeur de Bactériologie à l'Université d'Iéna en Thuringe.
Rudolf Abel a publié un grand nombre d'articles et d'ouvrages ; il est surtout connu pour avoir mis en évidence la présence d'antitoxines chez les sujets normaux sans qu'il y ait des pathologies ou des traitements.
** À ne pas confondre avec ABEL John Jacob (1857-1938), biochimiste et physiologiste américain, ni avec ABEL Niels (1802-1829), jeune et talentueux mathématicien norvégien qui créa la théorie des intégrales elliptiques.*

## AMIDA Ezius d'(Ezius d'Amida), (AMIDE Aetius d') (Aetius d'Amide) (502-575)

Médecin byzantin né en Asie Mineure (à Diyarbakir très précisément, dans l'actuelle Turquie). Il a passé une grande partie de sa vie à Amida en Mésopotamie (d'où son nom) avant de s'établir à Byzance où il devint le médecin personnel de l'empereur Justinien.
Il écrivit un énorme ouvrage médical, le « *Tetrabiblion* », dans lequel il a décrit d'une façon remarquable l'œil et les maladies oculaires. Il y exposait également ses observations sur la goutte et les rhumatismes.

Il est également question de la diphtérie dans ce livre où Ezius d'Amida évoque pour la première fois la paralysie du voile du palais, complication de l'atteinte diphtérique.
C'est aussi Ezius d'Amida qui introduisit le terme « Acné » (du grec « *acmê* » = pointe).
Médecin de grande réputation et excellent parasitologue, il a largement contribué à l'étude des *Ascaris* et de la filaire de Médine (*Dracunculus medinensis*).

## ANDREWES Frederick William (1859-1932)*

Médecin anglais qui fit ses études à la célèbre Université d'Oxford, puis au St. Bartolomew's Hospital de Londres. Il fut nommé Professeur de Pathologie à l'Université de Londres en 1912.
Andrewes était surtout connu pour son sens didactique et ses grandes qualités pédagogiques qui faisaient de ce clinicien talentueux un enseignant apprécié et très écouté.
En bactériologie, il s'est particulièrement intéressé au « groupe » des streptocoques ainsi qu'aux salmonelles. Sa contribution à l'étude des *Salmonella* est importante puisque c'est lui qui a introduit l'utilisation d'antisérums monospécifiques dans l'identification des « espèces » (actuellement « sérotypes ») du genre *Salmonella*. Sur la base des résultats obtenus avec ces antisérums monospécifiques, Andrewes fit la constatation que les bactéries d'une culture pure n'étaient pas nécessairement toutes agglutinées par cet antisérum, d'où la notion de culture di- (ou bi) phasique et le concept de variation de phase.
Andrewes écrivit également de nombreux ouvrages en rapport avec l'immunologie et la bactériologie. Il fut anobli en 1920.
* *À ne pas confondre avec ANDREWS Christofer Howard (né en 1896) qui cultiva en 1929 le virus III du lapin en culture de tissus, ni avec ANDREWS Edmund W. (1824-1904), chirurgien américain, ou encore ANDREWS Thomas (1913-1885), physicien irlandais (tous ANDREWS et non ANDREWES).*

## AOYAMA Tanemichi (1859-1932)

Médecin japonais né en 1859. Durant l'épidémie de peste en 1894, ce Professeur de Pathologie et de Médecine Interne à l'Université de Tokyo accompagna le célèbre Shibasaburo Kitasato* à Hong-Kong afin d'étudier l'agent étiologique de la maladie. Il contracta lui-même la peste ainsi que son assistant Nakahara en pratiquant le 26 juin 1894 l'autopsie d'un pestiféré. Nakahara succomba. Aoyama qui survécut publia 48 observations cliniques dont la sienne et celle de son malheureux assistant. Dans ses observations, on peut noter : « ... nous ne constations aucune plaie, et cependant, nous étions infectés,... le bacille de la peste doit pénétrer par des plaies invisibles ». Dans un autre cas et à propos d'une petite lésion cutanée : « ... cela ressemble à une piqûre de puce qui grossit... ». Le rôle de la puce dans la transmission de la peste sera mis en évidence en 1898 par Paul-Louis Simond*.

*Enfants sur un terrain vague de Paris montrant des rats morts pendant l'épidémie de peste de 1920 © Institut Pasteur*

## APPERT Nicolas (1749-1841)*

Industriel français et fils d'hôtelier, Nicolas Appert est né à Châlons-sur-Marne où il fonda une brasserie avec ses deux frères. Il fut également confiseur à Paris. Il se qualifiait lui-même de « Propriétaire à Massy, département de Seine-et-Oise, ancien confiseur et distillateur, élève de la bouche de la maison ducale de Christian IV » dans son livre publié en 1810 intitulé « L'art de conserver pendant plusieurs années toutes les substances animales et végétales ».

Il fut cuisinier de plusieurs maisons princières, dont notamment celles du duc des Deux-Ponts, de Christian IV, et de la princesse de Forloch.

On lui doit, en 1809, la technique assez originale et empirique (pour l'époque), appelée par la suite « appertisation », de la conservation des aliments par un procédé de chauffage en vase clos dans des boîtes métalliques étanches dénommées « conserves ».

Inspiré par les expériences que réalisa l'abbé Lazaro Spallanzani*, Appert introduisit des petits pois et de l'eau dans un récipient en verre qu'il obtura hermétiquement puis plaça l'ensemble dans de l'eau bouillante pendant une heure. Il constata, comme Spallanzani l'avait fait 50 ans avant lui, que « la chaleur détruit les agents de la putréfaction ». La méthode, mise au point en 1810 dans la perspective de l'exploiter industriellement « Stérilisation des aliments afin de les conserver pour une longue durée », fut présentée à la Société d'Encouragement pour l'Industrie Nationale ; elle fut reconnue valable par une commission nommée par le ministre de l'Intérieur de l'Empire français qui lui attribua même un prix de 12 000 francs, puis elle fut soutenue dans son développement par Napoléon I^er^.

Cette méthodologie a été à l'origine d'une régression spectaculaire du botulisme (intoxication ou infection due à *Clostridium botulinum*).

Ce qui est remarquable dans la conception du procédé, c'est qu'elle date de 50 ans environ avant Louis Pasteur* qui disait de cette application pratique : « Appert appliqua à l'économie domestique les résultats des expériences de Spallanzani ».

Nicolas Appert est mort à Massy (Seine-et-Oise) dans la pauvreté, à l'âge de 92 ans.

* *À ne pas confondre avec APERT Eugène (1868-1940), médecin parisien qui a laissé son nom à diverses entités nosologiques : syndrome d'Apert, maladie d'Apert, syndrome d'Apert et Gallais (Apert et non Appert).*

*Bien que certaines rumeurs aient pu faire passer Nicolas Appert pour un frère de Benjamin Appert, philanthrope français bien connu de l'époque, cette allégation est totalement fausse.*

## ARKWRICHT Joseph Arthur né en 1864*

Médecin anglais qui fit ses études au Trinity College, à Cambridge, et au Bartholomew's Hospital de Londres. Il exerça ensuite son métier de généraliste pendant quelques années puis se tourna vers la microbiologie et devint bactériologiste à l'Institut Lister à Londres. Il s'intéressa alors particulièrement au problème du « portage » des germes et fut un des apôtres - avec son compatriote J.C.G. Ledingham - de la doctrine des « porteurs sains ». Ils publièrent ensemble à ce sujet en 1912, une monographie bien connue à l'époque sur « le problème des porteurs de germes dans les maladies infectieuses ». Lorsque, plus tard, les différentes techniques de typage des souches au sein d'une même espèce bactérienne furent développées, l'importance épidémiologique du portage dans certaines affections a été confirmée.
Arkwricht publia ensuite de nombreux travaux dans tous les domaines de la bactériologie. Il fut anobli en 1937 (Sir Joseph A. Arkwright).
* *À ne pas confondre avec Sir Richard ARKWRIGHT (1732-1792), mécanicien britannique, créateur de l'industrie cotonnière anglaise et promoteur de la machine de filature semi-automatique.*

## ARLOING Saturnin (1846-1911)

Médecin, vétérinaire, docteur ès Sciences (1877), agrégé d'anatomie (1880), français, né le 3 janvier 1846 à Cusset (Allier). Arloing fit la majeure partie de sa carrière à Lyon.
Élève de Jean-Baptiste Auguste Chauveau*, il débuta en 1866 comme chef de travaux d'anatomie et de physiologie à l'École Vétérinaire de Lyon, poste qu'il occupa jusqu'en 1869. Il enseigna ensuite à Toulouse jusqu'en 1876 puis revint à Lyon où il fut nommé Professeur d'anatomie.
Il succéda plus tard à Chauveau comme Professeur de Physiologie et comme Directeur de l'École Vétérinaire de Lyon. Il était également Professeur de Pathologie Comparée et de Médecine Expérimentale à la Faculté de Médecine de Lyon entre 1887 et 1911.
Arloing publia de très nombreux travaux dans le domaine de la bactériologie, notamment sur le charbon dont il découvrit en 1878 avec Cornevin le bacille sporulé. Ces travaux portèrent aussi sur la tuberculose des bovins et les pleuropneumonies d'origine bactérienne. En immunologie, il publia en 1901 « Aperçu sur les théories actuelles de l'immunité ». Il mit au point le premier vaccin antituberculeux efficace pour les bovins et a été parmi les premiers à affirmer en 1905 l'unicité du bacille tuberculeux humain et bovin, contrairement à l'avis de Robert Koch*. Il souligna aussi le risque de contamination par le lait.
Avec Jules Courmont*, il est à l'origine de la création en 1899 de l'Institut Bactériologique de Lyon et

du Sud-Est (plus tard Institut Pasteur de Lyon).
Saturnin Arloing, mort à Lyon le 21 mars 1911, avait un fils, Fernand Arloing (1876-1944) qui fut phtisiologue et bactériologiste à Paris.

## ASTRUC Jean (1684-1766)

Jean Astruc est né en 1684 à Sauve dans le Gard. Il était le fils d'un pasteur protestant. Il fit ses études de philosophie et de médecine à Montpellier où il devint Professeur en 1715. En 1721, Louis XIV le nomma médecin des eaux minérales du Languedoc. En 1728 il se mit au service du Duc d'Orléans. L'année suivante, il se rendit en Pologne où il devint médecin personnel du Roi Auguste II. Il revint en France en 1730 et fut nommé conseiller médecin de Louis XV. En 1731, il fut élu professeur au Collège Royal.
Il écrivit un « Traité de la digestion » en 1714 dans lequel il insista sur le rôle prépondérant des sécrétions dans la digestion des aliments. En 1736 dans son « Traité des maladies vénériennes », il soutint l'origine américaine de la syphilis et fut un des premiers à insister sur ses manifestations héréditaires. À la fin de sa vie il se consacra à l'étude de la Bible et écrivit un ouvrage de philosophie en 1755.
Il fut considéré comme le plus érudit et le plus prolixe médecin de son époque.

## AXENFELD Theodor (1867-1930)*

Médecin ophtalmologiste allemand.
Il est l'auteur du premier traité de bactériologie ophtalmologique publié en 1907 à Iéna.
Le nom d'Axenfeld a été associé à quelques pathologies de l'œil qu'il a étudiées et décrites : « Anomalie d'Axenfeld » (= brides anormales du ligament pectiné de l'œil) et le « Syndrome d'Axenfeld » (= embryotoxon postérieur de la cornée).
En 1896, il découvrit, en même temps que Victor Morax* à Paris, une bactérie nouvelle, pathogène spécifique de la conjonctivite subaiguë : ce microorganisme fut nommé « Bacille de Morax-Axenfeld ». Afin d'immortaliser les noms de ces deux microbiologistes spécialistes de la pathologie infectieuse oculaire, le nom générique de « *Moraxella* » fut proposé.
** Ne pas confondre avec Alexandre AXENFELD (1825-1876), pathologiste, neuropsychiatre et historien français d'origine russe.*

# B

## BABES Victor (1854-1926)*

Bactériologiste, parasitologue et pathologiste d'origine roumaine, né à Vienne.
Il fit ses études à l'Université de Budapest et fut ensuite l'élève de Rudolf Virchow* et de Robert Koch* à Berlin, puis d'André Cornil* à Paris.

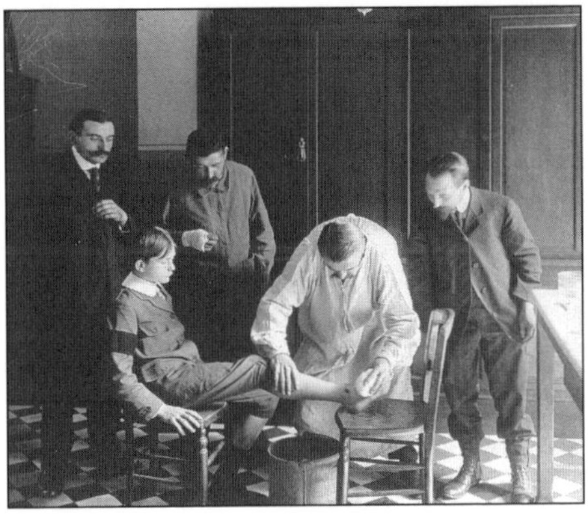

*Soins donnés à un jeune « mordu » avant une séance de vaccination antirabique à l'Institut Pasteur, vers 1910 © Institut Pasteur*

En 1887, il fut nommé Professeur de Bactériologie et de Pathologie à l'Université de Bucarest.
Victor Babes démontra en 1885, *in vitro*, l'action antagoniste de *Serratia marcescens* sur *Vibrio cholerae* et du staphylocoque sur le bacille du charbon « Concurrence vitale des bactéries. Atténuation de leurs propriétés dans des milieux nutritifs modifiés par d'autres bactéries. Tentative de thérapeutique bactériologique ».
(En 1889 Paul Villemain créa le mot « antibiotique » pour désigner ce phénomène.)
Il confirma en 1886 les travaux de Friedrich Loeffler* concernant l'identité étiologique du bacille diphtérique, l'existence d'un bacille pseudodiphtérique, et la protection des cobayes après immunisation vis-à-vis du bacille diphtérique.
En 1888, lors de son professorat à Bucarest, il découvrit dans les érythrocytes de bovins atteints d'hématurie, un parasite protozoaire responsable de ce syndrome. Ce dernier est transmis par une tique et la maladie est assimilée à la piroplasmose bovine « Sur l'hémoglobinurie bactérienne du bœuf ».
Afin de rendre hommage à Babes, le parasitologue Constantin Starcovici (1852-1929) avait donné le nom de *Babesia* à ce protozoaire et la maladie fut baptisée « babésiose » ou « babésiellose ».
Auteur prolifique, Babes a publié de nombreux travaux dans le domaine de la bactériologie, de la pathologie et de l'immunologie comme « Sur la première constatation de la transmission des propriétés immunisantes et curatives par le sang des animaux immunisés » en 1895 ou « Recherches sur la vaccination antirabique » en 1889.
Avec André Cornil*, il édita en 1885 un volumineux ouvrage intitulé « Les bactéries et leur rôle dans l'anatomie et l'histologie pathologiques des

maladies infectieuses » qui connut un grand succès en Europe.
* *À ne pas confondre avec BABES Aurel (1886-1962), anatomopathologiste et cytologiste roumain, promoteur de la technique du frottis cervicovaginal dans le dépistage du cancer du col utérin.*

## BAIL Oscar (1869-1927)

Médecin allemand, né à Tillich, en Bohême.
Après une formation universitaire de zoologiste, il fit ses études de médecine à l'Université de Vienne et devint Professeur d'Hygiène à l'Université de Prague.
C'est surtout dans le domaine de l'immunologie que Bail s'illustra en développant la théorie des agressines en 1928.

## BAILLOU Guillaume de (1538-1616)

Médecin français et élève du célèbre Jean Fernel* (médecin de Catherine de Médicis), Guillaume de Baillou devint plus tard Doyen de la Faculté de Médecine de Paris.
Il décrivit une épidémie « d'angines à fausses membranes » (c'est-à-dire une épidémie de diphtérie) qui fit des ravages à Paris en 1576.
Deux ans plus tard, Guillaume de Baillou a été le premier à décrire la coqueluche en 1578 lors d'une autre épidémie, survenue à Paris et il l'individualisa comme entité nosologique dans un ouvrage intitulé « *Tussis quintana* » ; c'est lui qui proposa le terme de « quinte ».
C'est encore à ce médecin de la Renaissance que l'on doit le mot « rhumatisme » qu'il utilisa dans un ouvrage portant le titre de « Liber de rheumatismo et pleuritide dorsali », œuvre posthume.

## BAKER Henry (1698-1774)*

Naturaliste anglais. Beau-fils de Daniel Defoe, Baker enseigna aux sourds et muets.
Ses contributions dans le domaine de la microscopie - science qui n'était encore qu'à ses débuts à cette époque - sont importantes. Il fit surtout connaître l'œuvre d'Antonie van Leeuwenhoek* ainsi que les travaux d'autres naturalistes engagés dans les études microscopiques des « animalcules » et autres structures invisibles à l'œil nu.
Lui-même découvrit en 1753 les amibes qu'il a été le premier à décrire. Il attira l'attention sur les aspects diversifiés que pouvaient prendre ces amibes et les appela pour cette raison *Proteus* (dans la mythologie grecque, Protée échappait aux curieux en prenant des formes diverses).
Il contribua au développement des microscopes et publia deux ouvrages qui connurent un grand succès : « The microscope made easy » (1742), et « Employment for the microscope » (1753).
* *À ne pas confondre avec BAKER George (1722-1809), médecin anglais qui découvrit et décrivit les « coliques saturnines ».*

## BALZER Félix (1849-1929)

Dermato-syphiligraphe français qui introduisit en 1884 les sels de bismuth dans le traitement de la syphilis.

## BANG Bernhard Lauritz Frederick (1848-1932)

Vétérinaire danois, né à Sorö (Sjaelland, Danemark).

Il fit ses études de médecine vétérinaire à Copenhague et devint Professeur puis Directeur de l'École Supérieure de Médecine Vétérinaire de Copenhague.

Il réalisa d'importantes études sur la tuberculose bovine et c'est lui qui, le premier, utilisa la tuberculine dans le diagnostic de la maladie.

Bang découvrit en 1896 avec son collaborateur V. Stribolt (qui était Professeur associé à l'École Vétérinaire), l'agent étiologique de la brucellose bovine : *Brucella bovis* (ou *Brucella abortus bovis*) dont il publia la description en 1897. On donna également le nom de « Bacille de Bang » à cette bactérie et la maladie était désignée par « Fièvre de Bang ». Il démontra la contagiosité de la maladie et sa transmission à d'autres animaux et à l'homme.

C'est en réalisant des cultures bactériologiques des lochies et des muqueuses utérines et vaginales des bêtes qui venaient d'avorter, ainsi que des organes prélevés chez des foetus avortés que Bang et Stribolt isolèrent cette entité bactérienne.

## BARTON Alberto Leopoldo (1871-1950)

Bien qu'il soit né à Buenos Aires en 1871, de parents anglais, Alberto Leopoldo Barton vécut sa petite enfance à Lima au Pérou. Il s'inscrivit à la Faculté de Médecine de San Fernando en 1894 et devint un des principaux disciples du remarquable professeur de microbiologie David Matto.

Il décida très tôt de se spécialiser dans l'étude de la bactérie responsable de la maladie de Carrion, du nom de l'étudiant en médecine Daniel Carrion (1859-1885) qui montra l'unité de la maladie en s'inoculant un broyat de *la verruga peruana* (verrue péruvienne, forme chronique) et mourut de la forme aiguë septicémique (fièvre de Oroya). Ces affections sévissent surtout au Pérou et en Colombie, un phlébotome étant l'agent vecteur de la bactérie.

Les recherches initiales de Barton, avec l'aval de Matto, firent l'objet de sa thèse de médecine en 1901. Dans cette thèse, Barton annonça, après l'analyse du sang de patients atteints de la fièvre d'Oroya, qu'il avait isolé la bactérie responsable de la maladie. L'enthousiasme fut de courte durée car ces résultats furent récusés par des chercheurs de l'Institut Municipal d'Hygiène qui montrèrent que la bactérie découverte par le jeune médecin n'était pas à l'origine de la maladie de Carrion mais qu'il s'agissait en fait du bacille responsable de la fièvre typhoïde, déjà mis en évidence par Eberth* en 1880.

Malgré cet échec, Barton reçut en 1902 une bourse du gouvernement péruvien pour se perfectionner à l'École de Médecine Tropicale de Londres, où il exerça comme bactériologiste. Il retourna au Pérou en 1905 et dirigea le laboratoire de bactériologie de l'Hôpital Guadalupe del Callao. Il reprit ses recherches sur la maladie de Carrion ; l'amour propre et le désir de ne pas décevoir ceux qui l'avaient encouragé furent, selon son propre témoignage, les raisons qui le poussèrent à reprendre l'étude de cette maladie. En 1909, il annonça que cette fois, non seulement il avait découvert l'agent pathogène de la maladie de Carrion, mais qu'en plus, il avait les preuves cliniques qui démontraient que « la fièvre d'Oroya était une forme hypertoxique de *la verruga peruana* », c'est-à-dire que les deux formes constituaient des phases différentes de la maladie. Néanmoins, ses conclusions ne furent pas acceptées par tous les chercheurs ; pour la majorité d'entre eux, comme Manuel Tamayo et Carlos Monge, les bacilles décrits par leur collègue n'étaient que des « dégénérescences cellulaires ». Ce n'est qu'en 1913, qu'une mission de médecins nord-américains, conduite par Richard Strong, enseignant de médecine tropicale à l'Université de Harvard, confirma, après des recherches rigoureuses, que le bacille découvert par Barton était effectivement celui responsable de la fièvre de Oroya. Strong donna au bacille le nom de *Bartonella bacilliformis* en l'honneur des efforts du chercheur péruvien.

Malgré la contribution de Barton à la bactériologie nationale, il ne fut vraiment reconnu au Pérou qu'au milieu des années 1920. C'est pourquoi, il abandonna son poste au laboratoire de l'Hôpital en 1916 et travailla dans une industrie de boissons gazeuses ; cette activité lui permit de devenir plus tard un des hommes les plus riches du pays (sa fortune était évaluée à presque 11 millions de soles en 1950, c'est-à-dire le quart du patrimoine de Tomás Marsano, la personnalité péruvienne la plus riche de son époque).

En 1925, à l'âge de 54 ans, Barton reçut enfin sa première reconnaissance universitaire quand il fut nommé Docteur *Honoris Causa* de la Faculté de Médecine de San Marcos. Dès lors, les distinctions se succédèrent sans interruption jusqu'à sa mort survenue le 26 octobre 1950. Il fut président de l'Académie Nationale de Médecine de 1937 à 1938, directeur de l'hôpital Archevêque Loayza de 1941 à 1943, président du Cercle Médical Péruvien et membre associé de l'Académie Nationale des Sciences.

## BASTIAN Henry Charlton (1837-1915)

Médecin anglais, spécialiste réputé en neurologie, Bastian est né à Truro. Il fit ses études au University College de Londres où il devint plus tard Professeur de Pathologie et médecin hospitalier.

Il écrivit un certain nombre de livres dont un ouvrage, édité à Londres en 1898, intitulé « A treatise on aphasia and other speech defects ». Il y a décrit l'aphasie sensorielle qu'il individualisa déjà en 1869.

Sortant de son domaine de la neurologie, Bastian relança et raviva la querelle entre opposants et partisans de la génération spontanée en éditant, en 1872, un livre de plus de mille pages (2 volumes) intitulé « The Beginnings

of Life » dans lequel il exposait ses vues sur l'Hétérogénie.
Il fut un des derniers défenseurs de la doctrine de l'abiogenèse qu'il appela « archebiosis », et un farouche opposant à Pasteur*. De 1872 à 1911, il ne fit que traiter de la génération spontanée et de l'hétérogénie. Il énonça la thèse selon laquelle l'urine alcaline ne pouvait être rendue stérile par l'ébullition. Louis Pasteur* et Charles Chamberland* combattirent cette affirmation et critiquèrent les expériences de Bastian en démontrant que c'était en raison de la présence de spores thermorésistantes et à cause des températures inférieures à 120°C que le milieu restait septique. C'est de cette opposition entre les deux camps à propos de ce point précis et des expériences qui furent réalisées à ce sujet qu'est née la pratique de la stérilisation à 120°C.
Bastian, convaincu que son idée était la bonne, est resté fidèle toute sa vie à sa conception hétérogéniste, théorie dont il fut le dernier défenseur. Il écrivit en 1903 un important ouvrage à ce sujet intitulé « Studies in Heterogenesis » et en 1911 (4 ans avant sa mort) un autre ouvrage portant le titre de « The origin of life ; being an account of experiments with certain superheated saline solutions in hermetically sealed vessels ».
Bastian est mort dans la pauvreté.

## BAUMGARTEN Paul von (1848-1929)

Médecin allemand, né le 28 août 1848 à Dresde (Saxe).
En 1874, il fut nommé à l'âge de 26 ans, Professeur d'Anatomie Pathologique à Königsberg. Succédant à Ziegler en 1889, il devint Professeur à l'Université de Tübingen (Bade-Wurtemberg) où il enseigna jusqu'à la retraite.
Baumgarten peut être considéré comme un des pionniers allemands de la bactériologie générale. Il publia de nombreux travaux et écrivit plusieurs livres sur le sujet dont son « Lehrbuch der pathologischen Mykologie » (1886-1890). Un de ses ouvrages les plus réputés en son temps est le « Lehrbuch der pathogenen Microorganismen » (1884) avec une réédition actualisée en 1911 : « Jahresbericht über die Fortschritte in der Lehre von den pathogenen Mikroorganismen ».
Il aurait, semble-t-il, observé le bacille tuberculeux au microscope dès 1870 (!) bien avant Koch* ; pour certains autres auteurs, von Baumgarten aurait découvert cette mycobactérie en même temps que Koch. En tout cas, c'est lui qui fit le premier, en 1882, une distinction entre la tuberculose humaine et la tuberculose bovine.
Souvent contestataire, Paul von Baumgarten fut notamment un des premiers à s'opposer, avec Robert Koch* et Rudolf Virchow, à la théorie de la phagocytose d'Élie Metchnikoff*. Il fut suivi dans son opposition agressive par Ernst Ziegler, Professeur de Pathologie à Freiburg, et de Karl Weigert*, Directeur de l'Institut Senckenberg. Il afficha la même attitude négative vis-à-vis des toxines. Contrairement à l'opinion de Friedrich Loeffler*, d'Émile Roux*, d'Alexandre Yersin*, d'Oertel et d'autres bactériologistes de réputation qui étaient persuadés que le bacille diphtérique élaborait une toxine, Baumgarten ne croyait pas en ces

« substances chimiques hypothétiques » et soutenait d'une manière erronée que le bacille diphtérique était capable d'envahir les organes.
Excellent orateur, Baumgarten donnait encore des conférences à 79 ans.

## BÉCHAMP Pierre Jacques Antoine (1816-1908)

Chimiste, pharmacien et médecin français, né à Bassing, en Lorraine.
Après quelques années d'activité en Roumanie comme chimiste, Béchamp revint en France et entreprit des études médicales à l'Université de Strasbourg où il y rencontra Pasteur* contre lequel il s'opposa implacablement, formulant à son égard de nombreuses critiques.
En 1851, il enseigna à la Faculté des Sciences de Strasbourg et en 1858, il fut nommé Professeur de Biochimie Médicale et de Pharmacologie à l'Université de Montpellier. En 1874 il devint Doyen de la Faculté Libre de Médecine de Lille.
Béchamp était un travailleur infatigable. Il fit des recherches sur les albuminoïdes et des études sur les fermentations. Il effectua également des investigations sur la maladie des « vers à soie » (dont il aurait mis en évidence, en 1865, l'étiologie parasitaire), et sur les fermentations du vin, mais il était à chaque fois en désaccord avec Pasteur. Ses divergences étaient à l'origine d'interminables controverses, et une animosité s'installa entre les deux hommes concernant la priorité des découvertes, notamment en ce qui concerne les voies biochimiques des fermentations du vin.
Pendant de nombreuses années, Béchamp eut un certain succès avec sa théorie des « microzymes », conception complètement abandonnée depuis (« Mycrozymes et microbes », 1892).
Résigné et écœuré, Béchamp s'est mis à errer dans l'Île-de-France au cours des dernières années de sa vie. On le retrouva mort, dans une petite chambre du Quartier Latin à Paris à l'âge de 92 ans.
Dans un ouvrage publié par l'Américain E.D. Hume et intitulé « Béchamp or Pasteur ? A lost chapter in the history of biology » (1923), on peut trouver une biographie et un portrait d'Antoine Béchamp, homme de science tombé dans l'oubli.
Parmi les ouvrages connus de Béchamp, on peut citer « Les progrès de la chimie organique depuis Lavoisier » (1857) et « Nutrition et origine des ferments » (1886).

## BECHER Johann Joachim (1635-1682)

Alchimiste allemand né à Spire (Speyer en allemand), sur le Rhin.
Il a été le précurseur de la théorie phlogistique. Il inventa un récipient, appelé par la suite « bêcher », utilisé dans de nombreux laboratoires (chimie, physique, minéralogie ...) et en bactériologie, notamment pour la préparation des solutions et des milieux de culture.
Becher est mort à Londres en 1682.

## von BEHRING Emil Adolf (1854-1917)

Emil (von) Behring est né dans la petite ville de Hansdorf dans l'Est de la Prusse le 15 mars 1854. Par une étrange coïncidence, c'est juste un jour après la naissance de son futur associé, Paul Ehrlich*. Il était le fils aîné issu du second mariage d'une maîtresse d'école et il avait 12 frères et sœurs. Comme la famille n'avait pas les moyens d'envoyer Emil à l'université, il entra en 1874 au Collège Médical de l'Armée à Berlin. Ceci lui permit de poursuivre ses études sans contraintes financières mais l'obligea à accomplir son service militaire pendant de longues années après qu'il eut acquis son diplôme de médecin en 1878. C'est à Posen en Pologne qu'il commença à étudier les maladies infectieuses. En tant que chirurgien, il s'intéressa beaucoup à un antiseptique largement utilisé par l'armée prussienne et il acquit rapidement la conviction que son action antibactérienne n'était pas uniquement due à l'iode mais était complétée par celle de substances produites par l'organisme. Ces premières publications qui évoquaient déjà la sérothérapie sont datées de 1882. À Bonn, le Service de Santé des Armées, particulièrement intéressé par la prévention et l'éradication des épidémies, ayant prit connaissance des travaux de Behring lui adjoignit un pharmacologiste, C. Binz, pour l'assister dans ces travaux expérimentaux. En 1888, suivant le souhait des autorités militaires, il entra à l'Institut d'Hygiène de Berlin comme assistant de Robert Koch*. Il suivit ce dernier lorsqu'il prit ses fonctions à l'Institut des Maladies Infectieuses. Ces nouvelles responsabilités le firent alors collaborer de façon très étroite non seulement avec Robert Koch mais également avec Paul Ehrlich* qui avait rejoint l'équipe de Koch en 1890. En 1894, Behring devint Professeur d'Hygiène à Halle, et l'année suivante il prit la chaire correspondante à Marburg.

Les recherches les plus importantes de Behring ont porté sur les travaux développés à l'époque par Pasteur*, Koch*, Ehrlich*, Loeffler*, Roux*, Yersin* et d'autres, qui ont établi les fondements de l'immunologie des maladies bactériennes. Il s'intéressa particulièrement à l'étude de la diphtérie et de la tuberculose. Lors des années 1888/1890, Emile Roux* et Alexandre Yersin* qui travaillaient à l'Institut Pasteur de Paris avaient montré que des filtrats de cultures de bacilles diphtériques, bien que dépourvus de bacilles, contenaient une substance qu'ils appelèrent une toxine, et qui était capable de reproduire les symptômes de la maladie lorsqu'elle était injectée à un sujet sain. En 1890, L. Brieger* et C. Fraenkel* préparèrent, à partir de cultures de bacilles diphtériques, une substance toxique qu'il appelèrent toxalbumine, qui lorsqu'elle était injectée à dose requise au cobaye pouvait immuniser ces animaux contre la diphtérie.

Influencé par ses travaux précédents sur l'iodoforme, Behring ajouta aux milieux de culture, de petites quantités de trichlorure d'iode et obtint, par injection aux cobayes, une certaine protection contre la maladie. L'étape suivante consista à répéter des injections de la toxine diphtérique obtenue à partir de l'exsudat d'un animal mort, mais ne contenant pas de bacilles. Il démontra alors que des injections de doses sub-létales de toxine pouvaient permettre d'obtenir un effet immunisant.

À la même époque, Shibasaburo Kitasato*, qui étudiait également dans le laboratoire de Koch, et qui venait de découvrir l'agent responsable du tétanos, travaillait à la mise au point d'une antitoxine diphtérique. En joignant leurs efforts, Behring et Kitasato publièrent en décembre 1890 leur découverte sur les antitoxines tétaniques et diphtériques. C'est une année après, pendant la nuit de Noël 1891, que fut traité le premier enfant diphtérique par de l'antitoxine. Pour produire des antitoxines, c'est le cheval qui fut choisi, cette méthode ayant été confirmée et utilisée avec succès par d'autres scientifiques.

Au début de l'année 1898, Behring et F. Wernicke mirent en évidence que l'immunité contre la diphtérie pouvait aussi être obtenue par injection à l'animal d'une toxine diphtérique neutralisée par une antitoxine. En 1907, Theobald Smith* proposa d'immuniser l'homme avec un tel mélange toxine-antitoxine. Ce fut néanmoins Behring, qui annonça en 1913 la production d'un mélange de ce type, et proposa, finalement, les méthodes modernes d'immunisation qui permirent, par la suite, de réduire de façon significative la fréquence des infections diphtériques. Behring considéra cette période comme le sommet de sa carrière scientifique.

Pour faciliter la production des vaccins et sérums, Behring s'investit à titre privé pour faire bâtir un laboratoire « Behringwerke » très bien équipé à Marburg. Cette activité l'enrichit considérablement et lui permit d'acquérir un grand terrain à Marburg sur lequel il établit une ferme accueillant du bétail pour amplifier cette activité et développer ses études, en particulier sur la tuberculose.

La plupart des publications de Behring furent rassemblées dans l'édition de son « Gesammelte Abhandlungen » entre 1893 et 1915. De nombreuses distinctions lui furent attribuées ainsi que le titre de Professeur en 1893 et celui de « Geheimer Medizinalrat » deux années après. Il obtint également le grade d'officier de la Légion d'Honneur française. En 1896, Behring épousa Else Spinola qui était la fille du directeur de l'hôpital de la Charité à Berlin et qui lui donna 7 enfants. Dans les années qui suivirent, il devint membre honoraire de nombreuses sociétés en Italie, Turquie et France. En 1901, il reçut le prix Nobel pour la découverte de la transmissibilité de l'immunité (immunisation passive) et la démonstration de son utilité pratique. Il fut élevé à la noblesse d'où la particule qui vint rejoindre son nom. Behring mourut à 61 ans à Marburg.

## BEIJERINCK Martinus Willem (1851-1931)

Cet Hollandais est un des pionniers de la microbiologie générale et de l'étude des micro-organismes du sol et des végétaux. Il fut Professeur de Bactériologie Générale à l'École Polytechnique de Delft (ville d'Antonie van Leeuwenhoek*) où il fonda plus tard avec A.J. Kluyver une école de microbiologie de grande réputation.

Il est né à Amsterdam le 16 mars 1851. Son père, Derk Beijerinck, lui apprit les bases élémentaires du français et de l'anglais ainsi qu'un peu d'allemand, d'astronomie, de physique et d'art.

À 12 ans, Martinus Beijerinck fit ses études moyennes (degré inférieur)

sous la direction de « Maître Knoop » et entra ensuite à la Hoogere Burgerschool (enseignement moyen supérieur) de Haarlem.
Toujours parmi les premiers de sa classe, le jeune Martinus était très intéressé par le cours de botanique que dispensait Frederik Willem van Eeden qui eut une influence considérable sur le jeune homme ; à 15 ans (en 1866), il gagna un prix en présentant un herbier de 150 espèces végétales correctement identifiées.
Martinus Beijerinck fit ensuite ses études supérieures à l'École Polytechnique de Delft où il eut parmi ses professeurs J.H. Van't Hoff, futur et premier Prix Nobel de Chimie en 1901 ; celui-ci eut également une grande influence sur la destinée du jeune polytechnicien.
Diplômé en 1872 à l'âge de 21 ans, Beijerinck commença sa carrière en 1873 comme enseignant à l'École d'Agriculture de Warffum (province de Groningen) où il donnait les cours de botanique, physiologie et physique, et en 1876 il enseigna à l'École Supérieure d'Agriculture de Wageningen, dispensant le cours de botanique. En 1877, il publia son premier travail sur les galles végétales et obtint la même année son doctorat à l'Université de Leiden.
Pour ses remarquables travaux qui suivirent, tous du domaine de la botanique, Beijerinck fut élu membre de l'Académie Royale des Sciences à Amsterdam en 1884.
Engagé en 1885 comme microbiologiste à la Nederlandsche Gist en Spiritusfabriek de Delft, il s'orienta vers la microbiologie appliquée (production d'alcool par les procédés de fermentation). Il eut la chance de pouvoir travailler dans un laboratoire très bien équipé, et pour un salaire qualifié de « faramineux ».
Beijerinck était un homme peu chaleureux, nullement aimable, d'un caractère désagréable, difficile à vivre et enclin à se disputer pour la moindre chose ; il n'avait pas bonne réputation et les microbiologistes médicaux de l'époque - dont Robert Koch* - évitèrent de rencontrer le personnage.
Vis-à-vis de ses étudiants, il se montra également très difficile et autoritaire si bien que les relations avec ses élèves furent souvent très tendues. Il ne s'est jamais marié et n'a jamais eu d'amie, ni assistante ou collègue féminine ; il vivait avec ses deux sœurs et refusa obstinément de se faire photographier.
C'est probablement en raison de son individualisme et de son attitude très particulière que son éventuelle « entrée dans le cercle » de la microbiologie humaine et animale devint impossible. Il se dirigea alors vers la microbiologie végétale.
Au cours de son travail scientifique à Delft, Beijerinck isola en 1888 pour la première fois en culture pure des bactéries libres fixatrices d'azote atmosphérique et des symbiotes des légumineuses.
Il étudia la fermentation alcoolique réalisée par *Schizosaccharomyces octoporus*, levure qu'il découvrit en 1901. Il isola en culture pure des espèces microbiennes du genre *Rhizobium,* les bactéries *Bacillus sphaerosporus* et *Bacillus nitrous* dont il décrivit ensuite le processus de dénitrification. Il découvrit en 1895 la réduction bactérienne des sulfates en sulfure d'hydrogène ($H_2S$) et isola le *Desulfovibrio*. Il décrivit les espèces bactériennes productrices de sulfates

appartenant au genre *Thiobacillus* et démontra leur nature chimio-autotrophe.
C'est encore à Beijerinck que l'on doit la connaissance des bactéries lactiques et leur rôle dans le processus de production du yaourt et du képhir (c'est lui qui proposa le nom générique *Lactobacillus*). Il étudia les *Acetobacter* (notamment *Acetobacter melanogenum* et *A. suboxydans*), les bactéries oligonitrophiles, la fermentation butyrique, les bactéries luminescentes (dont *Photobacterium luminosum*). Il découvrit une enzyme nommée « lactase », étudia la décomposition de l'urée, les mutations microbiennes, le développement et la mise au point de milieux d'enrichissement.
La diversité de ses travaux est considérable et concerne particulièrement les problèmes fondamentaux de la physiologie et du métabolisme des bactéries du sol et des plantes ainsi que les infections végétales.
Beijerinck s'est longtemps penché sur le problème d'une maladie végétale appelée « la mosaïque du tabac » due à un virus. C'est lui qui établit la filtrabilité de l'agent infectieux et qui démontra que cette maladie n'était pas le fait d'une infection bactérienne. Il introduisit alors la notion de « virus filtrants ». En 1898, il décrivit la reproduction intracellulaire du virus de la mosaïque du tabac, une véritable innovation à l'époque dans ce nouveau domaine de la virologie.
Pour ses nombreuses contributions à la science et à l'industrie (agro-alimentaire particulièrement), le gouvernement hollandais créa en 1895 un poste pour Beijerinck et un enseignement particulier à l'École Polytechnique de Delft.
Parmi les quelques élèves et disciples de Beijerinck, il faut citer A.H. Van Delden (travaux sur la fixation d'azote par les bactéries, études sur *Bacillus oligocarbophilum*), G. Van Iterson (études sur la dénitrification, décomposition de la cellulose) et N.L. Söhngen (description et études d'organismes utilisant le méthane comme source de carbone et d'énergie).
Honoré dans son pays (il reçut la cravate de commandeur dans l'ordre d'Orange-Nassau), comme à l'étranger (membre honoraire de la Royal Botanic Society of Edimburg, membre étranger de la Royal Society of London, médaille danoise Émile Christian Hansen ...), il fut candidat au prix Nobel de chimie.
À l'occasion de son 70$^{e}$ anniversaire et de son départ en retraite en 1921, l'ensemble de ses travaux fut publié à Delft dans un ouvrage de 6 volumes (Verzamelde Geschriften van M.W. Beijerinck ter Gelegenheid van zijn 70sten Verjaardag). Beijerinck est mort, dix ans plus tard, le 1$^{er}$ janvier 1931, à Gorssel (Pays-Bas), à l'âge de 80 ans.
Un genre microbien, dédié à Beijerinck et composé de bactéries libres fixatrices d'azote moléculaire fut créé en 1950 par Derx afin de rendre hommage au célèbre microbiologiste hollandais : le genre *Beijerinckia*.

## BELL Benjamin (1749-1806)*

Chirurgien écossais qui fit ses études médicales à Londres et à

Paris et qui s'installa ensuite à Édimbourg.
Dans un premier temps, il s'intéressa particulièrement à la pathologie des ulcères et publia en 1778 un ouvrage consacré à ce sujet, intitulé « A treatise on the theory and management of ulcers » ; il y donnait une classification des ulcères et leur traitement.
Quatre ans plus tard, en 1782, il édita à Édimbourg un important ouvrage en 6 volumes consacré à la chirurgie qui connut un grand succès.
Benjamin Bell a été parmi les premiers médecins à établir que la blennorragie était une maladie autonome, différente de la syphilis alors que la majorité des médecins traditionalistes de l'époque était en faveur de l'identité des deux affections (syphilis et blennorragie) et de l'unicité des maladies vénériennes.
En l'espace de 5 ans, Bell réalisa une soixantaine d'inoculations et constata que le pus blennorragique inoculé à un sujet sain n'entraînait pas de manifestations cliniques propres à la syphilis.
Il écrivit à propos de ces expérimentations la phrase suivante : « On a écorché la peau du prépuce et du gland avec la lancette, et l'on a frotté ces parties avec la matière de la gonorrhée ; il en résulta des ulcères légers qui ne prirent jamais l'apparence de chancres et qui se guérirent facilement sans mercure ».
Comme autre argument, Benjamin Bell fit remarquer que si les remèdes étaient efficaces pour l'une des deux affections vénériennes, ils devaient l'être aussi pour l'autre en partant du principe que l'agent étiologique est le même ; « or », disait-il, « il n'en est rien, et on est donc en présence de deux maladies différentes ».

C'est Philippe Ricord* qui démontrera définitivement en 1838 que Bell avait raison et que la blennorragie (due à *Neisseria gonorrhoeae*) devait être séparée de la syphilis (due à *Treponema pallidum*).

* *À ne pas confondre avec Sir Charles BELL (1774-1842), également chirurgien écossais d'Édimbourg qui s'intéressa plus particulièrement à la neurophysiologie.*

## BERT Paul (1833-1886)

Né à Auxerre (Yonne, France), Paul Bert était un homme extrêmement polyvalent car il fit des études d'ingénieur, de juriste et de médecine. Il a été l'élève et le disciple de Claude Bernard. Nommé Professeur de Physiologie à la Faculté de Médecine de l'Université de Bordeaux, il succéda ensuite à Claude Bernard à l'École de Médecine de Paris.
Pour la plupart des Français, Paul Bert est surtout connu comme homme politique ; il fut député de l'Yonne, préfet du département du Nord, ministre de l'Instruction Publique de 1881 à 1882 dans le gouvernement Gambetta et termina sa carrière d'homme d'État comme gouverneur général de l'Annam et du Tonkin. C'est d'ailleurs à Hanoï qu'il mourut en 1886, victime d'une dysenterie fatale.
En médecine, il étudia particulièrement la respiration (notamment l'utilisation de l'oxygène comme procédé d'investigation physiologique des venins et virus), et l'influence de l'altitude sur la respiration et sur l'anoxie.
Il étudia les problèmes respiratoires des travailleurs en caissons pneumatiques.

Paul Bert n'était pas véritablement un bactériologiste, mais s'intéressa néanmoins beaucoup au problème du « charbon » (= « fièvre charbonneuse » ou « charbon bactéridien » ; infection due à *Bacillus anthracis*). Il fit des études sur cette maladie et essaya de mettre au point un procédé de protection par inoculation mais n'obtint aucun résultat valable. Presque obsédé par le contexte impliquant l'oxygène, il avait établi une doctrine selon laquelle tous les êtres vivants étaient tués par l'oxygène alors que les ferments solubles, ou enzymes, n'étaient pas affectés, d'où son idée d'utiliser l'oxygène comme agent différentiel. Appliquant cette conception au cas particulier du charbon, il conclua que dans le sang d'un animal atteint par cette maladie, on devait trouver deux « principes » : le « bactiridium » - détruit par l'oxygène - et une substance toxique, inchangée et non affectée ; ceci étant établi, il ne considéra pas le « bactiridium » comme responsable du charbon. Après les expériences de Pasteur* et Joubert, Bert admit son erreur.

Avec Jean Antoine Villemin* et Edme F.A. Vulpian, Paul Bert fit partie en 1884 d'une commission d'enquête qui confirma les résultats obtenus par Pasteur concernant l'atténuation du virus de la rage.

## BESREDKA Alexandre (1870-1940)

Médecin français d'origine russe, né le 29 mars 1870 à Odessa (Ukraine).

Après des études à la Faculté des Sciences de sa ville natale où il eut comme Professeur Elie Metchnikoff*, il vint à Paris en 1893 pour y étudier la médecine. Diplômé en 1897, il entra comme préparateur dans le service de Metchnikoff à l'Institut Pasteur.

Il y réalisa des recherches sur la toxicité des bacilles typhiques, sur l'immunisation, sur les propriétés des endotoxines et sur la sérothérapie. Il étudia les phénomènes en rapport avec l'anaphylaxie : les termes comme « la vaccination anti-anaphylactique » et « le choc anaphylactique » sont de Besredka à qui l'on doit aussi la notion de « désensibilisation » et la réalisation de l'anti-anaphylaxie.

En 1910, Metchnikoff l'associa à ses recherches sur la fièvre typhoïde et en 1913, Besredka dirigea ses études sur la tuberculose (nouveau milieu de culture à l'œuf, sérodiagnostic).

Au cours de la Grande Guerre, il prit la direction du laboratoire de Bar-le-Duc de 1915 à 1918, et à son retour à l'Institut Pasteur il succèda à Metschnikoff décédé en 1918.

Reprenant ses études sur l'immunité dans l'entéro-infection par des bacilles dysentériques, il démontra que celle-ci n'était pas liée à la production des anticorps, mais à la « désensibilisation » des cellules réceptives de l'intestin, créant une barrière infranchissable.

Il fit ensuite des études sur *Bacillus anthracis* et notamment l'infection expérimentale du cobaye, démontrant que la peau est le seul organe sensible au charbon et préconisa la vaccination par voie intradermique.

En fin de carrière, Besredka se consacra à l'étude des tumeurs. Il est mort le 28 février 1940.

Alexandre Besredka a écrit un livre biographique consacré à son maître et intitulé : Histoire d'une idée. L'œuvre d'Elie Metchnikoff. Paris, 1921.

## BILLROTH Albert Christian Theodor (1829-1894)

Chirurgien allemand né à Rügen, petite île de la Baltique. Après ses études à Berlin, il se fixa à Zurich où il fut directeur de la clinique chirurgicale alors qu'il n'était âgé que de 31 ans seulement. Il emménagea ensuite à Vienne et devint un grand ami du musicien Johannes Brahms, Prussien comme lui. C'est lors du conflit franco-prussien de 1870, qu'il isola dans les blessures suppurantes de soldats les « coccobacteria » qui ne furent identifiées officiellement que 19 ans plus tard comme des streptocoques.
Billroth fut un grand innovateur en chirurgie digestive et pratiqua la première œsophagoscopie interne en 1872 ainsi que la première laryngectomie totale. Il fut le fondateur de la première école d'infirmières spécialisées dans la chirurgie. Il fut l'auteur d'un « Traité général de pathologies et de thérapeutiques chirurgicales » qui connut 11 rééditions successives et fut traduit en 12 langues.

## BIRCH-HIRSCHFELD Félix-Victor (1842-1899)

Médecin allemand, né le 2 mai 1842 à Cluvensick près de Rendsburg (Holstein). Il fit ses études médicales à Leipzig où il eut comme professeur K.A. Wunderlich. Il commença sa carrière comme assistant de E. Wagner dans un hôpital à Leipzig puis pratiqua à Colditz où il fut nommé médecin-chef au département psychiatrique. En 1885, il succéda à Julius Cohnheim comme Professeur d'Anatomie Pathologique à l'Université de Leipzig. Birch-Hirschfeld s'intéressa à une grande diversité de pathologies avec une passion particulière pour les maladies infectieuses. Il réalisa des recherches notamment sur le typhus, la syphilis mais aussi sur le poison des vipères. Ses publications sur la tuberculose et les infections placentaires furent d'un grand intérêt. Il est mort à Leipzig en 1899 à l'âge de 57 ans.

## BIZIO Bartelomeo (1791-1862)

En juillet 1819 survint à Legnaro en Vénétie un étrange phénomène dans la maison d'Antonio Pittarel1o : les restes de polenta (sorte de bouillie de maïs) se mirent à prendre une couleur rouge « sang » pendant la nuit. Très vite l'affolement fut général. Une véritable procession eut lieu entre Padoue et Legnaro. Finalement une enquête fut diligentée. Le 24 août, le phénomène a été retrouvé dans plus de 100 maisons du district. Le jour même paraît dans la « Gazzetta Privilegiata de Venezia » un article anonyme rédigé par un jeune étudiant en Pharmacie de l'Université de Padoue, Bartolomeo Bizio, attribuant la coloration de la polenta à la fermentation. Il montra que la polenta au contact d'un autre morceau de polenta contaminée devenait rouge lorsque la température était élevée, en présence d'une forte humidité. En revanche, un chauffage de 5 minutes à 80°C détruisait cette altération sans endommager l'aliment. On observa au microscope que ces petites taches rouges qui donnent sa couleur à la polenta étaient « formées par un agrégat de minuscules champignons sans pieds, recouverts d'une très fine particule brillante parsemée de points d'une couleur plus foncée ». Lorsqu'on desséchait un morceau de papier imprégné de rouge de polenta et qu'on ensemençait avec de la polenta saine, on provoquait la germination de ce « champignon». On baptisera cet « être végétal » « *Serratia marcescens* » en l'honneur de Serrafino Serrati qui était considéré en Italie comme l'inventeur du bateau à vapeur, l'épithète *marcescens* signifiant fané en latin. C'était pour lui une sorte de plante produisant des graines ou des spores. Après de nombreuses autres propositions, le nom sera définitivement accepté en 1923.

Bizio est actuellement considéré comme l'un des pères de la bactériologie moderne et de la biochimie bactérienne. Il fut en effet, le premier à cultiver une bactérie en milieu solide, et à en avoir assuré sa transmission d'un milieu solide à un autre (de la polenta fraîche). Il a aussi décrit les premières colonies bactériennes et démontré que la couleur rouge de la *Serratia* était due à un pigment insoluble dans l'eau, mais soluble dans l'alcool. Il fut également le premier à observer l'action de substances antibiotiques en montrant, en 1823, que, si à côté des colonies de *Serratia* se développaient des colonies de moisissures, les colonies bactériennes disparaissaient.

## BOECK Carl Wilhelm (1808-1875)*

Médecin norvégien, né à Kongberg. Il fut diplômé en 1831 et entra à l'Université de Christiana (= Oslo) en 1846 ; il y fut nommé en 1851 Professeur de Dermatologie à la Faculté de Médecine.

Il passa quelque temps en Angleterre, en Italie puis en Grèce avant de retourner en Norvège où il fut chargé par le gouvernement d'étudier la lèpre, très largement répandue dans le pays vers le milieu du XIX^e^ siècle, et de développer des méthodes préventives contre la maladie.

Il rencontra en 1840 un autre pionnier de l'étude léprologique, Daniel Cornelius Danielssen*, et ils décidèrent de collaborer pour faire avancer les connaissances sur la maladie.

Il publièrent ensemble, en 1847, un remarquable ouvrage (en norvégien), le premier sur la lèpre, qui allait devenir un célèbre et classique « Traité » de l'affection lépreuse (Om Spedelskhed [= Sur la Lèpre]). Une traduction française en fut réalisée en 1848.

En 1869, Boeck partit étudier l'épidémiologie de la lèpre aux États-Unis où la maladie était très répandue dans les communautés norvégiennes émigrées entre 1840 et 1860.

Comme son collègue et associé Danielssen, Boeck a toujours considéré la lèpre comme une maladie héréditaire non spécifique et non pas comme une maladie infectieuse d'étiologie bactérienne. C'est Gerhard Henrik Armauer Hansen* un disciple de Danielssen qui mettra en évidence l'aspect infectieux de cette maladie.

Boeck est également connu pour ses études sur la syphilis et son ouvrage intitulé « Recherches sur la Syphilis », publié en 1862, constitua une contribution considérable sur cette maladie. Ses approches thérapeutiques (appe-

lées « syphilisation ») connurent une forte opposition.
En même temps que Jonathan Hutchison, célèbre chirurgien anglais, et indépendamment de ce dernier, Carl Wilhelm Boeck décrivit les lésions cutanées de la sarcoïdose.
Son neveu, Caesar P.M. Boeck (1845-1917) lui succéda plus tard comme Professeur de Dermatologie à la Faculté de Médecine d'Oslo. Il apporta une importante contribution à l'étude de la sarcoïdose (tout comme le Français Ernest Henri Besnier et le Suédois Jörgen Nilsen Schaumann d'où le nom de « Maladie de Besnier-Boeck-Schaumann »).
* *À ne pas confondre avec Caesar P.M. BOECK (1845-1917), neveu de C.W. BOECK, également dermatologue ; en 1905, il apporta une importante contribution dans l'étude de la sarcoïdose.*

## BOISSIER de SAUVAGES de LACROIX François (1706-1767)

Médecin montpelliérain, Boissier de Sauvages est considéré comme le fondateur de la taxonomie médicale (= lois de la classification des maladies) et publia en 1731 un travail de classification inspiré du modèle de base utilisé par les botanistes. Dans un ouvrage publié presque 30 ans plus tard à Lyon, il classa les maladies en 2 400 types, 10 groupes et 315 « genres » (*Pathologia methodica seu de cognocendis morbis*, 1759, Lyon).

Pediculus corporis hominus : *pou du corps, vecteur du typhus exanthématique*
*© Institut Pasteur*

C'est à Boissier de Sauvages que l'on doit une des nombreuses, mais très bonnes descriptions du typhus épidémique (ou exanthématique) qu'il appela « typhus historique » (dû à *Rickettsia prowazekii*, bactérie découverte par Howard Ricketts* en 1910 et caractérisée par Stanislas von Prowazek* en 1913).
De nombreux auteurs attribuent à Boissier de Sauvages le terme de « fièvre typhoïde » ; d'autres, en revanche, donnent la paternité de ce terme à P.C.A. Louis*.
Un dernier ouvrage, toujours en rapport avec la classification des maladies et leurs spécificités nosologiques, a été publié un an après sa mort « *Nosologia methodica, sistens morborum classens juxta Sydenhami mentem et botinaricum*. 1768 ».

## BOLLINGER Otto von (1843-1909)

Médecin allemand né à Altenkirchen (Rheinpfaltz).
Otto von Bollinger fit ses études de médecine à Munich, Vienne et Berlin. En 1880, il fut nommé Professeur d'Anatomie Pathologique à l'Université de Munich. Il découvrit en 1877

l'agent étiologique de l'actinomycose bovine, et en 1878 il mit en évidence l'infection actinomycotique chez l'homme. Les découvertes de von Bollinger furent ensuite vérifiées et confirmées à Berlin par James Adolf Israel en 1885 qui en isola, avec M. Wolff, l'agent étiologique (*Actinomyces*).

Travailleur infatigable, Otto von Bollinger publia une masse considérable d'ouvrages et de travaux sur les maladies infectieuses animales dont particulièrement celles concernant le charbon, l'actinomycose et la tuberculose.

## BONAMICI : voir BUONAMICI Francesco

## BORDET Jules Jean-Baptiste (1870-1961)

Jules Jean-Baptiste Vincent Bordet est né en 1870 à Soignies, à une trentaine de kilomètres au sud-ouest de Bruxelles et chef-lieu d'arrondissement de la province du Hainaut en Belgique. C'est dans cette localité, où son père était instituteur, que le petit Jules fit ses études primaires. Il suivit ensuite des études secondaires à l'Athénée Royal de Bruxelles (Athénée est le nom donné en Belgique aux établissements d'enseignement secondaire réservés aux garçons, le lycée étant réservé aux filles). Cet établissement porte maintenant le nom d'Athénée Jules Bordet. Particulièrement doué et pourvu d'une intelligence exceptionnelle, il y fit ses humanités et obtint son diplôme d'études secondaires (= baccalauréat) à l'âge de 16 ans. Il entra alors à la faculté de médecine de l'Université libre de Bruxelles et obtint son diplôme de Docteur en Médecine en 1892, à l'âge de 22 ans. C'est aussi cette année-là, et à l'étonnement général compte tenu de son jeune âge, qu'il publia son premier article dans les Annales de l'Institut Pasteur sur la résistance de *Vibrio metchnikovii* à la phagocytose.

*Portrait de Jules Bordet, vers 1920. Découverte de la voie classique de l'activation du complément et mise en évidence de l'aspect humoral de l'immunité. Prix Nobel en 1919 pour la mise en évidence du rôle des anticorps et du complément © Institut Pasteur*

Il tenait son intérêt pour la bactériologie de son frère aîné, Charles, qui faisait des recherches sur la chimiotaxie des leucocytes. Après la présentation d'un travail sur « Les aptitudes inégales des diverses espèces microbiennes à se développer dans les milieux synthétiques », Jules Bordet obtint une bourse gouvernementale lui permettant de poursuivre ses études à l'Institut Pasteur. Arrivé en avril 1894 à Paris, Bordet travailla à l'Institut Pasteur pendant plus de 6 ans sous la direction d'Elie Metchnikoff*. Il y fit la connaissance de Charles Chamberland*, Émile Duclaux* (ancien préparateur de Pasteur), Émile Roux* (alors sous-directeur de l'Institut Pasteur), Albert Calmette*, Amédée Borrel*, Félix Mesnil, et bien d'autres qui, pour la plupart d'entre eux deviendront des amis.

En 1895 (Bordet avait 25 ans), il publia un article de 44 pages intitulé « Les leucocytes et les propriétés actives du sérum chez les vaccinés ». Dans cet article, il décrivit pour la première fois, le phénomène de la séro-agglutination qui allait avoir des répercussions extraordinaires en médecine et plus particulièrement en biologie médicale ; ce fut le point de départ du diagnostic sérologique des maladies infectieuses.

En 1897, il fut envoyé en mission pour étudier la peste bovine en Afrique du Sud.

Bordet élucida ensuite le phénomène de la bactériolyse. Peu de temps après, il démontra encore que la défense de l'organisme n'était pas seulement due à la seule activité cellulaire (domaine très cher à son maître, Metchnikoff), mais était également d'ordre humoral. En effet, en 1901, il montra qu'en injectant des doses répétées de sang défibriné de lapin à des cobayes, le sérum de ces animaux acquérait la propriété de lyser les globules rouges de lapin par l'action combinée d'un anticorps spécifique, appelé sensibilisatrice, et de l'alexine. Il mit encore en évidence chez cette sensibilisatrice, la particularité de « donner » à l'antigène sur lequel elle agit, la capacité d'absorber l'alexine qui finit par disparaître du sérum à un point tel que celui-ci n'est plus capable de lyser un surplus d'éléments sensibilisés. Cette découverte aura des retombées considérables sur la méthodologie diagnostique de nombreuses maladies infectieuses. La méthode fut appelée « méthode de fixation de l'alexine » par Bordet, mais que les biologistes appliquant cette technologie au laboratoire appelleront plus tard « réaction de déviation du complément ».

À 30 ans, Bordet est déjà un biologiste célèbre et compte parmi les savants les plus illustres d'Europe. Honoré et reconnu comme grand scientifique en Belgique, la Province du Brabant vota en 1900 un projet pour créer et construire un Institut de Sérothérapie et de Bactériologie. Un comité de trois notables se rendit alors à Paris pour proposer à Bordet d'en prendre la direction, ce qu'il accepta. Entre-temps, il s'était marié (en 1899), et de ce mariage sont nés deux filles et un garçon, Paul, qui succédera plus tard à son père.

De retour à Bruxelles en 1901, il prit la direction de l'Institut nouvellement créé et provisoirement hébergé dans des locaux loués en attendant la construction d'un nouveau bâtiment. C'est là que, cette même année, avec l'aide de son collaborateur et futur beau-frère, Octave Gengou*, il appliqua sa méthode de réaction de déviation du complément au diagnostic sérologique de la fièvre typhoïde, la peste, le rouget et le charbon. L'Allemand August von Wassermann* appliqua la méthode de Bordet au diagnostic sérologique de la syphilis, réaction appelée depuis « réaction de Wassermann » mais dénommée en

Belgique « réaction de Bordet-Wassermann ».
En 1903, il reçut l'autorisation et même l'appui de Madame Pasteur pour changer le nom de son Institut de Sérothérapie et de Bactériologie qui devint alors « l'Institut Pasteur de Bruxelles », et plus tard « l'Institut Pasteur du Brabant ». Les bâtiments achevés en 1905 ont été agrandis en 1909.
En 1904, il publia son « Traité d'Immunologie » dans lequel il exposait la théorie de l'immunité. En 1906, il découvrit le bacille coquelucheux. L'année suivante, Bordet fut nommé Professeur de Bactériologie à l'Université libre de Bruxelles, chaire nouvellement créée.
Lors de la guerre de 1914-1918, Bordet profita de la baisse d'activité du laboratoire pour écrire un ouvrage publié en 1919 et intitulé « L'Immunité dans les maladies infectieuses » ; celui-ci deviendra un grand classique puisqu'en 1938 il en publiera une seconde édition, non modifiée mais augmentée des dernières acquisitions dans le domaine.
C'est au cours d'un voyage aux États-Unis en 1919, qu'il apprit que le Prix Nobel de Médecine et de Physiologie lui était attribué, prix qui n'avait plus été décerné depuis 4 ans, et qui venait récompenser sa contribution à la création de l'immunologie et de la sérologie.
Toujours vif d'esprit et bénéficiant d'une excellente santé mais, atteint par la limite d'âge, en 1940 (il avait alors 70 ans), Bordet fut obligé de quitter son laboratoire et sa chaire d'Université ; c'est son fils Paul qui lui succéda. Néanmoins, Jules Bordet continua à apporter son précieux concours en tant que membre de diverses commissions. Ce grand savant, admiré et honoré dans son pays comme ailleurs, est mort paisiblement le 6 avril 1961, à l'âge de 91 ans.

## BORREL Amédée (1867-1936)

Médecin français né à Cazouls-les-Béziers en 1867.
En 1894, il mit au point à l'Institut Pasteur avec Albert Calmette* un vaccin et un sérum antipesteux à partir de souches expédiées par Yersin* qui l'expérimenta à Amoy et Canton (Chine). En 1903, il est le cofondateur du « Bulletin de l'Institut Pasteur ». Responsable d'un des deux laboratoires de microbie technique, il travailla sur le rôle des virus dans la génèse de certaines affections malignes de l'homme mises en évidence par Peyton Rous en 1910. Pendant la guerre de 1914-18, c'est lui qui mit au point les premiers masques à gaz et qui s'occupa de l'adaptation des troupes noires d'Afrique aux conditions climatiques européennes. Plus tard, il réalisa les premières cultures cellulaires en couche mince permettant l'étude des tissus normaux ou cancéreux. Il est mort en 1936.

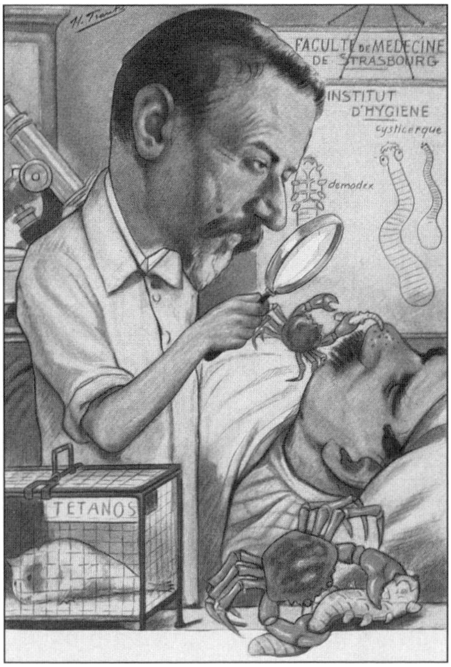


*Portrait caricatural d'Amédée Borrel illustrant ses travaux sur le tétanos et ses hypothèses sur l'origine parasitaire du cancer à la faculté de médecine de Strasbourg*

## BOSTROEM Eugen (1850-1928)

Médecin allemand d'origine suédoise, né le 13 octobre 1850 à Felloin (= Viljandi) en Estonie. Il fit ses études de médecine à Erlangen (Bavière, Allemagne) et y devint ensuite l'assistant du pathologiste Zenker.
En octobre 1883, à l'âge de 33 ans, il fut nommé Professeur d'Anatomie Générale et d'Anatomie Pathologique à l'Université de Giessen (Hesse, Allemagne), poste qu'il occupa jusqu'en 1926.
Bostroem s'intéressa également à la mycologie et se fit connaître dans ce domaine en publiant un article sur la toxicité du gyromitre comestible (*Gyromytra esculenta*), champignon avec lequel il réalisa des expériences sur le chien.
Dans le domaine de la bactériologie, Bostroem s'est particulièrement intéressé aux actinomycètes et aux infections actinomycotiques, apportant des « compléments » aux travaux d'Otto von Bollinger.

## BOUILLAUD Jean-Baptiste (1796-1881)

Il naquit à Braguette dans la commune de Garat à quelques kilomètres d'Angoulême le 16 septembre 1796. Ses origines étaient très modestes puisque son père exerçait vraisemblablement la profession de vigneron ou de tuilier alors que sa mère s'occupait du ménage. Son oncle Jean Bouillaud, était chirurgien majeur au 36e régiment de Ligne et avait été décoré à Austerlitz de la main de l'Empereur. Il entra au lycée d'Angoulême en 1810 où il y accomplit d'excellentes études. Finalement, sur les conseils de l'oncle Bouillaud il décida de s'orienter vers la carrière chirurgicale et se rendit à Paris où il arriva en janvier 1814. Il commença à travailler à l'hôpital St Louis dans le service chirurgical de Richerand. Dans un courrier, il déclara à un ami resté à Poitiers « les ennemis sont proches de la capitale » aussi, le 30 mars 1814, se joignant à ses amis de l'École Polytechnique il ira faire le coup de feu à la barrière de Clichy pour arrêter la marche des cosaques sur Paris. Au retour de l'Empereur il s'engagea le 8 mai 1815 dans le 3e régiment de hussards à Dole. Après Waterloo, Bouillaud fut mis en congé provisoire par suite du licenciement

de l'armée et rentra dans sa famille à Braguette. Enfin en octobre 1816, il revint à Paris pour reprendre ses études médicales. À la fin de l'année 1818 il fut nommé interne de Bertin à Cochin. Dans les années qui suivirent, il suivit avec assiduité les cours de Broussais. C'est à cette époque qu'il rencontra Dupuytren avec qui il se lia d'amitié. Il passa sa thèse de doctorat le 3 août 1823 sur le sujet « Essai sur le diagnostic des anévrismes de l'aorte et spécialement sur l'étude que fournit l'auscultation dans cette maladie ».
En 1832, il publia le « Traité pratique, théorique et statistique du choléra morbus de Paris ». L'année suivante, il fut fait Chevalier de la Légion d'Honneur par le ministère du Commerce. En 1835, il fit paraître le « Traité clinique de maladies du cœur » et en 1836 « Nouvelles recherches sur les rhumatismes articulaires aigus (coïncidence avec l'endocardite) ». En 1839, il édita la 2e édition du « Traité clinique des maladies du cœur », qui obtint le Grand Prix de médecine de l'Institut et eut un succès considérable. Il est mort d'une syncope dans la nuit du 25 octobre 1881.

## BOULEY Henri-Marie (1814-1885)

Vétérinaire français, né à Paris le 17 mai 1814.
Chef de Service à l'École vétérinaire de Maisons-Alfort, il y assura ensuite comme Professeur le cours de pathologie chirurgicale. En 1866, il fut nommé Inspecteur Général des Écoles vétérinaires.
Bouley réalisa d'importants travaux sur la tuberculose, la morve, la peste bovine et la rage ; il préconisa des mesures préventives contre ces maladies infectieuses.
En 1868, il fut élu membre de l'Académie des Sciences. Il était l'éditeur du Journal « Recueil de Médecine Vétérinaire ».
En 1872, il prit part aux discussions et controverses en rapport avec les travaux sur la putréfaction de Casimir J. Davaine* auquel il était farouchement opposé. Il lui sembla effectivement impossible qu'une goutte de sang provenant d'un animal auquel on avait injecté un liquide en putréfaction et dilué à $10^{-12}$ puisse manifester - contrairement aux affirmations de Davaine - une quelconque virulence. En fait, Bouley avait partiellement raison car, dans la procédure de Davaine, la même seringue était utilisée pour réaliser les dilutions ; il préconisa l'utilisation d'une nouvelle seringue à chaque dilution afin d'éviter le transfert d'un surplus de bactéries. Pour Bouley, les substances en putréfaction n'étaient pas toutes susceptibles d'entraîner des septicémies. Parmi les phrases de Bouley restées célèbres figurent : « tout ce qui pue ne tue pas, tout ce qui tue ne pue pas » et « le vrai peut quelquefois ne pas être vraisemblable ».
Henri-Marie Bouley est mort le 30 novembre 1885 à l'âge de 71 ans.

## BRETONNEAU Pierre-Fidèle (1778-1862)

Médecin français, né en Touraine, à St.-Georges-sur-Cher (Loir-et-Cher). Il fit une grande partie de sa

carrière comme Médecin-Chef à l'Hôpital de Tours.
Après des études primaires et secondaires difficiles et fastidieuses (il n'apprit à lire qu'à l'âge de 9 ans), son père, chirurgien de campagne, l'envoya en 1795 à l'École de Médecine de Paris où il suivit les cours de Cuvier et de Corvisart.

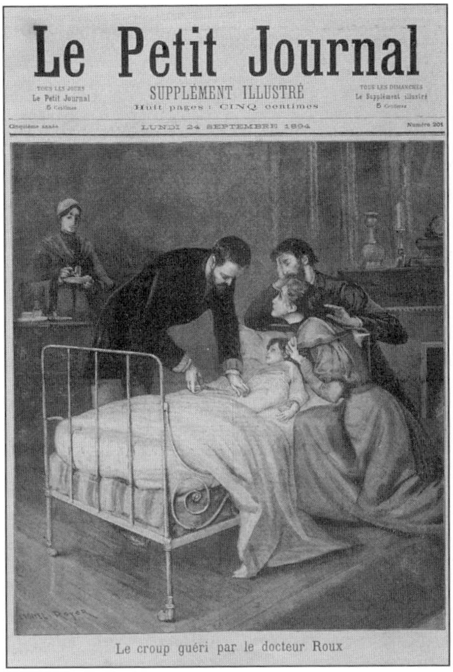


*Le croup guéri par le Docteur Roux. Dessin de Lionel Royer, publié dans Le Petit Journal du 24 septembre 1894 © Institut Pasteur*

Ayant échoué à trois reprises à son diplôme de doctorat, il se tourna vers la carrière d'officier de santé, métier qu'il exerça ensuite à Chenonceaux où, en 1801, il épousa Marie-Thérèse Adam, son aînée de 25 ans. Non content de sa condition, il revint à Paris et tenta en 1815 un quatrième et ultime essai, obtenant finalement son doctorat à l'âge de 36 ans. Il devint alors médecin, puis Médecin-Chef à l'Hôpital de Tours où il fit ses plus importantes recherches et découvertes.
Suite à une importante épidémie de diphtérie en Touraine, Bretonneau se proposa d'étudier la maladie et, en 1815, il individualisa cette affection comme entité nosologique. En dix ans (de 1815 à 1825) il accumula une telle masse d'informations et d'expérience qu'il édita en 1826 à Paris un ouvrage exhaustif sur la maladie, intitulé « Des inflammations spéciales du tissu sous-muqueux et en particulier de la diphtérite ou inflammation pelliculaire connue sous le nom de croup, d'angine maligne, d'angine gangréneuse.... ». Cet ouvrage fut également appelé dans le monde médical « Traité de la diphtérie ». Il donna une description magistrale de l'atteinte diphtérique pour laquelle le nom de « Maladie de Bretonneau » a parfois été utilisé pour désigner la diphtérie laryngée. Il constata qu'elle débutait toujours par une angine pseudomembraneuse et l'appela « diphtérite » [du grec (*diphtera*) = peau, membrane]. Comme il constata que la « diphtérite » était capable de tuer par suffocation, suite à l'envahissement du larynx par des concrétions membraniformes, Bretonneau préconisa et pratiqua avec succès (avec 4 échecs désastreux au début) une trachéotomie.
Bretonneau a été le premier à démontrer que « l'angine diphtérique commune », le « croup » et « l'angine maligne » étaient des manifestations cliniques différentes d'une même maladie aiguë, spécifique et contagieuse : la « diphtérite ».
Son élève Armand Trousseau ayant démontré que la maladie pouvait tuer en déterminant une « forme d'empoisonnement général » (par production

d'une toxine), et afin de mieux faire ressortir la propriété virulente par rapport au caractère inflammatoire, Bretonneau changea le terme « diphtérite » en celui de « diphtérie ». Plus tard, Edwin Klebs* et Friedrich Loeffler* isolèrent et caractérisèrent l'agent étiologique : *Corynebacterium diphtheriae*, ou bacille de Klebs-Loeffler.

Lors de trois autres épidémies, connues à l'époque sous le nom de « fièvre entéro-mésentérique » (actuellement nommée « fièvre typhoïde »), qui se produisirent entre 1818 et 1819 dans les casernes de Tours, Bretonneau étudia la maladie et en décrivit avec beaucoup de précision la symptomatologie et la distingua de la tuberculose intestinale, démontrant l'existence de lésions spécifiques au niveau des plaques de Peyer de l'iléon (« Notice sur la contagion de la dothiénenthérie », 1829). Il appela la maladie « dothiénenthérite » (terme que son élève et disciple Armand Trousseau transforma en « dothiénenthérie »). Il a été le premier à attirer l'attention sur la contagiosité et la transmission de la maladie. À partir de très nombreuses observations faites au cours d'une période de plus de 10 ans, Bretonneau écrivit ses « Traités de la dothiénenthérie et de la spécificité » publiés pour la première fois et d'après les manuscrits originaux avec un avant-propos et des notes de L. Dubreuil-Chambardel. En fait, c'est le titre de l'ouvrage (de 368 pages) tel qu'il a été publié un siècle plus tard, en 1922, aux éditions Vigot à Paris, car l'auteur, remaniant constamment son manuscrit au fur et à mesure de nouvelles observations, remettait la publication de son travail à une date ultérieure.

Il démissionna plus tard de son poste à l'Hôpital de Tours pour se consacrer à une clientèle privée. Ayant acquis une grande réputation, il attira de toute la France une clientèle privée « huppée » et compta parmi ses consultants Gustave Flaubert, Prosper Mérimée et Jean Chaptal, Comte de Chanteloup (l'inventeur du procédé de chaptalisation des vins).

Bretonneau écrivait peu et ses publications ne sont pas nombreuses ; ce sont surtout ses élèves et collaborateurs dont Alfred Velpeau, mais tout particulièrement Armand Trousseau, qui firent connaître les découvertes et les conceptions thérapeutiques de leur maître au monde médical.

Pierre-Fidèle Bretonneau est considéré, à juste titre, comme le fondateur de la doctrine de la « spécificité morbide » et de la « spécificité étiologique » des maladies infectieuses.

Selon sa conception, il existe des maladies cliniquement très proches, présentant des symptômes très voisins, dues à des agents pathogènes spécifiques transmissibles qui produisent chacun des lésions particulières. Promoteur de l'approche anatomo-clinique des affections, Bretonneau estimait que chaque maladie se caractérise par trois facteurs : la cause, les symptômes, et les lésions. Une seule phrase de Bretonneau résume cette doctrine : « Une multitude d'inflammations sont déterminées par des causes matérielles extrinsèques, par les véritables êtres venus de dehors ou du moins étrangers à l'état normal de structure organique ».

Lors de son activité à l'Hôpital de Tours, il allait en toute discrétion,

minuit passé, déterrer avec ses élèves Trousseau et Velpeau, des cadavres d'enfants décédés de diphtérie (36 cadavres en quelques mois) afin de pouvoir pratiquer des autopsies et des examens anatomocliniques.
À la fin de sa vie, Bretonneau s'occupa avec une grande minutie de son jardin et particulièrement de ses arbres fruitiers, mais aussi de sa jeune et belle épouse, Sophie Moreau, qui avait tout juste 18 printemps lorsqu'il l'épousa en secondes noces à l'âge de 79 ans. Il est mort 5 ans plus tard, âgé de 84 ans.
Bretonneau a été décoré de la Légion d'Honneur par le Président de la République de l'époque et futur empereur Napoléon III.

## BRIEGER Ludwig (1849-1909)

Né à Glatz en Allemagne, assistant à l'hôpital de la Charité à Strasbourg, il fut ensuite l'un des collaborateurs de Robert Koch*. Il a travaillé sur les toxines et particulièrement les ptomaines (1884) et la toxalbumine (1888-1890). Il a contribué aussi aux vaccinations contre le typhus et le choléra (1905).

## BRILL Natan Edwin (1860-1925)

Médecin exerçant à New York au début du XXe siècle. Il avait observé aux États-Unis parmi les immigrés originaires d'Europe Centrale, des cas sporadiques d'une maladie présentant la symptomatologie du typhus exanthématique alors qu'aucun arthropode vecteur de la maladie ne pouvait être mis en évidence.
Avec Hans Zinsser*, il décrivit le syndrome (appelé plus tard « maladie de Brill-Zinsser ») qui est en réalité le « réveil » ou résurgence du typhus épidémique chez des malades qui avaient précédemment (parfois de nombreuses années auparavant) été atteints par le typhus dont ils avaient « guéri ».

## BRUCE David (1855-1931)

Médecin anglais, né à Melbourne (Australie). David Bruce avait 5 ans lorsque ses parents revinrent en Écosse (d'où ils étaient originaires). C'est dans le nord de l'Angleterre qu'il grandit et qu'il alla à l'école jusqu'à 14 ans. Pour des raisons restées inconnues, voire assez obscures, il ne suivit plus les cours de l'enseignement moyen. Certains biographes le font ensuite entrer dans une usine à Manchester ; pour d'autres, Bruce se serait lancé dans le commerce et les affaires.
En 1876 (il avait alors 21 ans), il entra à la Faculté de Médecine d'Édimbourg et obtint son diplôme de Docteur en Médecine en 1883.
Débutant sa carrière comme assistant chez un médecin généraliste à Reigate, au sud de Londres, il y fit la connaissance de Mary Steele, la fille d'un médecin de la localité, dont il devint follement amoureux. Afin de l'épouser au plus vite en s'assurant une rentrée financière, il s'engagea dans les services médicaux de l'armée, la Royal Army Medical Corps. Tout au long de leur vie commune, Mary Steele sera non seulement une épouse attentionnée, mais également une

assistante et collaboratrice dévouée et compétente.
Envoyé à Malte, il y découvrit en 1886 l'agent étiologique (*Brucella melitensis*) de la fièvre de Malte (= brucellose) en réalisant une culture à partir d'un morceau de rate prélevé au cours d'une autopsie d'un soldat mort de brucellose.
De 1887 à 1894, Bruce a assuré les fonctions de Professeur de Bactériologie à l'Army Medical School de Netley (Angleterre).
En 1894, il quitta l'Angleterre pour aller étudier en Afrique du Sud une maladie appelée « Nagana » par les indigènes. Cette affection touchait particulièrement les bovidés et les chevaux en les mettant dans un état de torpeur et d'asthénie somatique pouvant entraîner la mort. Cette maladie occasionnait d'énormes pertes. En moins d'un an, il mit en évidence le responsable de la maladie : un hématozoaire (et plus précisément un trypanosome) qui sera désigné plus tard sous le nom de *Trypanosoma brucei*. Il découvrit que ce trypanosome était transmis par une glossine (*Glossina morsitans*), une mouche vectrice de la maladie.
Lors de la Guerre des Boers (1899-1902) et étant à ce moment précis en Afrique du Sud, il se mit au service des combattants anglais, sauvant de nombreux blessés par ses interventions chirurgicales. Au cours de cette guerre, il soigna également les très nombreux malades atteints de la fièvre typhoïde, et contracta lui-même la maladie.
Entre 1903 et le début de la Première Guerre mondiale, Bruce continua ses études et investigations sur les trypanosomes et obtint quelques résultats avec l'acide arsénieux dans le traitement de la maladie.
En Ouganda, en 1903, Bruce démontra que la maladie du sommeil était transmise d'homme à homme et de l'animal à l'homme par les mouches tsé-tsé vectrices de trypanosomes.
En 1908, il fut anobli et, au cours de la Guerre 1914-1918, Bruce fut nommé commandant du Royal Medical College et obtint le grade de Général (« General Major »).
Sir David Bruce est mort le 27 novembre 1931, quatre jours après le décès de son épouse qui l'avait activement assistée pendant toute sa vie.

## BUDD William (1811-1880)

Médecin anglais, né dans le North Tawton (Devon).
Après des études médicales réalisées à Paris, Londres et Édimbourg, Budd s'installa à Bristol et fit partie du personnel médical de l'hôpital de cette ville.
Lors de la deuxième pandémie de choléra (1829-1851), et partageant le point de vue de ses confrères d'hôpital, Joseph Griffith Swayne et Frederick Brittan, Budd émit l'hypothèse selon laquelle le responsable de la maladie était un champignon se présentant sous l'aspect de corpuscules en forme d'anneaux « annular bodies ». À ce sujet, en 1849, il fit part de ses conceptions dans une note de 30 pages, intitulée « Malignant cholera, its mode of propagation and its prevention ».
Sur la base d'études épidémiologiques et disposant d'un grand nombre d'arguments, il démontra clairement que la « toxine spécifique » de la fièvre

typhoïdique était présente dans les matières fécales des malades infectés et qu'elle pouvait être transmise à des personnes saines par contamination. L'eau de distribution contaminée par les matières fécales était, selon Budd, la principale responsable de la propagation de la maladie. Il affirma encore que chaque cas était relié à un cas antérieur et que « Pour faire de la fièvre typhoïde, il faut de la fièvre typhoïde ».
Il écrivit un livre de 74 pages à ce sujet intitulé « Typhoid Fever : Its Nature, Mode of Spreading and Prevention », publié en 1873, dans lequel il insista sur la nature infectieuse de la maladie et sur sa contagiosité. Il a d'ailleurs été atteint lui-même de la fièvre typhoïde. D'une grande compétence, Budd était un farouche défenseur de l'origine bactérienne des maladies infectieuses et de la spécificité des infections.

## BUNSEN Robert Wilhelm (1811-1899)

Chimiste, physicien et géologue, né à Göttingen, en Allemagne, le 31 mars 1811. Une de ses inventions a néanmoins contribué à la pratique concrète de la bactériologie.
Bunsen fit des études de sciences physiques et chimiques à l'Université de sa ville natale.
De 1836 à 1852, il enseigna respectivement à l'Institut Polytechnique de Kassel, à l'Université de Marburg et à l'Université de Breslau. Il fut ensuite nommé Professeur à l'Université d'Heidelberg où il resta jusqu'à sa retraite en 1889.
Bunsen fut un des grands chimistes de son temps ; il découvrit en 1834 l'antidote encore utilisée de nos jours de l'empoisonnement par l'arsenic (anhydride arsénieux) : l'hydroxyde de fer. Il fit également des études sur les sels complexes cyanés du fer.

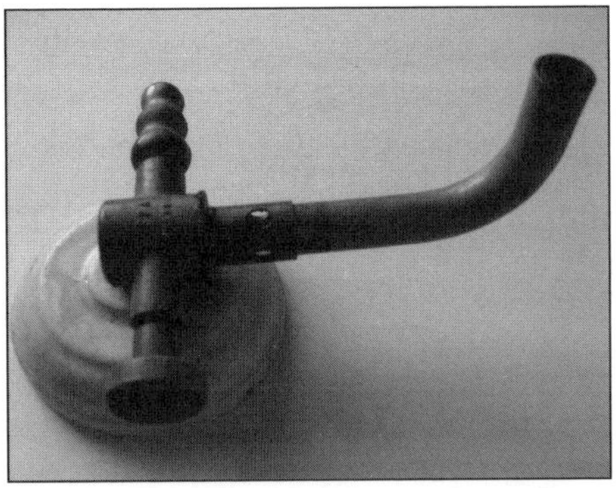

*Le bec Bunsen est normalement constitué d'une cheminée verticale ; celui-ci présente l'originalité d'être horizontal, permettant des manipulations nécessitant une plus grande proximité avec la surface de travail © F. Renaud*

Il a été l'inventeur d'un calorimètre à glace, d'un système de filtrage à pompe, d'une pile électrique zinc-charbon et d'un photomètre pour la mesure de la luminosité.
En 1859, il imagina une technique d'analyse par spectrophotométrie dont les applications furent réalisées avec la collaboration du physicien Gustav Robert Kirchhoff (1824-1887), l'inventeur du spectroscope. Ils découvrirent ainsi par analyse spectrale les éléments cesium et rubidium.
Bunsen est surtout connu comme l'inventeur d'un brûleur à gaz qui porte maintenant son nom. Le « bec Bunsen » est employé dans de nombreux laboratoires pratiquant une grande diversité de disciplines, notamment dans les laboratoires de bactériologie, mycologie et virologie où cet instrument s'est rapidement révélé indispensable pour les manipulations

aseptiques des milieux et des cultures. Néanmoins, il semblerait que ce n'est pas Bunsen le réel inventeur du brûleur à gaz mais le célèbre chimiste et physicien anglais Michael Faraday (1791-1867). En tout cas, c'est bien Bunsen qui fit connaître l'instrument et qui a donc largement contribué à sa diffusion et son succès.
Bunsen est mort à Heidelberg le 16 août 1899.

## BUONAMICI Francesco (1626-1690) (BONAMICI)

Médecin italien, auteur d'un ouvrage sur l'alimentation, intitulé « De Alimento » dans lequel il traite un certain nombre de problèmes concernant la parasitologie humaine et animale.
Buonamici décrivit un remède à base d'un champignon spécifique et endémique de l'Île de Malte (*Cynomorium coccineum*, Famille des *Balanophoraceae*) pour combattre « la fièvre » (sous-entendu la fièvre de Malte) c'est-à-dire la brucellose à *Brucella melitensis* (D'après un manuscrit de l'auteur se trouvant à la bibliothèque de La Valette, Malte).

## BURNET Frank Macfarlane (Sir) (1899-1985)

Sir Frank Macfarlane Burnet est né à Traralgon dans le Victoria en Australie le 3 septembre 1899. Il était le fils d'un directeur de la banque coloniale de cette ville. Il reçut sa première éducation à la Victoria's State School puis au Geelong College et compléta son cursus médical à l'Université de Melbourne où il obtint sa thèse de docteur en 1923. Il travailla alors à l'Institut Walter et Eliza Hall de l'Université de Melbourne pour effectuer une recherche sur la réaction d'agglutinine dans la fièvre typhoïde. En 1926, il se rendit à l'Institut Lister à Londres où il y passa une année. En 1932, il retourna, encore pour une année, en Angleterre au National Institute for Medical Research à Hampstead, Londres. Mis à part ces courts séjours en dehors de son pays natal, il travailla toute sa vie au Hall Institute à Melbourne. En 1944, il en devint Directeur et Professeur de Médecine Expérimentale de l'Université de Melbourne.
L'activité scientifique de Burnet a surtout porté sur l'étude des virus. En 1935, il a isolé une souche de virus influenzae en Australie et en 1946, en collaboration avec Beveridge, il mit au point une technique de culture des virus sur la membrane chorioallantoïque de l'embryon du poulet. Burnet qui s'était marié en 1928 à Edith Linda Druce eut un fils et trois filles.
Parmi ses œuvres majeures figurent « Une histoire naturelle des maladies infectieuses » en 1962 et « Viruseum » en 1955. Il obtint le prix Nobel de médecine et physiologie en 1965 avec Sir Peter Medawar pour la découverte de la tolérance immunitaire de transplants tissulaires. Dans le domaine de la bactériologie, il isola l'agent causal de la fièvre Q, *Rickettsia burnetii* (*Coxiella burnetii*). Sir Franck Macfarlane Burnet, « Mac » comme il était habituellement appelé dans le monde de l'immunologie, est décédé le 31 août 1985 à Melbourne.

# C

## CALMETTE Albert Léon Charles (1863-1933)

Albert Calmette est né à Nice le 12 juillet 1863, « vers 3 heures de l'après-midi, au bruit des canons tirés en réjouissance de la prise de Mexico ». Il était originaire d'une famille de terriens de la Haute-Auvergne. Son frère aîné, Gaston, journaliste, allait s'illustrer de façon tragique. En 1914, alors qu'il était directeur du Figaro, il mena une vive campagne contre le ministre des finances Joseph Caillaux ; il a été assassiné le 16 mars, dans son bureau, par Madame Caillaux.

*Détail de l'affiche « Suivez ces conseils, vous vivrez longtemps », éditée par le Comité National de Défense contre la Tuberculose vers 1920-1930 © Institut Pasteur*

Albert Calmette avait, dès l'adolescence, la passion des grands voyages et de la vie de marin. Une grave atteinte de fièvre typhoïde entrava sa préparation à l'École Navale. Il entra alors, en 1881, à l'École de Médecine Navale de Brest. En 1883, il était aide-médecin de la marine à bord de La Triomphante, cette corvette cuirassée qui sillonnait les mers de Chine au moment où éclata le conflit qui permit de séparer le Tonkin de l'emprise chinoise pour devenir alors un protectorat français. De son séjour chinois, il tira beaucoup d'enseignements pour la suite de sa carrière.

À Hongkong, le médecin anglais, Patrick Manson, lui montra au microscope la filaire de Bancroft aux divers stades de son évolution et lui expliqua le rôle du moustique ; 10 % des Chinois étaient, à cette époque, atteints de la filariose. Il fit de ce sujet la thèse de son doctorat. Il rentra en France en 1885 et repartit en 1886 pour l'Afrique équatoriale et débarqua à Libreville, chef-lieu du Gabon. Dans ce pays dominaient le paludisme et la fièvre bilieuse hémoglobinurique chez les Européens et la maladie du sommeil chez les indigènes. Un vieux missionnaire qui accompagnait Calmette dans le cimetière où les tombes françaises étaient de plus en plus nombreuses eut cette phrase significative : « Voilà le jardin d'acclimatation des Blancs ». Rentré en France en 1887, 3 mois plus tard, il partit pour les îles Saint-Pierre et Miquelon où il eut à soigner une population de 4 000 habitants et de quelques milliers de marins. C'est là qu'il commenca à s'initier à la bactériologie qu'il ignorait complètement auparavant. Il entreprit l'étude du « rouge de la morue », responsable de l'altération des morues fraîches, salées et entassées dans les cales des navires. Il isola le « *Micrococcus* » et l'inocula « à des tranches de morue salée, non séchée (la morue sèche n'étant pas susceptible de contracter le rouge) qui prirent la coloration rouge. Il démontra ensuite que le microbe provenait du sel employé pour la conservation de ces poissons. Il présenta ce travail à l'Institut Pasteur le 4 octobre 1890 où il y rencontra Émile Roux* qui devint son maître puis son ami pendant les 43 années qui suivirent. À la fin de 1890, le ministre des Colonies décida de créer à Saigon le premier laboratoire colonial de microbiologie. Calmette fut chargé d'en prendre la direction. Il commença à y étudier les propriétés immunologiques des venins de serpents sur 19 serpents venimeux de « Cobra capet ». Il poursuivit cette étude jusqu'à 1914. Le 14 novembre 1894 a été créée à Lille une annexe de l'Institut Pasteur dont Calmette, à 32 ans, prit la direction. Il y resta 25 ans et son activité y fut multiple : création d'un laboratoire pour l'étude des eaux résiduaires afin d'analyser la pollution des rivières ou des étangs par les industries, organisation de la lutte contre l'anémie des mineurs, ou ankylostomiase, qui atteignait de nombreux centres miniers du nord de la France à cette époque.

La présence de 6 000 tuberculeux à Lille, sur les 220 000 habitants qui habitaient la ville à cette époque, a été le point de départ de la plus grande œuvre de sa vie : la lutte contre cette terrible infection. Dès 1901, il créa sous le nom de « Préventorium Émile Roux », le premier dispensaire antituberculeux. Des établissements identiques se sont alors répandus très largement en France et à l'étranger sous le nom de « Dispensaires de type Calmette ».

En 1899, Albert Calmette fut sollicité par le président du Conseil Waldeck-Rousseau, qui se préoccupait (déjà) de la faible natalité et de la forte mortalité en grande partie due à la tuberculose, afin d'accroître ses recherches sur cette maladie. Depuis 1897, le docteur vétérinaire Camille Guérin* sur les conseils d'Edmond Nocard*, travaillait en collaboration avec Calmette. Les deux chercheurs avaient fait l'observation suivante : « Les animaux tuberculeux sont incomparablement plus résistants que les animaux neufs à une inoculation d'épreuve ». D'autre part, « une seule contamination bacillaire peu intense, détermine, en général, une infection qui reste bénigne et qui confère une résistance manifeste aux réinfections subséquentes ». Dès 1886, Marian avait énoncé la loi suivante : « On ne constate jamais de tuberculose pulmonaire, tout au moins de tuberculose pulmonaire évidente et en évolution, chez les sujets qui, pendant l'enfance, ont été atteints d'écrouelles (adénites tuberculeuses suppurées du cou) et qui en ont guéri complètement avant l'âge de 15 ans ». La persistance de quelques bacilles vivants mais peu nombreux et peu virulents dans l'organisme leur paraissait être la meilleure sauvegarde contre la tuberculose évolutive et en particulier contre la phtisie pulmonaire.

Calmette et Guérin avaient constaté en 1908 que, sur une tranche de pomme de terre imprégnée de bile de bœuf glycérinée à 5 %, le bacille tuberculeux se développait, mais en se modifiant profondément. Après 30 réensemencements successifs, effectués tous les 25 jours sur ce milieu, un bacille bovin très virulent à l'origine perdait une grande partie de sa virulence pour le cobaye et pour le veau. Plus de 230 repiquages du bacille bovin sur ce milieu de culture « hostile » ont été réalisés pendant 13 années, jusqu'en 1921, afin de faire perdre à la bactérie, son pouvoir pathogène chez l'homme, tout en lui conservant son caractère immunogène. Le bacille de Calmette et Guérin (BCG) était né !

Le 1er juillet 1921, les pédiatres Benjamin Weill-Hallé et Raymond Turpin acceptèrent de prendre la responsabilité d'effectuer la première vaccination, par voie buccale, avec le BCG, chez un nouveau-né dont la mère était décédée de la tuberculose peu de temps après l'accouchement, et qui était élevé par sa grand-mère, également tuberculeuse. L'enfant ne développa pas la tuberculose. Au cours des 3 années suivantes, le nouveau procédé fut testé avec succès sur 178 nourrissons de la crèche de l'hôpital de la Charité à Paris. La vaccination par voie sous-cutanée a été proposée en 1923. L'ensemble des résultats portant sur les 317 premiers enfants vaccinés par le germe atténué, le BCG, fut présenté le 13 juin 1924 devant l'Académie de Médecine ; le titre de la communication était « Essais d'immunisation contre l'infection tuberculeuse ». En 1927, Calmette rapporta que, parmi 969 enfants nés de mères tuberculeuses ou qui avaient eu des contacts très étroits avec des patients tuberculeux, et vaccinés par le BCG entre 1921 et 1927, seulement 3,9 % décédèrent de la maladie ou d'autres affections alors que parmi les enfants non vaccinés ce taux était de 32,6 %. Cependant, en avril-mai 1930, un drame éclata dans le service du professeur Deycke de l'hôpital de Lübeck à la suite d'une méprise dans laquelle des souches humaines virulentes de bacilles qui provenaient de l'Institut d'Hygiène de Kiel furent mélangées avec le vaccin arrivé de l'Institut Pasteur de Paris. Ainsi 252 jeunes enfants reçurent par voie buccale, entre décembre 1929 et avril 1930, des bacilles humains virulents à la place du vaccin : 71 décédèrent. Dans le climat particulièrement xénophobe de l'Allemagne de l'époque, l'opposition au BCG « français » se déchaîna, et non pas seulement outre-Rhin. Les rapports des deux experts du gouvernement du Reich, le professeur Ludwig Lange du Laboratoire du Conseil Général de la Santé (Reichsgesundheitsamt) et le Professeur Bruno Lange de l'Institut Robert Koch de Berlin, permettront de mettre hors de cause la responsabilité de la souche vaccinale. Ce n'est que le 6 février 1932 que la vérité fut connue. Les deux responsables du drame ont été condamnés l'un à 2 ans et l'autre à 15 mois de prison. Albert Calmette, a été très affecté par la polémique suscitée par cette catastrophe « L'affreux drame de Lübeck m'a infligé des tortures morales dont personne ne peut imaginer l'atrocité ». Réconforté par les résultats de l'enquête, Albert Calmette s'éteignit 2 années plus tard, le dimanche 29 octobre 1933 aux premières lueurs de l'aube. Cette mort, par une coïncidence curieuse, précéda

de 5 jours celle de son maître et ami, Émile Roux*.
Deux ans, avant sa mort Albert Calmette écrivait : « Mon seul mérite est d'avoir su éviter d'éparpiller mes efforts sur un trop grand nombre de sujets et d'avoir étudié avec persévérance ceux qui m'attiraient. Je me suis consacré presque tout entier à l'étude des venins et de la tuberculose. Cette dernière m'a absorbé sans interruption depuis l'année 1900 ».

## CAMARA-PESTANA da Luiz (1863-1899)

Médecin portugais, mort à l'âge de 36 ans, victime de la peste dont il étudiait l'épidémiologie.
Il fit ses études à l'Université de Lisbonne et obtint son diplôme de Docteur en Médecine en 1889. Il se consacra ensuite à la bactériologie et fut envoyé en 1891 à l'étranger par le gouvernement portugais pour parfaire ses connaissances microbiologiques. En 1892, il fut nommé Directeur de l'Institut de Bactériologie de Lisbonne.
Il publia un certain nombre de travaux et de rapports sur la peste (dont notamment la peste bubonique), la fièvre typhoïde, la sérothérapie dans le traitement de la diphtérie et la vaccination antirabique.
Lors d'une épidémie de peste à Porto à la fin du XIX^e^ siècle, Luiz da Camara-Pestana fut dépêché sur place par le gouvernement afin d'y réaliser une enquête. En pratiquant l'examen post-mortem d'un sujet mort de la peste, il s'inocula accidentellement la maladie sous un ongle. Il nota ensuite tous les symptômes qu'il observa sur lui-même, refusa de voir son frère, ses amis et ses confrères afin de ne pas transmettre l'infection, et mourut héroïquement après avoir préparé ses propres funérailles.
En hommage à ce bactériologiste portugais courageux, l'Institut de Bactériologie de Lisbonne fut ensuite nommé « Istituto bacteriologico da Camara-Pestana ».

## CANTACUZINO Ion (1863-1934)

Ce médecin roumain est né à Bucarest. À l'âge de 16 ans, il est venu compléter ses études supérieures de lettres et de philosophie à la Sorbonne de Paris. Il fut alors admis à la Faculté des Sciences et de Médecine où il soutint sa thèse de doctorat en 1894. Nommé Professeur à la Faculté de Médecine de Bucarest en 1901 c'est lui qui fonda l'Institut des Sérums et Vaccins en 1921.

*Affiche de prévention pour la santé publique, éditée par la Commission américaine de préservation contre la tuberculose en France vers 1930 © Institut Pasteur*

Ses activités de recherches scientifiques furent nombreuses et variées : il travailla principalement sur la tuberculose et le choléra. En 1908-1910, il mit au point la première campagne d'étude à grande échelle du paludisme.
En 1913, pendant la guerre des Balkans, il organisa une campagne de vaccination contre le choléra. C'est à cette même date qu'il posa les bases de la vaccination contre la typhoïde en Roumanie. En 1926, il fut à l'origine de la vaccination de masse par le BCG, la Roumanie étant le 2e pays à procéder à cette vaccination. Il est surtout connu pour avoir élaboré, en 1910, la « loi sanitaire » qui organisait la prévention et le contrôle des maladies infectieuses dans son pays. Il est considéré comme l'initiateur de l'école moderne de la microbiologie et de la médecine expérimentale en Roumanie. Grand ami de la France, il créa la maison de France à Bucarest en 1922, l'Institut Français en 1923 et la Société des Amis de la France en 1932.

## CARBONE Tito (1863-1904)

Médecin italien, assistant de Lombroso et plus tard Professeur de Pathologie à Cagliari (Sardaigne), à Modène (Émilie) et enfin à Pise (Toscane) où il mourut de brucellose (= fièvre de Malte) en étudiant cette maladie.
Avec Serafino Belfanti (1860-1939), il découvrit qu'en inoculant des globules rouges de lapin à un cheval, le sérum de celui-ci devenait toxique pour le lapin (production d'une hémolysine) ; principe utilisé plus tard par Jules Bordet* pour sa réaction de déviation du complément et par August von Wassermann* pour le diagnostic sérologique de la syphilis.

## CARDANO Girolamo (1501-1576) (CARDAN Jérôme ; CARDANUS Hieronymus)

Médecin, philosophe, mathématicien et astrologue italien, né à Pavie et contemporain de Michel-Ange.
Il fit ses études à la célèbre Université de Padoue. Nanti d'un esprit de génie, surdoué et « touchant à tout », Jérôme Cardan était un homme de sciences dans la pure lignée de la Renaissance italienne.
Comme médecin, il fut consulté par une clientèle princière et par le pape Pie V. Des offres lui furent faites par des personnages puissants mais, préférant mener une vie d'indépendant, il refusa toute proposition.
Connu comme mathématicien, on lui doit notamment la formule de la résolution de l'équation du 3e degré (bien que l'algébriste italien Niccola Fontana, dit « Tartaglia » - également contemporain de Cardan - passe pour avoir été le premier à résoudre les équations du troisième degré), ainsi que la théorie des équations qu'il publia en 1545 dans un ouvrage intitulé « *Ars Magna* ».
C'est également à l'esprit inventif de cet « Homme Universel » de la Renaissance que l'on doit le mécanisme permettant le déplacement angulaire de deux arbres dont les axes géométriques sont concourants ; en mécanique automobile, on parle encore des « cardans » pour désigner ce système transmettant aux roues

motrices et directrices, leur mouvement de rotation.
Jérôme Cardan était également passionné par la parasitologie et raconte avoir observé chez lui-même, l'émission de petits vers fins et blancs avec les urines ainsi que l'expulsion de ténias par l'anus. Il avait établi une curieuse théorie sur la formation des vers et sur les conditions favorables à leur « élaboration ». Il croyait en la génération spontanée et à la « naissance » de mouches dans la viande de bœuf en décomposition.
Il publia environ 200 ouvrages parmi lesquels une amusante autobiographie et un traité de psychiatrie. Il publia un livre, édité à Venise et paru peu de temps avant sa mort, intitulé « *De malo recentiorum medicorum usu libellus* » dans lequel il était question de typhus ; il y différenciait pour la première fois la rougeole du *morbus pelicarus* (maladie des « puces ») qui doit en réalité être interprété comme étant le typhus exanthématique, maladie infectieuse due à *Rickettsia prowazekii*. Cardan serait donc le premier à avoir évoqué le pou dans la transmission de cette maladie infectieuse d'étiologie bactérienne.
Après avoir été appelé pour une consultation par le pape Pie V, Jérôme Cardan est mort à Rome en 1576.

## CARLE Antonio (1854-1927)

Médecin italien, né à Chiusa di Pesio (Cuneo ; Piémont). Il fit ses études médicales à Turin où il devint plus tard Professeur de Chirurgie.
Avec Giorgio Rattone*, il réalisa en 1884 des études sur le tétanos. Ils ont démontré la nature infectieuse de la maladie et sa transmissibilité de l'homme à l'animal en injectant l'extrait d'une pustule, porte d'entrée de l'infection, prélevée chez un sujet mort de tétanos, à des lapins qui moururent en présentant à leur tour tous les symptômes du tétanos. Ils réalisèrent ensuite la transmission de la maladie d'un lapin à un autre.

## CASTELLANI Aldo (1878-1971)

Médecin italien né à Florence. Après quelques mois de travaux en bactériologie sous la direction du Professeur Krause, il débuta sa carrière dans le service de santé de la marine italienne. Il s'installa ensuite à Rome.
Après la découverte en 1896 du phénomène de l'agglutination par Herbert Edward Durham, Castellani mit en évidence en 1901-1902 la saturation des agglutinines et étudia les anticorps dans les situations d'infections mixtes.
En 1903, c'est encore à ce microbiologiste italien que revint le mérite d'avoir établi le rapport entre le trypanosome (dans ce cas précis *Trypanosoma gambiense*) et la maladie du sommeil, plus tard confirmé par David Bruce*.
Il découvrit en 1905 une bactérie, *Treponema pertenue*, l'agent étiologique du pian.
En 1920, Castellani réalisa une classification des bactéries anaérobies et en particulier celles des espèces du genre *Bacteroides*, genre microbien dont il créa le nom.

## CATTANI Giuseppina (1859-1914)

Médecin italien, née le 26 mai 1859 à Imola (Émilie ; Italie). Elle fit ses études de médecine à l'Université de Bologne et y obtint son diplôme de Docteur en Médecine en 1884.

Après ses études, elle commença des travaux de laboratoire sous la direction de Guido Tizzoni* et consacrés à la neuro-anatomie et à l'histologie. Elle occupa ensuite plusieurs postes successifs à l'Université de Turin, à l'Institut de Pathologie de Zurich (avec Edwin Klebs*), à l'Institut de Pharmacologie d'Oswald Schmeiderberg à Strasbourg et dans diverses universités allemandes. En 1889, elle revint à l'Université de Bologne, mais elle dut interrompre ses recherches suite à une maladie. En 1897 elle retourna à Imola, son pays natal où elle obtint un poste de pathologiste à l'Hôpital de la Charité. C'est là qu'elle est décédée le 9 décembre 1914.

Giuseppina Cattani est surtout connue pour ses publications (55 au total), réalisées en collaboration avec Guido Tizzoni dans le domaine de la bactériologie et de l'immunologie du tétanos, publiés majoritairement dans les journaux en langue allemande.

La première culture du bacille tétanique (*Clostridium tetani*) ayant été réalisée par Shibasaburo Kitasato* en 1889, l'équipe Tizzoni-Cattani confirma peu après les études bactériologiques et pathologiques de l'auteur japonais ; ils effectuèrent les premières cultures en anaérobiose de la bactérie sur milieu solide et la première préparation de l'antitoxine utilisée dans le traitement du tétanos chez l'homme. Ils ont été les premiers à avoir observé et relaté que la splénectomie inhibait l'élaboration d'antitoxines.

Guiseppina Cattani peut être considérée comme une des premières femmes pionnières de la bactériologie.

## CHABERT Philibert (1737-1814)

Vétérinaire français, né à Lyon. Il a étudié, dès 1780, et bien avant Rayer* et Davaine* ainsi que Pasteur*, Chamberland* et Roux*, une maladie appelée « *charbon* » (en anglais « *anthrax* »), infection due à *Bacillus anthracis* (un bacille à Gram positif aérobie sporulé).

À côté d'un certain nombre d'ouvrages qu'il publia et qui eurent leur succès à l'époque, Chabert a écrit un important livre sur le charbon (bien avant que l'agent étiologique ne soit connu), intitulé « Traité du charbon ou anthrax dans les animaux », publié à Paris en 1783. Il était alors Professeur à l'École Vétérinaire de Maisons-Alfort (Val-de-Marne).

Chabert s'occupa aussi de parasitologie et, en 1787, il découvrit une nouvelle entité très curieuse, la linguatule (Genre principal : *Linguatula* ; plus particulièrement *Linguatula serrata*) qu'il prit pour un *Taenia* et auquel il donna le nom de *Taenia lanceolata*. En réalité, il s'agissait d'un arthropode vermiforme (arachnides en forme de vers que beaucoup de parasitologues considèrent comme occupant une position intermédiaire entre les Annélides et les Arachnides = « *Pararthropodes* »). Cet arthropode parasite les voies respiratoires et plus particulièrement les fosses nasales et les sinus frontaux de certains vertébrés dont plus particulièrement les canidés sauvages et domestiques.

## CHAIN Ernst Boris (1906-1979)

Biochimiste d'origine juive, fils d'un père russe et d'une mère allemande, né à Berlin.
Fuyant le régime Nazi, il s'installa en Angleterre (Cambridge) où il fut engagé comme chercheur par Gowland Hopkins. Il y effectua des travaux sur les venins de serpents dans lesquels il identifia une enzyme responsable d'une paralysie mortelle.
Howard Florey*, médecin et chercheur d'origine australienne, lui proposa un poste de biochimiste dans son département de pathologie à la Sir William Dunn School d'Oxford. En 1937, Chain démontra avec L.A. Epstein que le lysozyme (agent antibactérien présent dans la salive et le liquide lacrymal) découvert en 1922 par Alexander Fleming*, était une enzyme, et que celle-ci agissait sur un constituant de la paroi bactérienne.
Avec Howard Florey et l'équipe d'Oxford (« Oxford Group »), il participa aux investigations sur la pénicilline et s'occupa particulièrement des aspects biochimiques de la molécule.
C'est en août 1940 que fut démontrée l'action antibactérienne de la pénicilline, et que cette substance constituait un antibiotique. En décembre 1945, Chain partagea le prix Nobel de Médecine et de Physiologie avec Alexander Fleming et Howard Florey.
Ernst Boris Chain est mort à Castlebar, en Irlande, en 1979 à l'âge de 73 ans.

## CHAMBERLAND Charles (1851-1908)

Physicien et biologiste français né à Chilly-le-Vignoble dans le Jura le 12 mars 1851. Après des études secondaires à Lons-le-Saulnier puis à Paris, il est admis en 1871 au concours d'entrée de l'École Polytechnique et à l'École Normale Supérieure. Il opta pour cette dernière. En 1874, il est reçu à l'agrégation de sciences physiques et enseigna pendant un an au lycée de Nîmes. En 1875, il entra comme agrégé préparateur à l'École Normale Supérieure dans le laboratoire de Louis Pasteur*. À la demande de ce dernier, il reprit une expérience réalisée par Charlton Henry Bastian* partisan de la théorie de la génération spontanée et démontra que les conclusions du médecin de Londres étaient erronées. Il associa enfin son nom à celui de Pasteur sur une publication « La théorie des germes et ses applications à la médecine et à la chirurgie » dans laquelle il démontra que toute maladie infectieuse était causée par un germe et qu'à chaque malade correspondait un germe particulier. En août 1878, il participa avec Emile Roux* et A. Vinsot à l'étude de la bactérie charbonneuse menée par Pasteur près de Chartres sur les troupeaux. En 1879, il soutint sa thèse de doctorat ès sciences physiques sur « les recherches sur l'origine et le développement des organismes microscopiques » qui constitua le point de départ de ses travaux sur la stérilisation des milieux de culture. Ses études lui permirent de concevoir une étuve à désinfection qui porta son nom, l'autoclave Chamberland. En 1879-1888, il devint directeur adjoint du laboratoire de Louis Pasteur rue d'Ulm. Il joua un rôle très actif sur la mise au point du vaccin anti charbonneux dans les années 1880-1881. En 1884, il mit au point un filtre conçu à partir d'une bougie de porcelaine poreuse permettant d'éliminer les microbes de l'eau de boisson, ceci afin de lutter contre la fièvre typhoïde qui frappait Paris. L'appareil reçut le nom de « filtre Chamberland ». C'est avec cet appareil que la découverte des toxines diphtériques et tétaniques a pu être réalisée.

*Séance de vaccination à la barrière de la rage de l'Institut Pasteur vers 1910 © Institut Pasteur*

Chamberland joua un rôle politique important puisqu'il fut élu député sur la liste des républicains radicaux du Jura et il fut un des premiers auteurs du projet de loi sur l'hygiène publique. En 1887, il fut élu conseiller Municipal puis maire de Chilly-le-Vignoble, son village natal. En 1888, avec Emile Duclos*, Emile Roux* et Edouard Nocard*, il constitua le premier comité des Annales de l'Institut Pasteur. En 1888, il fut nommé chef de service à l'Institut Pasteur. En 1900, il ouvrit à Frébuans près de Chilly-le-Vignoble une petite fabrique de boîtes en bois destinée à l'expédition des vaccins dans le monde entier. En 1904, en collaboration avec Emile Roux, il devint sous-directeur de l'Institut Pasteur et fut élu membre de l'Académie de Médecine en remplacement de Emile Duclaux*. Il est mort à Paris le 2 mai 1908.

## CHANTEMESSE André (1851-1919)

Médecin français, né au Puy (Haute-Loire). Il fit ses études secondaires au Lycée du Puy où il eut comme Professeur Émile Roux*, futur directeur de l'Institut Pasteur, et Charles Dupuy, grande figure de la vie politique de l'époque.

Son père, fabricant de dentelles, destinait le jeune André aux affaires, mais à sa mort, suivant sa vocation, le jeune homme commença ses études de médecine à 25 ans et reçut son diplôme de Docteur en Médecine en 1884 avec la médaille d'argent de l'Université pour sa thèse sur la méningite tuberculeuse chez l'adulte.

Élève du célèbre Cornil*, il se destina à la biologie médicale en général, et à la bactériologie en particulier. Il débuta sa carrière en 1885 comme médecin des Hôpitaux de Paris ; ses très bonnes relations avec Émile Roux le conduisirent à Pasteur qui fit de lui l'assistant de Grancher qui travaillait à l'époque sur le traitement antirabique.

André Chantemesse est surtout connu pour ses travaux sur la fièvre typhoïde.

Avec Fernand Widal*, son collaborateur, il a été le premier à démontrer que l'injection aux cobayes et aux souris de bacilles typhiques tués par chauffage, conférait à ces animaux une immunité vis-à-vis de la fièvre typhoïde. L'expérience a été le point de départ de la vaccination antityphoïdique et antiparatyphoïdique élaborée par H. Vincent*. Il démontra également que le bacille typhoïdique pouvait être présent dans l'eau « potable » et être à l'origine d'épidémies de fièvre typhoïde. Les travaux de Chantemesse sur ce sujet lui valurent le Prix Bréant de l'Académie des Sciences en 1883. En 1889, il se classa premier parmi les candidats à l'agrégation en médecine et fut décoré, peu de temps après, de la Légion d'Honneur.

En 1897, il fut nommé Professeur de Pathologie Expérimentale à l'Université de Paris.

Il était également Conseiller technique d'hygiène des Pouvoirs Publics, Inspecteur Général Adjoint des Services Sanitaires, et, à partir de 1904, membre du Comité de Rédaction des « Annales de l'Institut Pasteur ».

Ses cours de Clinique médicale à l'Hôtel-Dieu furent très suivis et appréciés par ses étudiants.

C'est avec un dévouement tout particulier qu'il soigna Louis Pasteur pendant les dernières années de celui-ci et « adoucit » sa fin.

André Chantemesse est l'auteur de nombreux travaux en rapport avec la bactériologie, la pathologie et l'hygiène.

Il est mort subitement à Paris dans la nuit du 24 au 25 février 1919.

## CHAPIN Charles Willard né en 1877

Bactériologiste américain, superintendant de la Santé à Providence (Rhode Island, États-Unis), et infectiologue.

Il écrivit un livre sur les infections et l'hygiène publique, intitulé « The Sources and Modes of Infection », publié en 1910, qui connut beaucoup de succès. Il y était question de mesures préventives, de connaissances bactériologiques et épidémiologiques ainsi que des différentes voies de dissémination et de contamination.

Associé à MacCoy*, autre bactériologiste américain, ils décrivirent ensemble, en 1911, une infection chez les écureuils du Comté de Tulare, en Californie, appelée « pseudopeste de l'écureuil » et isolèrent en 1912 l'agent étiologique de la maladie chez ces animaux qu'ils appellèrent *Bacterium tularense* (qui deviendra plus tard *Francisella tularensis*), l'agent étiologique de la tularémie.

Suite à des contaminations touchant accidentellement le personnel de laboratoire, le pouvoir pathogène de ce micro-organisme vis-à-vis de l'homme fut alors mis en évidence. Ils découvrirent à cette occasion que le diagnostic de la tularémie pouvait se faire par séro-agglutination.

## CHAUVEAU Jean-Baptiste, Auguste (1827-1917)

Médecin, vétérinaire, né le 21 novembre 1827 à Villeneuve-la-Guyard (Yonne).

*La vaccination dans les rues de Paris. Aquarelle de Haenen au XIXe siècle. Un vaccinateur et son assistant prélèvent de la pulpe vaccinale sur une génisse pour vacciner des enfants et adultes contre la variole © Institut Pasteur*

Il fit des études de médecine vétérinaire à Maisons-Alfort (Val-de-Marne) et devint en 1848, Chef de Service d'Anatomie à l'École Vétérinaire de Lyon.

En 1863, il fut nommé Professeur d'Anatomie et de Physiologie à l'école lyonnaise. À partir de 1875, il assuma la charge de Directeur de l'École Vétérinaire de Lyon, poste qu'il occupa jusqu'en 1886. Entre-temps, Chauveau étudia et prépara ses examens de médecine et fut reçu Docteur en Médecine en 1877 à l'âge de 50 ans. À partir de ce moment, il enseigna également à la Faculté de Médecine nouvellement créée à Lyon, en tant que Professeur de Médecine Expérimentale et de Pathologie Comparée.

En 1886, il quitta son poste de Directeur de l'École Vétérinaire de Lyon et celui d'enseignant à la Faculté de Médecine pour aller s'installer à Paris où il avait été nommé Professeur de Physiologie Comparée au Museum d'Histoire Naturelle et Inspecteur Général des Services Vétérinaires de France.

Chauveau est surtout connu pour ses recherches et travaux en physiologie, touchant une grande diversité de domaines : digestion, respiration, circulation sanguine et cardiologie, physiologie nerveuse...

Il apporta également sa contribution dans le domaine de la virologie, de la bactériologie et de la pathologie des maladies infectieuses : atténuation des virus et obtention de vaccins, études sur la variole, recherches sur la contagion, investigations sur la tuberculose, travaux préparatifs sur les antitoxines et les anticorps en général. Il est considéré comme un précurseur de Louis Pasteur* en établissant la nature corpusculaire des micro-organismes impliqués dans les maladies infectieuses.

Chauveau est mort à Paris le 4 janvier 1917 à l'âge de 90 ans.

## COHN Ferdinand (1828-1898)*

Naturaliste allemand, un des grands fondateurs de la bactériologie de l'école allemande, Ferdinand Cohn est né à Breslau (actuellement Wroclaw, en Silésie, Pologne) le 24 janvier 1828. C'est dans sa ville natale qu'il a été pendant longtemps, Professeur de Botanique et Directeur de l'Institut de Physiologie Végétale qu'il avait créé en 1866.

Au début de sa carrière, vers 1850, Cohn effectua des recherches sur les algues et champignons microscopiques et sur les infusoires en faisant d'importantes découvertes. Il contribua également à une meilleure connaissance de la cellule végétale.

Dans le domaine zoologique, il étudia particulièrement les épidémies d'infections mycotiques chez les mouches, les chenilles et d'autres insectes.

Dans un petit opuscule publié en 1854 et intitulé « Wunder des Blutes » (Le miracle du sang), il a redécrit le « Monas prodigiosus Ehrenberg » et les épidémies à la prodigiosine (= contaminations par *Serratia marcescens*).

C'est vers 1860 que Ferdinand Cohn commença à s'intéresser aux bactéries et aux épidémies d'étiologie bactérienne. Il devint alors chef de file de l'école allemande de bactériologie.

Prenant exemple sur Christian Gottfried Ehrenberg*, un médecin et naturaliste allemand qui publia en 1839 une véritable classification des infusoires, Cohn a été un des premiers bactériologistes à avoir introduit en 1872 une classification systématique et taxonomique des bactéries ainsi que les notions de « genre » et d'« espèce ». Cette dernière (« espèce ») devait présenter, selon Cohn, une grande constance quant à ses propriétés ; aussi était-il partisan de l'unité morphologique, en contradiction avec Nägeli* et Zopf*. Ferdinand Cohn a été le premier à faire une distinction entre micro-organismes animaux (Protozoaires) et micro-organismes végétaux (Protophytes).

Cohn fit la distinction entre microcoques, bactéries, bacilles, vibrions, spirochètes et spirilles. Dans les microcoques, il distinguait 3 groupes : les chromogènes, les zymogènes et les microcoques pathogènes. Soutenant Louis Pasteur* dans son opposition à la théorie de la génération spontanée prônée par Félix Archimède Pouchet* et Henri Bastian*, il lui reprocha cependant d'utiliser une diversité de noms bactériens peu précis à la place d'une nomenclature scientifique binominale.

Cohn a été parmi les premiers à étudier le mouvement des bactéries et l'influence de l'apport d'oxygène sur la mobilité. Il fit également les premières investigations sur les effets physiologiques du courant électrique sur les bactéries. Il étudia les bactéries de l'air et mit au point une méthode pour leur numération par aspiration à travers un milieu de culture stérile.

En 1876, en étudiant l'effet de la chaleur sur les bactéries, il découvrit l'existence de spores chez *Bacillus subtilis*. Il démontra que la survie des bactéries lors de « stérilisations » était due à la présence de spores hautement thermorésistantes et qu'il fallait appliquer des températures parfois très élevées pour tuer ces spores. Robert Koch* le consulta au sujet des spores ; le 30 avril 1876, il lui présenta ses travaux sur le charbon et *Bacillus anthracis*. En 1877, Koch publia les résultats de ses recherches dans la revue botanique « Beiträge zur Biologie der Pflantzen », revue créée et éditée par Cohn.

Ferdinand Cohn est mort le 25 juin 1898 à l'âge de soixante-dix ans.

* *À ne pas confondre avec Edwin-Joseph COHN, physiologiste et biochimiste américain de l'Université d'Harvard.*

## CORNET Georg (1858-1915)

Médecin allemand, né le 27 juillet 1858 à Eichstätt (Bavière). Il fit ses études médicales à l'Université de Munich et eut parmi ses Professeurs le célèbre Max von Pettenkofer. Il compléta ensuite sa formation en Italie, aux universités de Rome, Pise et Naples.

*Affiche éditée par le ministère de la Santé Publique et l'Office National d'Hygiène sociale contre la tuberculose © Institut Pasteur*

Assistant de Brehmer à Görbersdorf pendant deux ans, il eut ensuite la chance d'être admis à l'Institut des Maladies Infectieuses de Robert Koch* (Berlin) et de se voir confier par le maître, des travaux sur la tuberculose en rapport avec les facteurs héréditaires. Il travailla aussi sur la tuberculine.

Il démontra en 1888 que le bacille tuberculeux pouvait se trouver « en dehors du corps humain » et établit sur cette base une prophylaxie, en considérant le phtisique comme la source principale de la contamination tuberculeuse et l'environnement comme facteur potentiel possible de la contagion.

Ses interventions dans les mesures prophylactiques de la tuberculose ont fait baisser la mortalité de 31/10 000 en 1889 à 19/10 000 en 1903 et ont donc permis de sauver 400 000 sujets de la mort par tuberculose en Prusse au cours de la période 1889-1903.

Cornet publia 40 travaux sur la tuberculose, constitués principalement de recherches en rapport avec les aspects prophylactiques et l'hygiène. En Allemagne, il était considéré comme le père de l'hygiène et de la prophylaxie en ce qui concerne la tuberculose.

Il acquit une telle réputation qu'une clientèle internationale vint se faire soigner à la clinique de Cornet, devenu « médecin de la tuberculose » (Tuberkulosearzt).

Lors de l'épidémie de choléra à Hambourg en 1892, il participa à combattre le fléau, et, au début de la Première Guerre mondiale 1914-1918, au cours de laquelle il fut décoré de la Croix de Fer, il voulut étudier le typhus exanthématique (= typhus épidémique) qui avait fait son apparition dans un camp de prisonniers ; il contracta lui-même la maladie, tomba malade le 17 mars 1915 et mourut le 26 mars 1915 à Berlin.

## CORNIL André Victor (1837-1908)

Médecin français, né à Cusset (Allier).

Après ses études de médecine à Paris, il créa avec Louis Ranvier un laboratoire d'histologie ; les deux histologistes firent paraître un nombre important de communications et de travaux en rapport avec cette discipline, donnant à leur laboratoire une renommée internationale.

Ensemble, ces deux auteurs publièrent un livre qui eut un franc succès en son temps, et intitulé « Manuel d'histologie normale et pathologique ».

Avec Hippolyte Hérard (1819-1913) dont il fut l'élève, Cornil publia un autre ouvrage resté célèbre : « Étude anatomo-pathologique et clinique sur la phtisie pulmonaire ».
En 1869, Cornil accéda au grade de Professeur agrégé et en 1870, il fut nommé médecin du Bureau Central. En 1882, il fut nommé Professeur d'Anatomie Pathologique à Paris. Cornil publia sur une grande diversité de sujets parmi lesquels : la néphrite, le cancer, le mélanome, la syphilis, les affections malignes du système réticulo-endothélial... Il réalisa d'intéressantes études sur la cicatrisation et la régénération des tissus membranaires et osseux.
Parmi ses élèves devenus des bactériologistes célèbres figurent Fernand Widal*, André Chantemesse* et Victor Babes*. Avec ce dernier, il écrivit en 1885 un important ouvrage de bactériologie intitulé « Les bactéries et leur rôle dans l'anatomie et l'histologie pathologiques des maladies infectieuses ». Encore avec Chantemesse, il publia des travaux sur la pneumo-entérite du porc.
Élu membre de l'Académie de Médecine en 1884, il a ensuite été nommé Président de la Société d'Anatomie.
André Cornil est mort de la tuberculose à Menton où il s'était retiré pour profiter du climat méditerranéen. Son maître, Hippolyte Hérard, qui avait alors 89 ans, suivit son cercueil lors de son enterrement.

## COURMONT Jules André (1865-1917)*

Médecin français, né le 24 janvier 1865 à Lyon.
Interne des hôpitaux en 1887, Courmont obtint son diplôme de Licencié ès Sciences en 1888 et celui de Docteur et Agrégé de médecine en 1891 à Lyon.
Médecin des hôpitaux, chef de travaux de médecine expérimentale en 1896, il a été nommé Professeur d'Hygiène à Lyon en 1900 ; il assuma le cours jusqu'à sa mort en 1917.
En début de carrière, Courmont publia de nombreux travaux en rapport avec la bactériologie et ses expérimentations alors que plus tard, toute son activité s'était concentrée sur l'hygiène.
Avec Saturnin Arloing* dont il était l'élève, il créa en 1899 l'Institut Bactériologique de Lyon (qui deviendra plus tard l'Institut Pasteur de Lyon), et s'intéressa particulièrement aux toxines bactériennes qui venaient d'être découvertes.
Conseiller et ami d'Édouard Herriot, Courmont prit une part importante dans la création de l'Hôpital Grange-Blanche (actuellement Hôpital Édouard-Herriot).
Jules Courmont est mort le 25 février 1917 au cours de sa visite rituelle dans son service à l'Hôtel-Dieu de Lyon, frappé par une hémorragie cérébrale.

* *Frère aîné de Paul COURMONT (1871-1951) ; voir ci-après.*

## COURMONT Paul (1871-1951)*

Né à Lyon le 10 novembre 1871, Paul Courmont était le frère cadet de Jules Courmont* ; il lui succéda en 1917 à la Chaire d'Hygiène de la Faculté de Médecine de Lyon lorsque celui-ci mourut. Auparavant, il avait succédé en 1911 à Saturnin Arloing* à

la Chaire de Médecine expérimentale et de Bactériologie.
À partir de 1931, Courmont renonce à la Chaire d'Hygiène pour occuper (jusqu'en 1941) celle de Clinique et de Prophylaxie de la Tuberculose.
Il était également Directeur de l'Institut Bactériologique de Lyon et Président du Centre Départemental du Rhône de Lutte contre la Tuberculose.
Paul Courmont s'est illustré comme clinicien et comme enseignant mais s'est également fait remarquer par ses études et recherches sur les maladies infectieuses, la bactériologie médicale et les relations laboratoire-clinique.
Il était un des membres fondateurs de l'Association des Microbiologistes de Langue Française, devenue la Société Française de Microbiologie.
* *Paul COURMONT était le frère cadet de Jules COURMONT (1865-1917) ; voir ci-avant.*

## COZE Léon (1819-1896)

Médecin français, né le 13 octobre 1819 à Strasbourg. Fils et petit-fils de médecins, professeurs et anciens doyens à l'École de Médecine de Strasbourg (devenue Faculté de Médecine), il fit également des études de médecine dans sa ville natale et soutint sa thèse le 31 août 1842. Après avoir exercé la médecine comme généraliste à Sainte-Marie-aux-Mines dans les Vosges jusqu'en 1852, il revint à Strasbourg pour préparer son agrégation, qu'il réussit en 1854. En 1857, lorsque son père partit à la retraite, ce dernier étant chargé du cours de thérapeutique et de pharmacie, Léon Coze reprit cette chaire l'année suivante. Plus tard, après la guerre de 1870, il participa à la création de la Faculté de Médecine de Nancy. Enfin, il fut admis à la retraite en 1889.
Léon Coze compte parmi les précurseurs de la bactériologie, et est un des pionniers de la théorie des « germes » dans les maladies infectieuses.
En collaboration avec Victor Feltz, ils démontrèrent que l'injection de liquides putrides à des animaux sains avait pour conséquence de déclencher une maladie infectieuse et une poussée de fièvre. Ils avaient également constaté que le sang prélevé chez des animaux atteints de maladie infectieuse et injecté à des animaux sains, entraînait l'apparition chez ces derniers de la maladie.
De même, le sang prélevé chez des malades atteints de fièvre typhoïde, de fièvre puerpérale ou de variole injecté à des lapins transmettait ces maladies.
Ils évoquèrent la nature « zymotique » des maladies septiques.
Sans pouvoir les cultiver, malgré leurs nombreuses tentatives, ils mirent en évidence dans le sang de lapins « infectés » par injection de sang prélevé chez une femme atteinte de fièvre puerpérale des « bactéries aux chaînettes ».
Ils firent connaître, en 1866, les résultats de leurs investigations sur les septicémies dans un article intitulé « Recherches expérimentales sur la présence des infusoires et l'état du sang dans les maladies infectieuses » et dans un ouvrage ayant pour titre « Recherches cliniques et expérimentales sur les maladies infectieuses » (1872). Malgré les précisions, mises au point et « ajustements » qui ont été réalisés plus tard, Coze et Feltz ont eu le grand mérite d'établir la nature microbienne de la plupart des mala-

dies infectieuses en soulignant l'importance de la contagion.
Chevalier de la Légion d'honneur, Officier de l'Instruction publique, Associé National de l'Académie de Médecine, Léon Coze est mort le 4 octobre 1896.

## CREDÉ Karl Sigmund Franz (1819-1893)

Gynécologue allemand, établi à Berlin.
Ce praticien est connu pour une technique à laquelle son nom est associé, appelée « manœuvre de Credé » facilitant la délivrance placentaire ; elle date de 1854.
C'est en 1884 que Karl Credé décrivit et prescrivit une méthode prophylactique dénommée « pratique de Credé » afin de protéger le nouveau-né contre une éventuelle ophtalmie gonococcique par contamination lors de son passage par les voies génitales de sa mère laquelle pouvant être porteuse asymptomatique du gonocoque ou cliniquement atteinte de blennorragie.
Cette méthode consiste en l'instillation d'une solution de nitrate d'argent dans les yeux du bébé. Cette pratique fut combattue à l'époque par les opposants du gynécologue berlinois.
L'idée et le principe ayant été conservés, le nitrate d'argent, trop « corrosif » et irritant fut ensuite remplacé dans une version « améliorée » par des protéinates d'argent ; actuellement on utilise un collyre antibiotique dans cette même indication.

# D

## DAKIN Henry Drysdale (1880-1952)

Ce chimiste est né à Londres le 12 mars 1880. Après avoir fréquenté l'Université de Victoria à Manchester, il obtint son diplôme ès sciences à l'Université de Leeds en 1907. En 1904, il participa à Heidelberg à la découverte de l'arginase impliquée dans l'uréogénèse, en collaboration avec le physiologiste allemand Alfred Kossel, Prix Nobel de Chimie en 1910. Il arriva aux États-Unis en 1905 où il exerça au sein du Laboratoire Christian Herter de New York, avant de le diriger lui-même. Il devint ensuite conseiller scientifique de l'Institut Merck pour les recherches thérapeutiques puis directeur de Merck and Co. En 1941, il était en Angleterre, et reçut la « Davy Medal » de la « Royal Society of England » pour l'ensemble de son œuvre dans le domaine de la biochimie. Il est mort à l'âge de 72 ans à Scarborough-on-Hudson, dans l'état de New York.

Le nom de Dakin est surtout célèbre pour la solution qui porte son nom et qui a été mise au point en France lors de la Première Guerre mondiale. Le chirurgien Alexis Carrel, Prix Nobel de Médecine et Physiologie en 1912, affecté dans un bloc chirurgical du Service de Santé sur les lignes du front à Compiègne au début de la Première Guerre mondiale, souhaitait développer un service de radiologie, un laboratoire de chimie et de bactériologie. Il fut obligé de demander l'aide américaine par l'intermédiaire de la Fondation Rockefeller et de la Croix-Rouge, et souhaitait bénéficier du concours d'un « excellent » biochimiste. À la fin de l'année 1914, Simon Flexner* directeur du Rockefeller Institute lui envoya Henry Dakin. Ce dernier s'installa à l'hôpital du Vieux Beaujon, Faubourg Saint Honoré, et commenca à tester ses antiseptiques. C'est là qu'en mars 1915, il mit au point un hypochlorite, la solution de Carrel-Dakin, capable d'agir très efficacement, sans être toxique pour les cellules. Celle-ci sera fabriquée ensuite par les établissements de Camille Poulenc. Les résultats sur les blessures des soldats dépassèrent toutes les espérances, si bien que beaucoup des médecins de l'époque n'y croyaient pas. Ainsi, Paul Broca déclara le 5 janvier 1916 à la Société de Chirurgie « et nous apporter cela d'Amérique, laissez-moi rire ». De même Almroth Wright* rapporta que « le traitement des blessures infectées par les moyens antiseptiques est illusoire et la croyance en leur efficacité est fondée sur un raisonnement faux ». Finalement, la solution de Dakin fera taire toutes les critiques et sera largement utilisée par toutes les générations qui suivirent.

## DANIELSSEN Daniel Cornelius (1815-1894)

Gradué en Médecine, ce Norvégien est né à Bergen. Enfant d'une modeste famille (son père était horloger), il travailla dès l'âge de 13 ans dans une pharmacie. Après des études moyennes, il suivit les cours à la Faculté de Médecine de Christiana (actuellement Oslo, depuis 1924) et obtint en 1838, après 3 années d'études, un diplôme de qualification (*examinatus medicinae*) et non pas le titre traditionnel de Docteur en Médecine, habituellement attribué après des études complètes. En 1839, il retourna à Bergen où il commença ses recherches sur la lèpre à l'Hopital St. Jørgen (= Saint George).

En collaboration avec Carl Wilhelm Boeck*, il publia en 1847 un remarquable ouvrage (en norvégien), le premier sur la lèpre, qui allait devenir un célèbre et classique « Traité » de l'affection lépreuse - Om Spedalskhed (Sur la Lèpre). Une traduction française en fut réalisée en 1848. En 1862, il publia un autre ouvrage sur la lèpre consacré aux manifestations d'anesthésie de la maladie.

Danielssen a toujours considéré (jusqu'à sa mort) la lèpre comme une maladie héréditaire non spécifique et non pas comme une maladie infectieuse d'étiologie bactérienne ; ce sera la grande découverte de son élève puis subordonné et beau-fils, Armauer Hansen*.

Danielssen a été le fondateur de plusieurs sociétés d'intérêt public et de protection en Norvège. Membre de plusieurs comités de l'état, il faisait également partie du Parlement norvégien.

## DAVAINE Casimir Joseph (1812-1882)

Casimir, qui était le sixième des neuf enfants d'un commerçant de spiritueux de St-Amand-les-Eaux dans le nord de la France, est né le 19 mars 1812. Il débuta ses études à St-Amand et les poursuivit à Tournai et à Lille. En 1830 il s'inscrivit à la Faculté de Médecine de Paris. En 1835, il occupa le poste d'externe dans le service de Rayer* à l'hôpital de la Charité où il rencontra Claude Bernard et devint ainsi son ami. En 1837 il obtint son diplôme de médecin et commença à pratiquer tout en profitant du temps qui lui restait à étudier l'histoire naturelle et la pathologie. En 1848, il fit partie des membres fondateurs de la très importante « Société de Biologie » à laquelle il adressa de nombreuses contributions.

Avec Pierre Rayer, il découvrit, en 1850, des « petits corps filiformes » dans le sang d'animaux atteints par le charbon. Ses investigations en restèrent à cette curieuse observation, sans déduction très précise. Il aborda ensuite d'autres sujets d'étude, notamment sur la génération des huîtres, sur l'anguillule du blé et sur la reviviscence. Il revint à la fièvre charbonneuse et reprit l'étude de la « bactéridie » treize ans plus tard (1863, 1864), lorsqu'il prit connaissance des travaux de Pasteur* sur les fermentations, phénomènes que celui-ci attribuait à des micro-organismes.

C'est à ce moment précis qu'il réalisa que les bactéridies observées dans le sang de moutons atteints du charbon constituaient probablement une entité étiologique et que la maladie, comme dans le cas de la fermentation, était sous la dépendance d'un « agent animé ». Reprenant alors ses expériences sur les animaux, il constata que dans le sang de ceux qui étaient atteints de charbon, on trouvait invariablement de grandes quantités de bactéridies, et que celles-ci faisaient défaut chez les bêtes saines. Il confirma aussi la transmission de l'affection en inoculant à un animal sain le sang provenant d'une bête malade, et découvrit qu'une goutte de sang d'un animal malade, même diluée au millionième ($10^{-6}$), entraînait la mort d'un cobaye. Davaine montra aussi que les oiseaux étaient généralement réfractaires à la maladie et que les bactéridies pouvaient être neutralisées par différents composés chimiques. Il établit enfin que les bactéries que l'on pouvait observer au niveau d'une pustule charbonneuse chez l'homme étaient identiques à celles rencontrées dans les fièvres charbonneuses systémiques. Le 28 juillet et le 10 août 1863, Davaine présenta les résultats de ses recherches à l'Académie des Sciences sous forme d'une communication intitulée « Recherches sur les infusoires du sang dans la maladie connue sous le nom de sang de rate ». La communication de Davaine fit l'objet de débats houleux.

Parmi les opposants se trouvaient Jaillard et Leplat de l'École du Val-de-Grâce, ainsi que Paul Bert*, brillant physiologiste et homme politique dont l'attitude fut quelque peu surprenante. Il y avait aussi Henri-Marie Bouley*, inspecteur général des écoles vétérinaires, qui n'hésita pas à lancer cette formule énigmatique : « Le vrai peut quelquefois n'être pas vraisemblable ».

Esprit encyclopédique, Davaine s'intéressa à une grande diversité de domaines scientifiques et effectua des travaux dans la plupart des disciplines : embryologie, tératologie, pathologie végétale ou encore parasitologie. Signalons que, dans cette dernière spécialité, Davaine décrivit en 1854 le parasite *Trichomonas hominis*, et qu'en 1860, il publia un ouvrage sur les parasites, intitulé « Traité des entozoaires ». Il a fait preuve toute sa vie d'un caractère humble et modeste. Il n'a jamais recherché les honneurs et reçut la croix de la Légion d'Honneur en 1858 et un fauteuil à l'Académie de Médecine en 1868. Sous le second Empire, il fut appointé comme médecin de quartier de l'Empereur. Il fut un des médecins les plus célèbres de son temps et, parmi ses patients, figure Alphonsine Plessis plus connue sous le nom de Marie Duplessis, l'immortelle Dame aux Camélias. La philosophie de la vie de Davaine n'est pas mieux exprimée que par le petit livre qu'il publia en 1871, lors de la guerre franco-prussienne et intitulé « Les éléments du bonheur ». Il passa les dernières années de sa vie dans sa propriété de Garches près de Paris, à présent la fondation Davaine. C'est ici qu'après la guerre de 1870, il se passionna pour le jardinage en cultivant des centaines de variétés différentes de roses. C'est là qu'il quitta le monde le 14 octobre 1882 dans sa soixante et onzième année.

## DEAN George (1863-1914)

Médecin britannique né en 1863. Il obtint en 1885 le grade de « Master in Arts » en Sciences Naturelles à l'Université d'Aberdeen et en 1889 il fut reçu Docteur en Médecine. Intéressé par la biologie, il a voulu compléter ses connaissances en travaillant chez R. Koch*, A. Pfeiffer* et R. Virchow*. C'est en 1891 qu'il commença sa carrière comme assistant pathologiste à l'hôpital d'Aberdeen. En 1897, il devint superintendant du département des antitoxines de l'Institut de Médecine Préventive à Sudbury et, en 1902, il prit la direction du département de sérologie nouvellement créé à Elstree. Celui-ci avait pour but d'étudier la peste et la production du vaccin et de l'antisérum de cette maladie. En 1906, il fut nommé bactériologiste en chef à l'Institut Hister et devint Professeur de Pathologie à l'Université d'Aberdeen en 1908. Gravement malade en 1912, George Dean mourut le 30 mai 1914 à l'âge de 51 ans.

Ses travaux ont porté sur la toxine diphtérique : il mit au point un milieu de culture pour le bacille diphtérique lui permettant d'obtenir de grandes quantités de toxine. Il travailla aussi sur l'immunisation contre les toxines diphtériques et tétaniques. Il réalisa aussi des recherches sur la phagocytose, la fièvre typhoïde et autres salmonelloses, la tuberculose, la lèpre du rat, la dysenterie, l'actinomycose… Dean ne fut pas un auteur très prolifique mais tout ce qu'il étudiait était réalisé avec une minutie et une approche analytique très scrupuleuses.

## D'HÉRELLE Félix (1873-1949)

Il est né à Paris le 25 avril 1873 de père inconnu et prit le nom de sa mère « Haerens ». Il étudia tout d'abord à Paris au lycée Condorcet puis au lycée Louis le Grand où il se révéla être un très mauvais élève. Il quitta l'école vers 1890 sans avoir terminé ses études secondaires. En 1893 il s'engagea comme volontaire dans l'armée, en même temps que son frère cadet Daniel. Il déserta l'armée un an après pour des motifs inconnus et se rendit en Turquie et en Grèce. En 1893 il se maria avec Marie Caire avec laquelle il eut deux filles puis se rendit en 1897 au Canada où il installa une distillerie de whisky fabriqué à partir du sirop d'érable. Il participa en 1899 à une mission géologique pour la recherche d'or dans le Labrador. Dans le même temps, il créa, avec son frère Daniel, une chocolaterie qui fit faillite en 1901 ce qui entraîna la ruine des deux frères. De 1901 à 1906, il a étudié la microbiologie de façon autodidacte puis a travaillé comme bactériologiste sur la fièvre jaune à l'hôpital général de Guatemala. De 1907 à 1911, embauché par le gouvernement mexicain il isola l'agent infectieux de l'entérite des sauterelles. De 1911 à 1921, assistant de recherche dans les laboratoires de l'Institut Pasteur, il a participé à de nombreuses missions en Argentine, Algérie, Turquie, Tunisie et Mexique. En 1915 il a, pour la première fois, fait mention des plages de lyses dont des phages étaient responsables, sur des cultures microbiennes. Le phénomène avait été observé au même moment par l'Anglais Twort*. Il publia ces résultats en 1917 et appela bactériophage le

caractère filtrable et transférable de l'agent causal de la plage de lyse. La multiplication intracellulaire des virus est reportée dans son livre édité en 1921 et intitulé « Le bactériophage : son rôle dans l'immunité ».
En 1934, il reçut une offre étonnante : Staline lui proposa de venir créer un institut sur les bactériophages dans sa contrée d'origine, la Géorgie. Socialiste à ses heures, D'Hérelle accepta. Sous l'autorité de Staline, D'Hérelle et le scientifique Giorgi Eliava établirent un immense complexe de recherche en Géorgie où des tonnes de phages furent fabriquées chaque jour. Eliava fut plus tard accusé comme ennemi du peuple et exécuté. C'est alors que Félix D'Hérelle échappa aux grandes purges de Staline en revenant précipitamment en France juste avant la Deuxième Guerre mondiale.
À son retour à Paris, il créa rue Olivier de Serres le laboratoire de production de bactériophages pour le traitement thérapeutique dont il devint le directeur scientifique. De 1940 à 1945, il est mis avec sa famille en résidence forcée à Vichy du fait de sa nationalité canadienne et c'est là qu'il rédigea son autobiographie non éditée « Les pérégrinations d'un microbiologiste ». Il mourut à Paris en 1949 et fut enterré dans le village de sa maison de campagne à St-Mards-en-Othe (Aube).
Félix D'Hérelle apparaît comme un pionnier de la microbiologie et il passa sa vie à promouvoir l'utilisation des bactériophages pour combattre les maladies infectieuses. Il eut une vie digne d'un personnage de roman de Jules Verne.
Pratiquement autodidacte, ses conceptions imaginatives mais hétérodoxes en microbiologie, et sa vigilance à développer les retombées commerciales de ses recherches attirèrent à Félix D'Hérelle une certaine hostilité des milieux scientifiques académiques.

## DÖDERLEIN Albert Siegmund Gustav (1860-1941)

Gynécologue allemand qui, le premier, découvrit en 1892 dans les sécrétions vaginales, le lactobacille qui sera ensuite appelé « bacille de Döderlein » (il a été démontré plus tard qu'il ne s'agissait pas d'un seul lactobacille, mais d'un mélange, principalement de *Lactobacillus acidophilus, L. jensenii,* et *L. casei*).
C'est encore Albert Döderlein qui attira l'attention sur le rôle des bactéries pathogènes présentes dans le vagin dans l'étiologie de la fièvre puerpérale.

## DOMAGK Gerhard (1895-1964)

Médecin allemand, né le 30 octobre 1895 à Lagow, près de Brandebourg à l'ouest de Berlin.
Afin d'assurer un bonne éducation à leur fils, ses parents (son père était instituteur) décidèrent de s'établir à Sommerfeld, près de Francfort. Il y fréquenta l'école Bismarck jusqu'à ses 14 ans et entra ensuite à l'école Herzog-Heinrich à Liegnitz.
En 1914, il entra à la Faculté de Médecine de l'Université de Kiel mais interrompit ses études pour rejoindre l'armée en tant que volontaire. C'est sur le front belge, dans les tranchées

près d'Ostende, qu'il fêta ses 19 ans. Il y fut profondément marqué par les mutilations causées par les grenades et l'artillerie, et par la mort de ses compagnons à la suite d'infections bactériennes des plaies. C'est avec d'autant plus de motivation qu'il reprit ses études médicales à Kiel après la guerre.

*Appareil à désinfection par vapeur de formol, conçu suite à la découverte du pouvoir antiseptique et microbicide du formol par Auguste Trillat, vers 1890. Appareil de type fizel utilisé par Gabriel Bertrand (coll. Musée Pasteur) © Institut Pasteur*

En 1921, il soutint sa thèse « Influence du travail musculaire sur l'excrétion de la créatine », et exerça ensuite ses fonctions de médecin à l'hôpital de Kiel. Il s'orienta vers la recherche médicale et fit de remarquables études sur le système réticulo-endothélial, la phagocytose et la dégradation des bactéries au cours du processus phagocytaire. Les résultats de ces travaux publiés sous le titre « L'importance du système réticulo-endothélial dans la destruction des agents pathogènes et dans l'origine de la substance amyloïde » le firent particulièrement remarquer.

En 1924, il obtint son agrégation, et en 1925, il fut nommé Professeur à l'Université de Munster, en Westphalie.

Sur les instigations du Professeur Heinrich Horlein, directeur de la recherche pharmaceutique chez Bayer, Domagk entra en 1927 comme chercheur dans la célèbre usine allemande et y réalisa ses premières recherches sur les substances antibactériennes.

C'est en février 1935 qu'il publia dans la revue *Deutsche Medizinische Wochenschrift* un article « Contribution à la chimiothérapie des infections bactériennes » dans lequel il fit connaître le Prontosil®, premier sulfamide et agent anti-infectieux ouvrant l'ère de la chimiothérapie par les sulfamides.

À la même époque, Domagk découvrit également les ammoniums quaternaires (ou *quats*), antiseptiques et désinfectants puissants, dont le Zephirol®, introduit en 1935.

Après le Prontosil®, d'autres sulfamides furent synthétisés par Domagk (avec l'aide des chimistes Fritz Mietzsch et Josef Klarer) et produits par Bayer : le Prontosil® soluble, le Prontalbin®, l'Uliron®, le Neo-Uliron® (utilisé dans le traitement de la blennorragie).

En 1938, Domagk fut proposé pour le prix Nobel par les Français, les Anglais et les Américains. Le 26 octobre 1939, il fut informé de l'attribution de ce prestigieux prix pour sa découverte du Prontosil®. Cependant, une ordonnance d'Adolf Hitler, datant de 1935, avait interdit à tout citoyen allemand d'accepter cette récompense. Domagk fut arrêté le 17 novembre 1939 par la Gestapo et emprisonné pendant une semaine. On lui interdit de prononcer son discours

lors d'un Congrès International à Berlin et lors de son trajet en train pour se rendre à ce Congrès, il fut arrêté dans son compartiment. On l'obligea par la force à signer une lettre, destinée au Comité Nobel, dans laquelle il « refusait » son prix.
C'est en 1947, après la disparition du régime Nazi, qu'il put enfin recevoir son prix tant mérité.
En 1943, avec l'aide des chimistes de Bayer, il réalisa la synthèse du Conteben®, le premier antituberculeux, et en 1951, le Neoteben® (l'isoniazide), plus actif que le Conteben®.
En fin de carrière, Domagk s'intéressa beaucoup à la pathologie du cancer. Il est mort à Burgberg en 1964, à l'âge de 69 ans.

## DÖNITZ Friedrich Karl Wilhelm (1838-1912)

Naturaliste allemand, né à Berlin le 27 juin 1838.
Petit garçon, il était déjà passionné pour les sciences naturelles et avait de bonne heure constitué une importante collection d'animaux naturalisés et d'objets en rapport avec les sciences de la nature. Il étudia la médecine à Berlin (1859-1864).
Assistant en 1866 à l'Institut d'Anatomie à Berlin, il se spécialisa en histologie, anatomie comparée et biologie. Après avoir obtenu le titre de « Professor » en 1873, il se fit engager comme enseignant (anatomie) à la toute nouvelle École de Médecine de Tokyo où il réalisa une importante collection de pièces anatomiques. Nommé ensuite conseiller en hygiène, il organisa la lutte contre le typhus épidémique et le choléra. Lors de la guerre civile du Japon, Dönitz fut envoyé à Nagasaki : pendant 3 ans il exerça les fonctions d'enseignant, de praticien, d'hygiéniste et de chercheur dans différentes régions du Japon. Durant son périple japonais, il collecta une imposante collection d'araignées nipponnes (conservée à Frankfurt-am-Main), et fit connaître l'œuvre de Robert Koch*.

*Précaution contre le choléra à la frontière serbe. Aspertion des populations par un désinfectant au phénol, « Le Petit Journal », 1er janvier 1911 © Institut Pasteur*

À son retour à Berlin en 1886, il collabora à l'Institut d'Hygiène de l'Université de Berlin et en 1891 entra à l'Institut des Maladies infectieuses nouvellement créé où il étudia le choléra et participa comme responsable à la lutte contre cette maladie lors de l'épidémie en 1893 à Berlin.

En 1896, Dönitz rejoignit l'Institut Ehrlich (Institut de recherches sérologiques) à Steglicz et y réalisa des recherches et mises au point sur la standardisation de l'antitoxine diphtérique, sur la tuberculine et sur la toxine tétanique.
Rejoignant Koch à l'Institut des Maladies infectieuses, Dönitz y effectua des recherches sur la lèpre, le typhus et la tuberculose pulmonaire. En l'absence de Koch (notamment lorsque celui-ci était en mission en Afrique), Dönitz le remplaçait à la tête de l'Institut.
Dönitz s'est particulièrement intéressé aux insectes et aux tiques (Acariens) en relation avec la transmission de certaines maladies tropicales. Robert Koch lui rapporta de ses voyages et expéditions des tiques et insectes inconnus que Dönitz identifia et/ou nomma, notamment dans « Die Zecken SüdAfrikas, mit vier Tafeln, 1910 » (Les Tiques d'Afrique du Sud). Wilhelm Dönitz est mort à Berlin le 12 mars 1912 à l'âge de 74 ans.

## DOPTER
## Charles Alfred Henri (1873-1950)

Médecin militaire français, né à Paris le 12 février 1873. Il fit ses études médicales à l'École du Service de Santé Militaire de Lyon et obtint son diplôme de Docteur en Médecine en 1896. En 1897 il sortit de l'École d'Application du Service de Santé du Val-de-Grâce. Jeune aide-major, il travailla ensuite au Laboratoire de bactériologie, et de 1904 à 1908, il prit en charge le Service des maladies contagieuses de cet hôpital ainsi que le laboratoire de bactériologie tout en assurant l'enseignement de la pathologie infectieuse et des maladies épidémiques à l'armée.
À la demande d'Émile Roux*, alors Directeur de l'Institut Pasteur, il fut affecté en 1910 à cette institution où il participa à l'enseignement du Cours supérieur de Microbiologie, en conservant toutefois son activité médico-militaire.
En 1913, il fut nommé Professeur au Val-de-Grâce (maladies infectieuses et épidémiologie des armées) et assura ensuite, lors de la Grande Guerre 1914-1918, la responsabilité de tous les problèmes concernant l'hygiène, la prophylaxie des maladies infectieuses et l'épidémiologie au sein des armées françaises.
En 1918, il fut élu membre de l'Académie de Médecine.
Directeur du Service de Santé de l'Armée Française d'occupation en Allemagne, Directeur de l'École d'Application du Service de Santé Militaire, Directeur du Gouvernement Militaire de Paris en 1928, Directeur en 1930 du Service de Santé du ministère de la Guerre, grand Officier de la Légion d'Honneur, Charles Dopter accéda au grade de Général en 1935.
Dans le domaine de la bactériologie, on doit à Charles Dopter la classification du méningocoque en 4 sérogroupes ; il les appela méningocoque « type » (pour le méningocoque du groupe « A ») et paraméningocoques (ce qui correspond aux méningocoques A [type], B, C et D). On lui doit également la préparation des sérums antiméningococciques et la sérothérapie dans le traitement de la méningite cérébrospinale (bien qu'abandonnée par la suite au profit de la sulfamidothérapie puis l'antibio-

thérapie). Il avait aussi introduit la notion de pseudoméningocoques pour désigner l'ensemble des Neisseria saprophytes des voies respiratoires (actuellement *Neisseria lactamica, N. sicca, N. subflava, N. flavescens*, et autres). C'est encore Dopter qui mit en évidence le portage du méningocoque dans le rhino-pharynx de convalescents et de porteurs sains. On lui doit à ce sujet deux ouvrages classiques pour l'époque : « L'Infection méningococcique » (1921), et « Le traitement de la méningite cérébrospinale » (1936).
Charles Dopter a également contribué aux études épidémiologiques et anatomopathologiques de la dysenterie amibienne (démontrant l'existence possible d'une amibiase autochtone en France) et à la préparation du sérum antidysentérique Shiga, à l'Institut Pasteur.
Avec Lavergne, il publia le « Traité d'Épidémiologie » et avec Sacquépée un « Précis de Bactériologie ». Il rédigea en 1920 les chapitres sur les « méningococcies », la « dysenterie amibienne », et la « dysenterie bacillaire » dans le « Nouveau Traité de Médecine ».

## DUBOS René Jules (1901-1982)

Agronome américain d'origine française (né à Chaumont-en-Vexin).
Après ses études à l'Institut Agronomique de Paris, Dubos prépara ensuite son doctorat aux États-Unis chez S.A. Waksman* et obtint en 1927 son diplôme de troisième cycle (Ph.D.) à la Rutgers University. Son travail de thèse était consacré à la décomposition du peroxyde d'hydrogène ($H_2O_2$) par les bactéries du sol.
Il continua ensuite ses études chez Oswald T. Avery au Rockefeller Institute de New York où il travailla sur les micro-organismes du sol capables de lyser la capsule du pneumocoque.
Il isola du sol une bactérie (*Bacillus brevis*) productrice de tyrothricine, un bactériostatique et bactéricide (mélange de polypeptides : gramicidine et tyrocidine) dont il avait expérimenté, dès 1939, l'activité vis-à-vis du pneumocoque mais qui s'avéra non utilisable par voie parentérale à cause de sa toxicité, mais utilisable en usage topique.
Il mit encore au point un milieu de culture semi-synthétique pour *Cellulomonas* et *Cellovibrio*, appelé « Dubos'Salts Solution », permettant la mise en évidence de la cellulolyse.
Dubos a aussi mis au point un milieu liquide complexe, le « Milieu de Dubos » pour la culture de *Mycobacterium tuberculosis* et la préparation de suspensions bactériennes de bacilles de Koch, homogènes pour des travaux expérimentaux. Avec Middlebrook, Dubos mit au point un milieu semi-synthétique « Milieu de Middlebrook-Dubos » pour la culture de ce même *Mycobacterium tuberculosis*.
Dubos est l'auteur de nombreux travaux sur les antibiotiques et sur les sujets d'écologie. Ses travaux ont eu une grande influence sur les recherches réalisées par S.A. Waksman.
Il est l'éditeur d'un livre intitulé « Bacterial and Mycotic Infections of Man » (1958).

## DUCREY Augusto (1860-1940)

Dermatologue italien, Professeur de Dermatologie à Pise, puis à Rome.

Il découvrit en 1889 l'agent étiologique du chancre mou, maladie transmise sexuellement, actuellement en recrudescence en Afrique et aux États-Unis : *Haemophilus ducreyi*, précédemment désigné par le binôme *Bacillus ducreyi* (« Il virus dell'ulcera veneria »).

## DUNS SCOT John (1266-1308), DUNS SCOTUS John, (SCOTUS DUNS John)

Moine franciscain et théologien du Moyen Âge, né à Maxton en Écosse.

Au nom de la foi en Dieu, il défendit le réalisme de la connaissance. Dans un travail sur la morale, écrit en latin, John Duns Scot (qui latinisa son nom en *Scotus)* décrivit une maladie transmise sexuellement dont la symptomatologie évoquée par l'auteur correspond à une infection due au gonocoque (*Neisseria gonorrhoeae*) : la blennorragie.

Mort en 1308 à Cologne, il fut béatifié en 1993.

# E

## EBERTH Carl Joseph (1835-1926)

Il naquit le 21 septembre 1835 dans la pauvre demeure d'un artiste peintre à Würzburg. Il entra à l'école d'Albert Koelliker, qui était un histologiste alors au faîte de la gloire, et commença à travailler sur le trichocéphale et sur la « structure fine du poumon » ; il eut ainsi l'occasion de démontrer toute sa maîtrise du microscope. Très jeune, il a été proposé par son compatriote, Theodor Billroth* à la chaire de l'université de Zurich comme Professeur d'Anatomie Pathologique. C'est là, qu'à partir de 1869, avec Edwin Klebs* et Friedrich von Recklinghausen*, il commença à étudier les modifications des tissus causées par les bactéries, comme le montrent ses études consacrées aux « mycoses bactériennes ». Il établit, également à cette époque, la responsabilité du diplocoque comme agent de la pneumonie. Sa contribution la plus importante à la bactériologie naissante a été, bien sûr, la découverte de l'agent de la typhoïde, *Salmonella* Typhi. C'est en étudiant les modifications des tissus lymphatiques, dont notamment les ganglions lymphatiques abdominaux ainsi que les rates hypertrophiés lors de l'infection typhoïdique, qu'il découvrit en 1879, dans les coupes de ces organes, le bacille responsable de la maladie ; il publia ses résultats en 1880 et 1881. Sa découverte fut vérifiée et confirmée par R. Koch* et W. Meyer en Allemagne et par J. Coats et G.F. Crooke en Angleterre.
À côté de ces recherches dans le domaine bactériologique, il étudia les processus de l'inflammation et de la régénération sur la cornée. À partir de 1881, à Halle, il tourna son intérêt vers l'étude de la thrombose et démontra le rôle des plaquettes sanguines dans la coagulation (1888).
Eberth qui était un sportif dans l'âme, avait conservé de son séjour en Suisse la passion des grandes promenades en montagne, ce qui lui permit de conserver une belle activité jusqu'à un âge avancé. Il s'éteignit le 2 décembre 1926 aux environs de Berlin.

## EHRENBERG Christian Gottfried (1795-1876)

Médecin allemand, né à Delitzsch, près de Leipzig (Saxe).
D'abord enseignant à Leipzig, il fut ensuite nommé Professeur à Berlin où il mourut à l'âge de 81 ans.
Ehrenberg peut être considéré comme un des fondateurs de la bactériologie et de la protozoologie de l'école allemande. Il s'intéressa à une grande diversité de domaines scientifiques. Il contribua notamment à l'amélioration technique du microscope ce qui lui permit une meilleure approche dans l'étude de la cellule avec comme résultante une considérable contribution à l'anatomie cellulaire. C'est aussi à Ehrenberg que l'on doit, en 1838, les pipettes étirées à la flamme

appelées « pipettes Pasteur » (au lieu de pipettes « Ehrenberg »). C'est encore lui qui introduisit les éprouvettes en verre et également les petites boîtes en verre proches des boîtes de Petri pour l'étude des infusoires. Ignorant le travail de Bartelomeo Bizio* (le premier bactériologiste à cultiver une bactérie) il découvrit en 1848 la *Serratia marcescens* qu'il nomma « *Nomas prodigiosa* ». Auteur de nombreuses publications dans des disciplines diverses, Ehrenberg est surtout connu comme étant l'auteur d'un monumental ouvrage sur la systématique des infusoires, illustré de 64 superbes planches hors-texte, réalisées en couleurs par lui-même et édité en 3 langues (allemand, français et latin). Plus de 500 espèces y sont traitées dont 300 nouvelles décrites par lui. Comme Carl von Linné qui, un siècle auparavant, avait introduit une classification rationnelle par une nomenclature binomiale (genre et espèce), Ehrenberg introduisit une classification comparable dans le monde des êtres microscopiques. Cette classification a d'ailleurs servi de base aux travaux taxonomiques de l'Américain D.H. Bergey.

## EHRLICH Paul (1854-1915)

Ehrlich n'a jamais été un homme prétentieux ; il avait, au contraire, beaucoup d'humour. Peu tenté par l'exercice physique, il fumait environ 20 gros cigares chaque jour, adorait la bière et utilisait un fiacre pour se rendre au laboratoire.
Désirant depuis longtemps mettre au point une « balle magique » pour tuer les microbes, il fut ridiculisé sous l'appellation de « Doktor Phantasus ». En fait, il fut bien un alchimiste comme ceux du Moyen Âge, en changeant un poison, l'arsenic, en un produit capable de sauver des milliers de vies. Paul Ehrlich est né le 14 mars 1854, à Strehlen en Silésie. Son cousin par sa mère née Rosa Weigert devint plus tard le grand bactériologiste, Karl Weigert*.
Il passa son baccalauréat au lycée de Breslau. Un jour, son professeur de littérature lui demanda d'écrire un essai sur le thème « La vie est un rêve ». Sa réponse fut la suivante « Les rêves sont une activité du cerveau et ces activités sont uniquement des oxydations ; les rêves sont une sorte de phosphorescence du cerveau ». Il obtint une mauvaise note pour cette rédaction.
Cet étudiant occasionnel ne fréquenta pas moins de 4 écoles de médecine, Breslau, Strasbourg, Fribourg-en-Brisgau et Leipzig où il se révéla à chaque fois un très mauvais élève. La thèse qu'il accomplit à l'Université de Leipzig porta sur la valeur et la signification en médecine des colorations utilisant un colorant d'aniline. Cela fut le point de départ de son travail fondamental sur la chimiothérapie. En 1877, il obtint un poste d'interne à l'hôpital de la Charité de Berlin où il installa un laboratoire rudimentaire. En montrant à un collègue un récipient contenant un chancre primaire excisé, il lui dit « Quand le microbe responsable de la syphilis sera découvert, je devrai être au point ». Ce qui fut le cas un quart de siècle plus tard. C'est effectivement en 1905 que Fritz Schaudinn*, et son collègue et premier assistant Erich Hoffmann* découvrirent le tréponème pâle, *Treponema pallidum*, l'agent

étiologique de la syphilis. Par la suite, Ehrlich développa des méthodes de coloration des tissus et découvrit les cellules « mast », c'est-à-dire les mastocytes qu'il distingua nettement des plasmocytes. Il établit une classification des leucémies et démontra la fonction de la moelle osseuse comme tissu de défense de l'organisme. En 1882, après la découverte par Robert Koch* du bacille tuberculeux, il mit au point des colorations spécifiques qui lui permirent de mettre en évidence facilement la bactérie. Il devint alors un très proche collaborateur de Robert Koch. Ses travaux sur les colorations microscopiques des hématies et du bacille tuberculeux lui permirent d'être nommé Professeur titulaire. En 1887, il passa son agrégation de médecine interne à l'Université de Berlin sur le thème « Sauerstoffbedürfnis des Organisms », c'est-à-dire sur les besoins de l'organisme en oxygène. En 1890, Robert Koch lui confia la direction de l'un des laboratoires de l'Institut des Maladies Infectieuses qui venait d'être créé. Il y rencontra August von Wassermann*, également engagé par Robert Koch, qui mit au point en 1906 la célèbre réaction qui porte son nom et qui est une application de la réaction de fixation du complément pour le sérodiagnostic de la syphilis. En 1896, il fut nommé directeur de l'Institut de Recherches sur les Sérums à Berlin-Steglitz qui fut ensuite transféré à Francfort-sur-le-Main en 1899 sous le nom d'Institut de Thérapie Expérimentale. Il prit la tête, à Francfort en 1906, de l'Institution « Georg Speyer-Haus », créée par son épouse Franziska Speyer spécialisée dans la chimiothérapie.

Les principales recherches de Paul Ehrlich ont porté sur les colorations histologiques qui lui ont permis de mettre en évidence le bacille de la tuberculose. Il a exercé également ses activités dans le domaine de l'immunité et fut l'un des fondateurs, avec Roux* et von Behring* de la sérothérapie moderne. C'est à l'Institut Speyer qu'Ehrlich va développer son principe de 1a chimiothérapie, c'est-à-dire, découvrir de nouvelles molécules présentant une affinité spécifique pour certaines cellules et en particulier dirigées contre des organismes pathogènes. C'est la naissance de la « balle magique ». Pendant plusieurs années, Ehrlich travailla de façon intensive sur un colorant organique, le bleu de méthylène, afin de réaliser une meilleure alternative moins onéreuse à la quinine, pour le traitement du paludisme, mais il ne réussit pas à l'imposer en clinique. Cependant, pendant la Seconde Guerre mondiale, lors de ruptures de livraisons de quinine, les Laboratoires Bayer reprirent les travaux d'Ehrlich et produisirent alors des composés comme le plasmoquine et l'atebrine. Un de ses principaux axes de recherche porta sur la chimie des composés arsenicaux. Bien que ses travaux sur les trypanosomes responsables de la maladie du sommeil n'aient pas été couronnés de succès, ils ont permis une meilleure compréhension des protozoaires. Ils permirent en particulier à Breinl et Thomas, de l'Université de Liverpool, de mettre au point un arsenic pentavalent l'Atoxyl qui fut utilisé dans le traitement des trypanosomiases. Ce composé fut ensuite retiré du marché car son contenu fortement dosé en arsenic était responsable d'atrophies optiques.

La synthèse d'un autre composé de l'arsenic, le Salvarsan, par Ehrlich et son groupe, révolutionna la lutte contre la syphilis. Ce produit fut présenté en mars 1910 au Congrès international de médecine à Wiesbaden. Il s'agissait de la 606$^{e}$ préparation arsenicale, mais elle ne retint pas immédiatement l'attention. Entre-temps, Kitasato* avait envoyé l'un de ses élèves, Sahachiro Hata*, travailler à l'Institut. Ayant appris que Hata avait réussi à transmettre la syphilis à des lapins, il lui demanda de tester ce 606$^{e}$ produit qui s'avéra très efficace contre la syphilis ; ce composé fut nommé « Ehrlich-Hata 606 » et devint après plusieurs centaines d'expérimentations, le Salvarsan. Lorsque la firme Hoechst mit sur le marché le Salvarsan, 63 000 échantillons gratuits de poudre jaune furent envoyés aux médecins dans toutes les parties du monde. Au Congrès de médecine interne de Wiesbaden, en 1910, Hoechst annonça les résultats prometteurs obtenus. Tous les résultats furent consignés dans des volumes édités par Paul Ehrlich chaque année de 1911 à 1914 et intitulés « Salvarsan ». De nombreux exemples de succès thérapeutiques circulèrent. Les journaux populaires et scientifiques rapportèrent les bonnes nouvelles. On cita l'exemple d'un malade très handicapé par un tabès syphilitique et qui, à la suite d'un traitement à base de Salvarsan, fut ensuite capable de sauter dans un tramway en marche ! Le traitement par le Salvarsan fut utilisé contre la syphilis pendant la première moitié du XX$^{e}$ siècle, jusqu'à ce qu'il soit détrôné par la pénicilline. Un peu plus tard, la 914$^{e}$ préparation arsenicale fournit le Néosalvarsan qui, bien que moins actif que le Salvarsan, se révéla de préparation et d'utilisation plus faciles ; de plus, ce composé se montra moins toxique.

Durant les dernières années de sa vie, Ehrlich travailla surtout sur le traitement des tumeurs et des sarcomes. Il fut nommé Professeur ordinaire de Thérapeutique Expérimentale en 1914 et devint le Premier Recteur de la nouvelle Université de Francfort. Lorsque éclata la Première Guerre mondiale, il fut très marqué, ayant de nombreux amis dans les différents pays. À la période de Noël 1914, il présenta un léger malaise ; sa santé déclina alors rapidement et il mourut à Bad Homburg le 20 août 1915 à l'âge de soixante et un ans.

Malgré tous les honneurs qui lui furent conférés, Docteur *Honoris Causa* d'Oxford, Göttingen, Athènes, Breslau et Chicago, Membre Honoraire de 81 académies et Prix Nobel de Médecine en 1908, ce grand savant resta toute sa vie un homme bon, droit et sincère qui suscita l'admiration de ses collaborateurs. À Francfort, la rue dans laquelle l'Institut avait été créé deviendra la « Paul Ehrlichstrasse » qui fut débaptisée au moment de la montée du nazisme du fait des origines juives de Ehrlich. Cependant, après la Seconde Guerre mondiale, sa ville natale de Strehlen qui passa sous contrôle polonais, devint Ehrlichstadt en l'honneur de son grand homme.

## EMMERICH Rudolf (1852-1914)

Bactériologiste allemand, né à Rheinpfalz. Il fit ses études à l'Université de Munich où il eut

comme Professeur le célèbre Max von Pettenkofer, puis s'installa définitivement dans cette ville universitaire.
Il publia de nombreux travaux relatifs à la bactériologie et l'immunologie. En étudiant le vibrion cholérique, il montra, imitant son Maître Pettenkofer, qu'après avoir absorbé une solution de bicarbonate de soude qui neutralise l'acidité gastrique puis un bouillon de culture du bacille du choléra, la bactérie était capable de passer la barrière gastrique. C'est le pH très bas qui détruit normalement la bactérie. Il présenta alors une diarrhée et des crampes abdominales. Plus tard, c'est Elie Metchnikoff* qui reproduira à son tour cette expérience surprenante : heureusement pour eux que la souche n'était pas trop virulente ! En association avec Oscar Löw, Emmerich décrivit en 1899 un antibiotique nommé « pyocyanase », obtenu par lyse de cultures de « *Pseudomonas pyocyanea* », c'est-à-dire du bacille pyocyanique (*Pseudomonas aeruginosa*). Ils obtinrent *in vitro* des effets bactéricides sur le bacille du charbon (*Bacillus anthracis*), sur le bacille de la peste (*Yersinia pestis*) et sur celui de la diphtérie (*Corynebacterium diphtheriae*). Emmerich et Löw utilisèrent ensuite leur « pyocyanase » chez l'homme comme moyen thérapeutique pour traiter la diphtérie.

## EPPINGER Hans (1846-1916)

Ce médecin autrichien fut Professeur de Pathologie à l'Université de Graz (Autriche).
Comme beaucoup de ses contemporains (Koch, Pasteur, Chamberland, Roux, Rayer, Davaine, Arloing…), Eppinger s'est aussi intéressé au « charbon » (fièvre charbonneuse ou charbon bactéridien), sujet sur lequel il fit plusieurs publications.
Hans Eppinger a été le premier à observer et à décrire un cas de nocardiose en 1890. Il s'agissait d'un cas qualifié alors de « pseudotuberculose » pleuro-pulmonaire avec localisation secondaire au cerveau (abcès cérébraux). Eppinger avait donné le nom de *Cladothrix asteroides* à l'agent étiologique de la maladie. Blanchard et Nocard* ont transféré ce micro-organisme en 1896 dans le genre *Nocardia* : *Nocardia asteroides*.

## ESCHERICH Theodor (1857-1911)

Théodor Escherich fut un pionnier dans le domaine de la pédiatrie et il déploya tous ses efforts pour améliorer la qualité de l'hygiène et de la nutrition des enfants. Il naquit le 29 novembre 1857 à Ansbach en Franconie, région du Nord-Ouest de la Bavière. Il était le plus jeune fils de Ferdinand Escherich, un statisticien médical qui siégeait au conseil médical du canton et de Maria Sophie Frieder fille d'un colonel de l'Armée bavaroise. Alors qu'il était un enfant plutôt rebelle, il fit néanmoins de bonnes études classiques au séminaire jésuite Stella Matutina à Feldkirch en Autriche. Escherich débuta son éducation médicale en 1876 à Strasbourg.

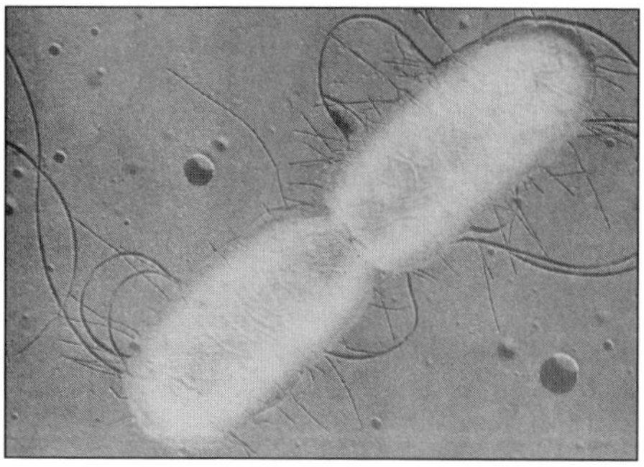

Escherichia coli *en division avec présence de pili. Hôte normal du tube digestif. Certaines souches sont pathogènes et donnent des infections urinaires. Bactéries très utilisées par les généticiens © Institut Pasteur*

Il poursuivit ses études dans les universités de Kiel, Berlin et Würzburg et obtint son diplôme à Munich en 1881 ; le sujet de sa thèse concernait le traitement du choléra chez les enfants. En 1882 il devint premier assistant de l'interniste Karl Christian Adolf Jakob Gerhardt (1833-1902) dans la clinique médicale du Julius Hospital de Würzburg. Ce fut Gerhardt qui développa l'intérêt de Escherich pour la pédiatrie, et peut-être aussi pour la bactériologie puisqu'il l'envoya étudier en 1884 l'épidémie de choléra qui frappait Naples. Comme il n'était pas facile d'étudier la pédiatrie dans l'Allemagne de l'époque, Escherich se rendit à Paris puis à Vienne où il travailla quelques mois sous la direction d'Hermann Widerhofer (1832-1901), à l'hôpital pour enfants Ste Anne. En 1885, il devint assistant clinique à Munich, à la polyclinique pour enfants de la Reisingerianum et à l'hôpital pour enfants Hauner sous la direction d'Heinrich von Ranke (1830-1909). À partir de 1886, il devint Privatdozent en pédiatrie à l'Université de Munich. Escherich fut très tôt convaincu que la bactériologie pouvait résoudre, ou tout au moins éclairer, beaucoup de problèmes pédiatriques et, à Munich en particulier, les circonstances étaient favorables à cette approche. L'élève de Robert Koch*, Wilhelm Frobenius, lui apprit à réaliser des cultures pures et lui enseigna les méthodes permettant l'identification des bactéries. Il eut également accès à l'Institut d'Hygiène de Max von Pettenkofer (1818-1901), au laboratoire de bactériologie d'Otto von Bollinger (1843-1909), à l'Institut de Physiologie de Karl von Voit et à l'industrie laitière avec Frantz von Soxhlet (1848-1926).

À partir de 1885, il se passionna pour la bactériologie. Suivant les principes de Robert Koch* auquel il se référait fréquemment, il appliqua les techniques les plus modernes de l'époque pour étudier la bactériologie des selles d'enfants. Il s'intéressa particulièrement aux changements d'aspect du méconium jusqu'aux selles ordinaires obtenues à partir de nourritures lactées. Dans une première publication de 1885 qui correspondait à une conférence donnée à Munich, il démontra que le méconium à la naissance était habituellement stérile mais qu'il était rapidement colonisé par de nombreuses espèces bactériennes. Il appliqua alors la coloration récemment décrite par Gram* et distingua les bacilles à Gram positif et à Gram négatif ainsi que les cocci. Après une diète du lait maternel uniquement, la flore bactérienne des selles d'enfants changeait complètement pour ne devenir qu'une culture pure de bacilles courts, légèrement incurvés et minces. Leur taille variait de 1 à 5 micromètres de long sur 0,3 à 0,4 μm de large. Ces organismes étaient à Gram négatif, légèrement mobiles et se développaient bien sur la plupart des milieux artificiels disponibles à l'époque. Escherich dénomma ces bactéries *Bacterium coli commune* qui deviendra le « fameux » *Escherichia coli*. Par la suite il étudia des bactéries sporulées, en particulier des espèces de *Bacillus* et de *Clostridium*, et montra que les spores seules étaient capables de prendre les colorants d'aniline. En 1886, après de nombreuses études au laboratoire, Escherich publia une monographie concernant les relations des bactéries intestinales sur la physiologie de la digestion de l'enfant. Ce travail « Die Darmbakterien des Säuglings und ihre Beziehungen zur Physiologie der Verdauung » (1886) lui permit d'être reconnu comme un bactériologiste de talent dans le domaine de la pédiatrie.

Il se préoccupa également de la tuberculose et, avec son élève Clemens von Pirquet, ils préconisèrent la scarification sous-cutanée à la tuberculine. Il lutta également contre la diphtérie qui était responsable d'une forte mortalité infantile par étouffement, en développant les méthodes d'intubation.

En 1890, Escherich succéda à Rudolph von Jaksch (1855-1947) comme Professeur de Pédiatrie et Directeur de la clinique pour enfants de Graz où il occupa ce poste pendant 4 années. Cette période fut celle de ses plus belles années. Il se maria à Margaretha Phauntler, fille du physicien Léopolp Phauntler.

Lorsque Hermann Widerhofer décèda en 1902, Escherich prit le poste de la chaire à Vienne. En 1903, déterminé à réduire la mortalité infantile, il réclama dans un pamphlet l'aide des femmes de Vienne. Il fut entendu et, l'année suivante, il établit avec le patronage impérial, la « Verein Säuglingsschutz », une association de protection de l'enfance. En 1908, année au cours de laquelle l'Empereur Franz Joseph (1830-1916) fêtait son 60e jubilé, Escherich, à nouveau attira l'attention sur la mortalité infantile. Ses efforts eurent comme conséquence la construction de l'Institut Impérial pour la Maternité et l'Enfance.

Au cours de sa carrière, Escherich forma de nombreux élèves comme Clemens von Pirquet mais aussi Franz Hamburger, Ernst Moro et Bela Schick.

Très affecté par le décès prématuré de son jeune fils, usé par une vie de travail intense, souffrant d'artériosclérose et de troubles de la vision, il quitta le monde à Vienne à l'âge de 53 ans seulement.

## ESMARCH Erwin von (1855-1915)

Médecin allemand, né à Kiel (Schleswig-Holstein), il était le fils du célèbre chirurgien J. Friedrich von Esmarch.

Après ses études médicales, il travailla comme assistant dans la clinique ophtalmologique de Berlin et rejoignit en 1885 l'Institut d'Hygiène, dirigé alors par Robert Koch*, pour y apprendre la bactériologie. En 1891, il fut nommé Professeur d'Hygiène à Königsberg, et en 1899 il obtint un poste de Professeur à la célèbre Université de Göttingen.

Von Esmarch était surtout connu comme hygiéniste. Comme bactériologiste, il mit au point une méthode de quantification des colibacilles dans

l'eau connue sous le nom de « Méthode de Göttingen ».
Le nom d'Esmarch est particulièrement associé au diagnostic bactériologique de la diphtérie dont Loeffler* reconnut les mérites et vertus.
Il fit des études sur le choléra, la filtration, les micro-organismes pathogènes des cadavres…
Erwin von Esmarch était avant tout un hygiéniste, et le domaine de la désinfection était devenu sa spécialité. Il a été Directeur de l'Institut d'Hygiène de Göttingen.
Il est l'auteur de nombreux ouvrages en bactériologie et en hygiène ; son « Hygienische Taschenbuch » était un livre réputé qui connut plusieurs éditions et qui était largement répandu.
Erwin von Esmarch est mort le 4 février 1915 à Göttingen.

## EVAGRE [le scolastique] (536 ?-fin VI^e siècle)

Historien grec, né à Epiphania en Syrie vers 536, il est avec Procope* un des premiers auteurs ayant donné une description de la peste ; c'est effectivement en 542 qu'Evagre décrivit les signes prémonitoires et le diagnostic de cette maladie lors d'une épidémie à Antioche. La peste fit quatre passages à Antioche au cours desquels Evagre perdit sa femme, plusieurs de ses enfants et ses domestiques. Il est mort à Antioche vers la fin du VI^e siècle.
Evagre a composé une importante « Histoire Ecclésiastique » en 6 volumes couvrant la période de 431 à 594.

## EVANS Alice Catherine (1881-1975)*

Bactériologiste américaine (Washington) qui, après de nombreuses années d'investigations, démontra que la bactérie isolée par David Bruce* à Malte (*Brucella melitensis*), celle isolée par Frederick Bang* au Danemark (*Brucella abortus*) et enfin la bactérie isolée chez la truie en 1914 par Traum *(Brucella suis*) aux États-Unis, ne différaient les unes des autres, ni par la morphologie, ni par les critères de culture, ni par les caractères biochimiques, ni par les substances élaborées par ces bactéries (une « abortine »), ni encore par les caractères sérologiques (réactions « croisées »). Elle établit une forme de parenté entre les trois entités.
Les investigations de cette bactériologiste confirmèrent également que la bactérie isolée par Bang chez les bovidés n'avait pas une électivité absolue et rigoureuse pour ces animaux, ni le bacille de Bruce pour les chèvres ou celui de Traum pour le porc, et que ces bactéries pouvaient être isolées chez d'autres animaux moins « spécifiques » comme l'homme (victime accidentelle), le chien, le chat, et même chez la poule, le lapin, le cheval, le cerf, le renne, le bison ainsi que l'élan et autres animaux non domestiques.
Miss Evans a été la première à démontrer que *Brucella abortus*, responsable de l'avortement de la vache, pouvait être retrouvée chez le porc et qu'inversement, *Brucella suis* pouvait parfaitement infecter la vache.
Alice Evans a été la première femme à avoir été nommée Présidente de

l'ASM (American Society for Microbiology) ; c'était en 1928.

* *À ne pas confondre avec Griffith EVANS (1835-1935), vétérinaire et parasitologiste anglais qui découvrit en 1880 dans le sang de chevaux, mulets, chiens et chameaux atteints d'une maladie nommée « surra » au Punjab en Inde, un parasite protozoaire trypanosomide qui sera appelé plus tard en son honneur* Trypanosoma evansi.

## FABER Knud Helge (1862-1956)*

Médecin danois pratiquant à Copenhague et élève de C.J. Salomonsen*.

Il démontra en 1890 que l'agent étiologique du tétanos (*Clostridium tetani*) cultivé dans un bouillon de culture, sécrétait une toxine soluble que l'on retrouvait dans le liquide débarrassé des bactéries après filtration. Injecté à des animaux à très faibles doses, Faber reproduisit le tableau clinique caractéristique de tétanos, démontrant que c'est la toxine élaborée par la bactérie qui est responsable du processus pathogène de la maladie et non pas la bactérie elle-même.

Faber publia aux États-Unis en 1923 un important travail consacré aux aspects descriptifs des maladies, intitulé « Nosography in modern internal medicine ».

* *À ne pas confondre avec Giovanni FABER (1574-1629), académicien italien, ami de Galilée et auteur d'un ouvrage sur les animaux mexicains. C'est lui qui donna en 1625 le nom de « microscope » à l'instrument optique permettant l'observation d'objets microscopiques.*

*À ne pas confondre non plus avec Johann FABER (1570-1640), opticien et naturaliste allemand, appelé à Rome par Urbain VIII, ou encore Pierre Jean FABER (? - 1656), médecin, théologien et alchimiste français pratiquant à Montpellier.*

## FEHLEISEN Friedrich (1854-1924)

Chirurgien allemand, né à Reutlingen dans le Bade-Wurtemberg.

Après avoir travaillé à la clinique chirurgicale de Würzburg, il fut l'assistant de Bergmann à Berlin avant de se lancer dans une carrière plus académique.

Sans être un élève de Robert Koch* (contrairement aux affirmations de certains auteurs), Fehleisen demanda souvent conseil au célèbre bactériologiste allemand. C'est ainsi que, lors de ses études sur l'érysipèle, publiées entre 1881 et 1883, il avait adopté les méthodes et techniques bactériologiques préconisées par Koch pour mener à bien ses investigations qui lui permirent en 1883 de démontrer que le streptocoque était l'agent étiologique de la maladie. La bactérie reçut le nom de *Streptococcus erysipelatis*. Il en réalisa la culture et put démontrer, en inoculant à 7 sujets des cultures pures du micro-organisme dont 6 développèrent un érysipèle caractéristique, que la bactérie qu'il venait d'isoler était bien responsable de la maladie ; le septième sujet, resté indemne, avait eu auparavant plusieurs atteintes d'érysipèle et se révéla être immunisé.

Friedrich Fehleisen est mort à San Francisco en 1924.

## FERNEL Jean (1497-1558)

Jean Fernel, fils d'aubergiste, est né à Clermont-en-Beauvaisis en 1497. Au collège Sainte Barbe à Paris, il étudia à la fois la philosophie, la médecine et les mathématiques en compagnie d'Ignace de Loyola. Il devint Maître ès arts et Docteur en Médecine en 1530. Il enseigna alors la philosophie et l'astronomie. Sur l'insistance de son beau-père, médecin du Dauphin, il commença la pratique de la médecine en 1534. Il travaillait alors jusqu'à 19 heures par jour, prenant ses repas debout, en continuant à mirer les urines entre deux bouchées ! Comme son beau-père, il devint le médecin du Dauphin, soigna et guérit Diane de Poitiers ce qui lui valut une grande renommée qui lui permit de devenir le médecin d'Henri II. Au retour de la prise de Calais par le Roi en 1558, il eut la tristesse de perdre sa femme et mourut à son tour peu de temps après à Paris.

Jean Fernel fut le premier à penser que la syphilis et la gonorrhée constituaient deux maladies différentes n'ayant en commun que leur mode de contamination.

## FERRÁN Jaime y Clua (1851-1929)

Le Docteur Jaime Ferrán y Clua naquit à Corbera d'Ebro, Tarragona le 1er février 1851. Fils du docteur du village, il fit ses études à San Luis de Tortosa puis à Tarragona. Il termina ses études de médecine à l'Université de Barcelone en 1873.

Il s'établit alors comme médecin à Tortosa et consacra ses premières activités à l'étude du trachome. En 1878, il conçut le microtéléphone et réussissait à joindre de son bureau, au moyen de dispositifs construits par ses soins, l'observatoire de l'Ebro à Roquetas près de Tortosa.

Il publia en collaboration avec Pauli, un chimiste important de l'époque, une étude : « l'instantanéité dans la photographie », dans laquelle il révélait que la méthode à l'émulsion de bromure d'argent était dix fois plus rapide que celle au collodion humide, utilisée à l'époque. Cette invention a grandement contribué au développement de l'entreprise Kodak aux États-Unis.

Il s'intéressa aussi à la Microbiologie et aux travaux de Pasteur*. En 1884, il donna une conférence qui fit sensation à l'Académie de Médecine de Madrid sur le « parasitisme bactérien ».

Il fut alors envoyé à Marseille par la municipalité de Barcelone pour y étudier le choléra. À son retour, il rendit compte de ses travaux avec un mémoire sur l'épidémie de choléra à Marseille. Puis, de sa propre initiative, il se rendit à Toulon où l'épidémie sévissait également. Il revint à Tortosa et se consacra pleinement aux recherches sur le choléra, réussissant, après des expériences multiples sur des animaux et finalement sur l'homme, à découvrir le vaccin qui immunisait contre le bacille.

Le 31 mars 1885, il communiqua ses découvertes devant l'Académie des Sciences de Paris.

Il essaya lui-même son vaccin par ingestion d'une dose de culture et la fit ingérer également à sa famille ; ils sortirent tous immunisés de l'expérience ! Pour ces raisons, le gouverneur de Valence le fit venir dans sa région où le choléra faisait des

ravages. Il y réalisa plus de 30 000 vaccinations.
Néanmoins, une forte campagne de professionnels espagnols se déchaîna contre lui. Malgré cela, il trouva des sympathisants, en particulier dans la communauté scientifique étrangère.
Il y se produisit alors un débat important dans le Club Culturel de Madrid dans lequel il fut défendu avec succès par le docteur Gimeno et également par Castelar devant le Congrès.

*Séance de vaccination antirabique à l'Institut Pasteur de Paris en 1888. Dessin de Louis Tinayre © Institut Pasteur*

Le ministre Romero Robledo décréta que personne ne pouvait utiliser le « vaccin Ferrán » à part lui-même et cela en présence d'un délégué gouvernemental. Ceci blessa sa sensibilité et il décida de suspendre immédiatement les vaccinations ; il en résulta que plus de 150 000 personnes moururent du choléra.
Plusieurs chercheurs étrangers essayèrent de revendiquer la priorité dans la découverte du vaccin et il dut soutenir d'âpres polémiques dont il sortit victorieux.
En 1886, il découvrait le vaccin typhique qu'il injecta à quelques ouvriers des égouts de Barcelone.
L'année suivante, l'Hôtel de ville de Barcelone fonda l'Institut Antirabique, le second créé après celui de l'Institut Pasteur à Paris ; Ferrán en prit la direction en 1894. Le traitement, généralisé dans toute l'Espagne permit l'immunisation de milliers de personnes contre la rage sans enregistrer un seul échec.
Petit à petit, différents chercheurs reconnurent « la priorité » des découvertes de Ferrán dans leurs applications, comme Klemperer pour le vaccin anticholéra (perfectionné ensuite par Behring* et Kitasato*), Pfeiffer* et Kolle, pour le vaccin antityphique et Fränkel* pour l'antidiphtérique.
En 1897, Ferrán prépara le vaccin anti-alpha bovin contre le bacille de la tuberculose, qui produira d'excellents résultats.
Un an plus tard, il transforma un bacille anaérobie, le bacille de Nicolaier* dans la lutte contre le tétanos et obtient aussi des succès importants dans les recherches contre l'érysipèle du porc et du charbon et puis aussi dans le vaccin antipeste.
Il entretint une amitié étroite avec le roi Alfonse XIII, qui était très intéressé par ses travaux et ses conclusions scientifiques.
Il reçut quelques honneurs, mais il dut subir de terribles oppositions de ses collègues « pseudoscientifiques ».
Le 22 novembre 1929, il mourut à Barcelone, sans que son énorme contribution à la science médicale n'ait été reconnue par les autorités espagnoles.

## FILDES Paul (1882-1971)

Paul Gordon Fildes, fils du peintre Sir Luke Fildes, est né à Londres

en 1882. Il étudia la médecine au London Hospital, où il se spécialisa en bactériologie. Lors de la Première Guerre mondiale, il servit dans la Royal Navy au sein de laquelle il était chargé du fonctionnement du laboratoire de pathologie du Royal Naval Hospital à Haslar. En 1934, il rejoignit le Middlesex Hospital comme Directeur d'une unité d'étude de biochimie bactérienne. Lors de la Seconde Guerre mondiale, il devint le leader des scientifiques de Porton Down, spécialisés dans le domaine des armes biologiques. L'île de Gruinard au Nord-Est de l'Ecosse fut choisie afin de tester des armes contenant du bacille du charbon et éventuellement de la toxine botulique. En juillet 1942, ils fabriquèrent des bombes contenant des suspensions de bacilles charbonneux et les testèrent sur les moutons de l'île. Après l'explosion des bombes, l'île resta contaminée par les spores de bacilles charbonneux pendant plus de 40 années. Après la guerre, l'Unité de Chimie bactérienne fut reconstituée à l'Institut Lister de Médecine Préventive où Fildes exerca pendant trois années la fonction de Directeur. Il quitta ses fonctions en 1949 pour rejoindre le Department of Pathology à l'Université d'Oxford où il resta les 13 années suivantes.
Si son activité dans le domaine de la chimie bactérienne lui permit d'acquérir une grande réputation internationale, il travailla également dans d'autres domaines comme celui de l'hémophilie, la fièvre cérébrospinale, le tétanos et la grippe. Ses études sur *Haemophilus influenzae* permirent la mise au point d'un milieu de culture adapté à sa culture et qui porte le nom de Fildes. Au cours de sa carrière, il reçut de nombreuses distinctions comme celle de Chevalier en 1946. Il fut élu à la Royal Society un peu plus tard. Il mourut en 1971 à l'âge de 88 ans.

## FISCHER Bernhard (1852-1915)*

Médecin allemand né à Koburg (Cobourg ; Bavière) le 19 février 1852.
Fischer fit ses études médicales à la Kaizer Wilhelms Akademie à Berlin, une institution militaire et obtint en 1875 son diplôme de chirurgien dans la marine.
Il fut l'assistant de Koch* à Berlin et prit part à l'expédition allemande en Égypte et en Inde au cours de laquelle le bacille du choléra fut découvert en 1883 (avec R. Koch*, G. Gaffky* et un chimiste nommé Treskow).
Il fut nommé Professeur d'Hygiène à l'Université de Kiel et Directeur de l'Institut d'Hygiène de cette université.
Fischer s'intéressa à de nombreux sujets en rapport avec la bactériologie : la désinfection, les bactéries marines, les épidémies de diphtérie et de fièvre typhoïde, la bactériologie des eaux et du lait, etc. Il est l'auteur de plusieurs ouvrages, en particulier sur l'hygiène, dont un livre réalisé en collaboration avec Bernhard Proskauer*.
Fischer est mort le 2 août 1915 lors d'une bataille dans les Flandres au cours de la guerre 1914-1918.

* *Ne pas confondre avec Emil Hermann FISCHER (1852-1919), Prix Nobel de chimie en 1902, ou Hans FISCHER (1881-1945), tous deux biochimistes allemands, ni*

*encore Fritz FISCHER (1912-1951) médecin allemand, chirurgien de la division SS Adolf Hitler et expérimentateur dans les camps de concentration.*

## FLEMING Alexander (1881-1955)*

Médecin anglais, né à Darvel (Ayrshire) en Écosse.

Après avoir réussi l'examen d'entrée (il n'avait ni son bac, ni aucun autre diplôme de l'enseignement moyen), il entama ses études médicales à la Saint Mary's Hospital Medical School (Londres), et fut diplômé en 1906. Il entra ensuite au département « Inoculation Department » d'Almroth Wright* de l'hôpital St. Mary, où il restera jusqu'à la fin de ses jours.

Il participa à la Grande Guerre (1914-1918) en tant que médecin-major dans un hôpital britannique installé à Boulogne-sur-Mer. Marqué par les infections des plaies chez les blessés qu'il soigna, il décida de poursuivre, après la guerre, des études de bactériologie et retourna au laboratoire de Wright à Londres.

Entre-temps, il épousa, en décembre 1915, Sarah (Sareen) Marion McElroy, une infirmière qu'il avait rencontrée peu de temps auparavant.

En 1922, il découvrit le lysozyme, agent antibactérien (enzyme bactéricide), présent dans la salive, le liquide lacrymal, le lait et le blanc d'œuf. Il démontra l'action du lysozyme sur la paroi bactérienne. Cette découverte sera présentée en février 1922 à la Royal Society, mais la communication de Fleming ne remporta que très peu de succès.

En 1924, un fils (Robert, le seul enfant) naît dans la famille Fleming ; il fera plus tard des études de médecine, également au St. Mary's Hospital Medical School.

En 1928, il fut nommé Professeur de Bactériologie dans cette célèbre institution, poste qu'il occupa jusqu'en 1948, date à laquelle il reçut le titre de Professeur émérite.

En 1929, Fleming découvrit fortuitement le phénomène de lyse d'une culture de staphylocoque par une « moisissure » contaminante (*Penicillium*) [voir : Note]. Il baptisa la substance bactéricide élaborée par ce *Penicillium* : « Pénicilline ».

En 1946, Fleming écrivit à ce sujet :

« In 1928, while I was busy studying some varieties of *Staphylococcus* in the laboratory, I noticed that a mould had contaminated one of my cultures. Every bacteriologist has at some time or another had a culture contaminated by a mould, but in this particular culture something quite extraordinary happened : the staphylococci colonies seemed to have undergone lysis. This strange occurrence appeared to me to call for further investigation and so I switched my attention from the staphylococcus variants to this new problem... »

Il eut l'idée de mettre en culture cette moisissure en utilisant des bouillons qui, après filtration, donnèrent un « jus » qu'il testa sur différentes bactéries et établit une liste de germes inhibés (streptocoque, pneumocoque, gonocoque, méningocoque, bacille de la diphtérie).

Ayant remarqué que certaines bactéries présentaient une résistance à la pénicilline, notamment le bacille de Pfeiffer* (*Haemophilus influenzae*),

Fleming préconisa, dans une application pratique, l'utilisation de ce composé dans un milieu sélectif pour l'isolement du bacille de Pfeiffer et la préparation du vaccin.
En 1929, il publia un article intitulé « On the antibacterial action of cultures of a *Penicillium*, with special reference to their use in the isolation of *B. influenzae* ». Le premier traitement utilisant la pénicilline et couronné de succès a été réalisé dans un cas de conjonctive à pneumocoque d'un assistant de Fleming. Cependant, la plupart des essais cliniques réalisés par l'équipe de Fleming furent assez décevants. Aussi, la publication de Fleming, décrivant peut-être trop la pénicilline comme un outil de bactériologiste, n'attira pas beaucoup l'attention des cliniciens.
Deux chercheurs de l'Université d'Oxford, Howard W. Florey* et Ernst B. Chain*, allèrent en 1939 et 1940 apporter une énorme contribution à l'évolution clinique de la pénicilline.
En 1945, Fleming partagea avec Florey et Chain, le Prix Nobel de Médecine pour leurs travaux sur la pénicilline. Un an auparavant (en 1944) il avait été anobli (Sir Alexander Fleming).
Lorsque Almroth Wright partit à la retraite en 1946, Fleming lui succéda à l'« Inoculation Department ». Avec le départ de Wright - antiféministe acharné - le laboratoire vit arriver les premiers chercheurs féminins ; parmi elles, il y avait Amalia Voureka, médecin grecque, qui deviendra la seconde épouse de Fleming en novembre 1952, après la mort de Sarah McElroy, sa première épouse, en octobre 1949.
Alexander Fleming est mort à Londres, le 11 mars 1955, d'une thrombose coronarienne.
Note : *L'observation de Fleming selon laquelle « un champignon tombé dans une culture de staphylocoques produit, autour de lui, une lyse des coques », a été relatée par d'autres bactériologistes bien avant le célèbre médecin anglais. Ce fut le cas de Sir John Burdon Sanderson en 1871, puis Joseph Lister*. Il y eut encore Pasteur* et Joubert en 1977, Garré en 1887, Tiberio en 1895, et en 1897, E. Duchesne envisagea les possibilités thérapeutiques.*
*L'Italien Arnaldo Cantani (1837-1893) ayant observé en 1885 (44 ans avant Fleming) le même phénomène, s'exprima en utilisant pratiquement les mêmes termes que Fleming :* « Certi microfiti, capitando in colture di dati schizomiceti patogeni distruggono questi completamenti » (*Certains microphytes, tombés par hasard dans des cultures de certaines bactéries pathogènes, les détruisent complètement).*
* *À ne pas confondre avec Sir FLEMING John Ambrose (1849-1945), ingénieur britannique, pionnier de la radiotélégraphie ; il inventa la diode (= valve de Fleming).*

## FLEXNER Simon (1863-1946)

Médecin américain, né à Louisville (Kentucky) sur l'Ohio.
Il fit ses études médicales aux célèbres universités de Harvard, Yale et Baltimore.
Il devint Professeur d'Anatomie Pathologique à la Johns Hopkins Medical School (Baltimore) puis à la

Pennsylvania University. À partir de 1903, il fut nommé directeur du Rockefeller Institute for Medical Research.
En 1894, Flexner donna les spécifications fondamentales du choc anaphylactique en décrivant ses expériences avec les animaux qui, inoculés en un premier temps avec du sérum de chien, succombèrent lors d'une seconde injection réalisée quelques semaines plus tard. À la fin du XIXe siècle et peu de temps après la découverte de l'agent étiologique de la dysenterie bactérienne (*Shigella dysenteriae*) par Kiyoshi Shiga*, il découvrit à Manille (Philippines) une autre bactérie, proche du bacille de Shiga mais néanmoins distincte, impliquée dans la dysenterie bactérienne qui portera plus tard son nom : *Shigella flexneri* ou bacille de Flexner.
En 1909, Flexner découvrit avec Paul Lewis (1879-1929) le virus de la poliomyélite, au même moment que C. Leiner et R. von Wiesner ainsi que K. Landsteiner et C. Levaditi. Simon Flexner publia de nombreux travaux en rapport avec la pathologie et la bactériologie.

## FLOREY Howard Walter (1898-1968)

Médecin d'origine australienne, né à Adélaïde ; il fit toute sa carrière en Angleterre.
Désirant absolument faire de la recherche médicale et malgré les problèmes financiers de sa famille, il obtint en 1922 une bourse (Rodes Scholarship) lui permettant de poursuivre des études pendant trois ans à Oxford, dans le laboratoire de physiologie de Charles Sherrington. En 1923, il fut reçu à son examen de physiologie avec les « First Class Honours » ; le sujet de sa thèse qu'il présenta était consacré au fonctionnement des capillaires cérébraux.
Il commença, en 1924, sa carrière comme chercheur dans le département de pathologie à Cambridge. Comme il était atteint d'une gastrite, due à un déficit de mucus, il orienta ses recherches vers le mucus, le lysozyme, et autres composants biologiques, intervenant dans les défenses naturelles contre les infections.
En 1935, il fut nommé Professeur de Pathologie à la Sir William Dunn School, à Oxford.
À la recherche d'agents antibactériens naturels d'origine microbiologique, il engagea toute une équipe, l'« Oxford Group », parmi lesquels figurait Ernst Boris Chain*, un excellent biochimiste, et lança en 1938 un programme d'études sur la pénicilline, soutenu par la Rockefeller Foundation. Un article d'Alexander Fleming* sur la lyse des staphylocoques par un produit (pénicilline) élaboré par une moisissure (*Penicillium*) avait retenu l'attention de Chain qui suggéra d'approfondir les possibilités ; le projet démarra en septembre 1939.
Investissant toute l'énergie et tous les moyens matériels et humains, Florey, Chain et toute leur équipe purent démontrer en juillet 1940, que la pénicilline était un antibiotique, capable de guérir la souris infectée. L'article, paru dans le *Lancet* avait surpris Fleming. Le premier essai humain fut effectué avec succès le 17 janvier 1941.
En 1942, ce sont les industries américaines (avec notamment Merck) qui produisirent en grande quantité, la pénicilline. De nombreux malades

furent ensuite traités par cette nouvelle molécule au cours de la période de la Seconde Guerre mondiale.
En 1945, Howard Walter Florey, Ernst Boris Chain et Alexander Fleming reçurent le Prix Nobel de Médecine pour la découverte de la pénicilline et ses effets curatifs dans de nombreuses infections.
Florey est mort en Angleterre, à Oxford, en 1968, à l'âge de 70 ans.

## FOURNIER Alfred Jean (1832-1914)

Alfred Fournier fut le plus grand syphiligraphe de la fin du XIXe siècle. Il est né à Paris en 1832 dans une famille comprenant de nombreux médecins. Lors de ses études à l'institution Jauffret, au lycée Charlemagne, et lors du concours général, il montra un grand amour pour les lettres classiques. À la fin de sa vie, il traduisit en français des travaux de Jean de Vigo, Jacques de Béthencourt et de Fracastor*.
Il débuta ses études médicales en décembre 1854 et, par une coïncidence tout à fait heureuse qui déterminera la suite de sa carrière, il fut attaché comme interne à l'hôpital du midi dans le service de Philippe Ricord*, le grand syphiligraphe du XIXe siècle. Les relations entre Ricord et son élève Fournier ont été très amicales puisque Fournier épousa la propre fille de Ricord. Les premiers travaux de Fournier furent publiés en 1857 et portèrent sur «les recherches sur la contagion du chancre ». Un second travail intitulé « de la contagion syphilitique » parut en 1860 et constitua sa thèse de doctorat qu'il dédicaça à Ricord. Après cette date, sa carrière va progresser rapidement. Il écrivit une thèse sur l'urémie en 1863 pour son agrégation. Puis il s'impliqua dans un travail sur la gonococcie. De 1868 à 1876, Fournier a été chef de service à l'hôpital de Lourcine et à partir de 1880 à l'hôpital St Louis, le grand hôpital de dermatologie de Paris. À cette époque, il acquit une très grande expérience sur les ravages de la syphilis. Il déclara plus tard combien il était peiné de voir les pauvres malades qui étaient obligés de montrer leurs parties les plus secrètes à la vue de tout le monde dans ces grands hôpitaux.
Parmi les grandes découvertes de Fournier, son hypothèse que la syphilis était à la base des symptômes de paralysie, d'incoordination motrice et d'ataxie locomotrice progressive fut la plus déterminante. Il démontra que sur 30 cas de tabès, 24 avaient une origine syphilitique. En 1879, il écrivit un document sur la syphilis du cerveau qui correspondait à la phase tertiaire de la syphilis ou folie syphilitique. En 1879, Fournier devint membre de l'Académie de Médecine et il prit la chaire de dermatologie et de syphilographie à la Faculté de Médecine qui venait d'être créée en 1880 et qu'il occupa jusqu'à 1902. Fournier décèda le 25 décembre 1914 à Paris.

## FRACASTOR Jérôme (FRACASTORO Girolamo) (1478-1553)

Médecin italien né à Vérone en 1478. La légende veut que sa mère fut frappée par la foudre alors qu'elle le tenait dans ses bras. Il s'agit d'un de ces génies à l'érudition universelle que produisit la Renaissance. Il fut à la fois médecin, astronome, géographe, mathématicien, géologue, musicien, poète et écrivain. Il fut formé à Padoue où il côtoya Copernic. Il dut fuir devant les troupes de Charles VIII dans le sillage du général vénitien Alviono qui le fit nommer Professeur à l'Académie de Porto-Navone dans le Frioul. C'est là qu'il conçut son chef-d'œuvre « Syphilis sive morbus gallicus » publié à Venise en 1530 et qui fut traduit en plusieurs langues. Il y décrit les malheurs du jeune berger Syphilus qui, faisant paître ses troupeaux, osa un jour rendre au roi des honneurs divins. L'attitude blasphématoire attira sur lui les foudres d'Apollon qui le frappa d'une maladie nouvelle. Dans ce poème, il décrit le mal français et crée le mot « Syphilis ». Il revint à Vérone où il passa presque toute sa vie. Il préconisa également une thérapeutique à base de mercure pour traiter cette « nouvelle » maladie. En 1546, toujours à Venise, il publia son fameux ouvrage « *De Contagione et de Contagiosis Morbis* ». Fracastor est considéré comme le créateur de l'épidémiologie moderne puisqu'il émit l'hypothèse que de nombreuses maladies comme la variole, la rougeole, le typhus exanthématique ou la tuberculose étaient dues à des « *Seminaria contagiosum* », petites entités microscopiques capables de se reproduire, de se multiplier et de transmettre la maladie, en fait les microbes.

Il fut considéré comme un grand personnage de son vivant, et eut une telle renommée qu'on le considérait comme une « divinité protectrice » tant étaient grands son prestige de savant et son talent d'habile thérapeute. Ainsi Charles Quint lui-même se rendant à Gènes se détourna un jour de sa route pour rencontrer le médecin de Vérone. C'est le 8 août 1553 que mourut soudainement, frappé d'une attaque d'apoplexie, le plus célèbre médecin de l'Italie du XVIe siècle.

## FRAENKEL Albert (1848-1916)

Fils du négociant juif en vins David Eduard et de son épouse Sophie Traube, il naquit le 10 mars 1848 à Francfort-sur-l'Oder. Il débuta ses études de médecine en 1866 à l'Université Royale Frédéric-Guillaume à Berlin (appelée de nos jours l'Université Humboldt). Son mémoire de fin d'études, rédigé en 1870 porta sur la maladie d'Addison. En mars 1872, il reçut le diplôme de médecin et d'accoucheur. Il fut ensuite plusieurs années assistant auprès du clinicien Adolf Kußmaul (1822-1902), à Fribourg et de son oncle maternel Ludwig L. Traube (1818-1876), fondateur de la thérapie expérimentale à la Clinique propédeutique de la Charité à Berlin.

Traube eut une influence déterminante sur la carrière de Fraenkel. Il s'occupa ainsi de la physiopathologie de la respiration et de la fièvre ainsi que des aspects cliniques des maladies pulmonaires et cardiaques. Après la disparition de Traube, Albert Fraenkel demeura auprès de son successeur, le chef de service et clinicien Ernst V. von Leyden (1832-1910), en tant que Maître de Conférences en Médecine Interne à la Clinique Universitaire de la Charité. Il fut, par la suite, nommé Professeur émérite mais n'eut jamais la chaire d'enseignement. En effet, à cette époque, en Prusse ou en

Allemagne, peu d'enseignants juifs étaient nommés titulaires.
En 1887, Albert Fraenkel prit la direction de l'Institut médical pour femmes à Berlin-Kreuzberg en même temps que celle d'une clinique privée dans le même arrondissement. Alors qu'en 1890, le troisième hôpital municipal « Am Urban » était créé à Berlin, il fut nommé médecin directeur du service interne et devint l'un des deux directeurs, le second étant le chirurgien Werner Körte (1853-1937). Pendant les 25 années de son activité, Fraenkel mit tout en œuvre pour développer et agrandir l'hôpital. Il s'attacha à relever les critères d'hygiène ainsi que les soins aux patients. Pendant ses années d'activité, Fraenkel créa un institut de chimie bactériologique, un service de radiologie, un service de physique médicale avec électrothérapie ainsi que des établissements de traitement au grand air pour la tuberculose et d'autres maladies pulmonaires. Il mit sur pied des formations, auxquelles prirent part des personnes de toute la ville. Par ailleurs, Albert Fraenkel fut engagé dans les associations de la Société médicale de Berlin et de la médecine interne. Sa culture médicale très étendue portait aussi bien sur la pathologie expérimentale que la bactériologie, son domaine de prédilection. Il découvrit en effet en 1884 l'agent pathogène «*Diplococcus pneumoniae*» ou pneumocoque. Très apprécié de ses patients, dont certains venaient le consulter de très loin, ainsi que de ses étudiants et de ses collègues, son bagage médical, son approche critique et sa rigueur lui gagnèrent la reconnaissance de ses pairs (il fut notamment élu à l'Académie Leopoldina). Fraenkel souffrit beaucoup de n'avoir pas été nommé Professeur ordinaire et ressentit cette situation comme une injustice. Il mourut le 6 juillet 1916 à Berlin des suites d'une angine de poitrine et fut enterré au cimetière juif de Weißensee. Hermann Hesse (1877-1962) écrivit un mémoire à son sujet intitulé « Ein Arzt grossen Stils » (Un médecin de grande envergure). Un buste érigé en son honneur devant l'hôpital fut détruit en 1933 par les nazis et jamais reconstruit.

## FRANCIS Edward (1872-1957)

Médecin américain exerçant son activité au United States Public Health Service (USPHS). En 1919, il effectua des recherches bactériologiques dans l'Utah dans la perspective de déterminer la nature et l'étiologie d'une maladie qui y faisait rage, connue sous le nom de « deer-fly fever » (fièvre de la mouche du daim). Il établit l'unité nosologique de cette maladie dont R.A. Pearse (Utah) donna une description clinique en 1911 avec, la pseudo-peste des écureuils du comté de Tulare (Californie) découverte en 1912 par G.W McCoy et C.W. Chapin, la « cattle-fly fever » (fièvre de la mouche du bétail), et la « rabbit fever » (fièvre du lapin), découverte en 1915 par W.B. Wherry. Il proposa le nom de « tularémie » pour désigner la maladie faisant allusion à l'épidémie des écureuils de Tulare. Plus tard, il démontra que la « tick fever » (fièvre des tiques) découverte aux États-Unis en 1924 par R.S. Spencer et R.R. Parker, et la Yato-Byo (maladie des lapins sauvages) découverte à Fukushima au Japon par

H. Ohara, également en 1924, n'étaient que des tularémies provoquées par la même bactérie. E. Francis mit encore en évidence, en 1919, le rôle de *Chrysops discalis* (un diptère de la famille des Tabanidares ou taon) dans la transmission de la tularémie.
Le nom officiel de *Francisella tularensis* fut donné à l'agent étiologique de la tularémie en honneur de Edward Francis qui avait effectivement donné une description de la bactérie en 1921, de même qu'une description clinique et biologique.
C'est au cours de ses investigations de 1919 que Francis contracta une sévère infection de tularémie, l'obligeant à se faire hospitaliser et lui causant par la suite de très sérieux problèmes de santé entre 1920 et 1936. Au moins 32 personnes des laboratoires du service USPHS avaient été contaminées malgré les précautions très élaborées : ils manifestèrent les symptômes classiques de la tularémie. Deux d'entre eux décédèrent respectivement en 1931 et 1944.

## FRIEDLÄNDER Carl (1847-1887)

Il naquit le 19 novembre 1847 à Brieg dans le Schleswig et était le fils de Heinrich Friedländer, un marchand, qui était également conseiller municipal de la ville.
Il fit ses études de médecine à Würzburg avant de les poursuivre à Zurich et à Berlin. Il devint assistant à l'Institut de Physiologie de l'Université de Breslau et fut ensuite assistant à la clinique chirurgicale de Halle où il se consacra à l'anatomie pathologique et écrivit notamment son « *Experimenta nonulla de pneumonia histologica addidis observationibus de normali pulmonum epithelio* ».
À Berlin en 1882, il mit en évidence un des agents de la pneumonie causée par le pneumobacille (de Friedländer), aujourd'hui *Klebsiella pneumoniae* avec l'aide de son élève Hans Christian Gram* qui venait juste de mettre au point sa technique de coloration. Il croyait avoir trouvé le responsable unique de l'infection ce qui l'opposa rapidement à l'interniste berlinois Albert Fraenkel*, découvreur du pneumocoque. Lors du 3e congrès de médecine interne du 21 avril 1884, un conflit éclata entre les deux hommes ; Fraenkel affirmant que seules les souches de « Pneumonie-Kokkus » (pneumocoques) pouvaient tuer les lapins. Aujourd'hui, avec la coloration de Gram, il paraît inconcevable de confondre le pneumocoque avec *Klebsiella* mais à l'époque, cette coloration qui venait tout juste d'être mise au point n'était pas encore largement appliquée. Friedländer avait mentionné la technique de son assistant dans une publication de 1883 sans la valoriser et sans savoir qu'elle finirait par donner raison à Fraenkel. Gram publia son propre travail le 15 mars 1884 dans lequel, entre autres, il analysa 20 cultures isolées par Friedländer à partir de cas fatals de pneumonies lobaires. Toutes les souches étaient capsulées et 19 d'entre elles retinrent la coloration (donc Gram-positives) alors qu'une seule ne la prit pas (Gram-négative). Ce coque bizarre (*Klebsiella* peut prendre des formes très courtes) était en réalité l'unique bacille de Friedländer alors que les 19 autres correspondaient au pneumocoque de Fraenkel. Il fallut attendre une année pour que les travaux décisifs d'Anton Weichselbaum* sur la

pneumonie lobaire soient publiés et que Friedländer reconnut, avec beaucoup d'élégance, qu'il avait fait une erreur puisque l'immense majorité des pneumonies était due au pneumocoque de Fraenkel qui retenait la coloration de Gram alors qu'une minorité des pneumonies était causée par son propre bacille.

Il identifia également le follicule épithélioïde de la tuberculose dont il fit l'élément anatomique de base. Il fut l'auteur d'une trentaine d'ouvrages dont « L'utilisation du microscope dans les examens cliniques et pathologiques » en 1882 qui fut ré-édité trois fois et traduit en anglais. En 1883, il créa le journal « Fortschritte der Medicin » qui publia entre autres les travaux de Carl Eberth* et de Robert Koch.*

En 1882, il connut les premiers symptômes de la tuberculose, maladie qui allait l'emporter le 13 mai 1887 au cours de sa quarantième année à Meran dans le Tyrol où il avait trouvé refuge depuis plusieurs années pour se faire soigner.

# G

## GAFFKY
## Georg Theodor August
## (1850-1918)

Georg Gaffky est né à Hanovre en 1850. Il fut chirurgien de l'armée royale prussienne avant de rejoindre en 1880, en compagnie de Loeffler*, le département impérial de la santé (Kaiserliches Gesundheitsamt) de Robert Koch*. Tout au long de sa vie, Gaffky fut un collaborateur fidèle de Koch avec lequel il eut des relations très amicales. Après avoir occupé la Chaire d'Hygiène de Giessen (1888), il devint le second directeur de l'Institut Robert Koch des Maladies Infectieuses lorsque ce dernier se retira en 1904.
Il fit d'importantes études sur les septicémies expérimentales et sur la maladie du charbon. En 1883, il participa à la commission allemande sur le choléra et se rendit en Egypte puis aux Indes où, en compagnie de Koch et Fischer*, il découvrit le bacille du choléra à Calcutta. En août 1892, il y eut une nouvelle épidémie de choléra à Hambourg. En quelques semaines, plus de 17 000 cas se déclarèrent et provoquèrent la mort de 8 000 personnes. Georg Gaffky dut rejoindre Robert Koch dans cette ville pour étudier l'épidémie causée par la bactérie qu'ils avaient décrite quelques années auparavant. En 1884, il réussit la culture du bacille de la fièvre typhoïde et l'inocula à des animaux de laboratoire.

## GALE Thomas
## (1507-1586)

Médecin anglais dans l'armée d'Henri VIII. Dans son pays, il est considéré comme l'équivalent du chirurgien français Ambroise Paré (1509-1590) et père de la chirurgie moderne anglaise.
Thomas Gale a donné la première description en Angleterre de la syphilis en 1563, maladie dont était d'ailleurs atteint Henri VIII qui se fit soigner pour cette affection par Gale.

## GÄRTNER
## August Anton Hieronimus
## (1848-1934)

Cet Allemand originaire de Westphalie reçut sa formation au Département médical de l'Armée à Berlin puis s'engagea comme chirurgien dans la marine.
Il étudia la bactériologie avec Robert Koch* dont il fut un des nombreux élèves et disciples. En 1886, il fut nommé Professeur d'Hygiène à l'Université d'Iéna (Thuringe).
Il fit de nombreuses études en rapport avec les problèmes d'hygiène et sur les toxi-infections alimentaires.
En 1888, lors d'une épidémie de gastro-entérites impliquant 58 personnes ayant mangé de la viande de bœuf, il découvrit l'agent responsable de la toxi-infection alimentaire. Il isola des tissus de l'animal et des prélèvements d'un sujet ayant succombé à la mala-

die, une bactérie identique qu'il nomma *Bacillus enteritidis* = *Salmonella* Enteritidis (= *Salmonella enteritidis* ; dans la nomenclature actuelle, la bactérie doit s'appeler *Salmonella enterica* ssp. *enterica* sérotype Enteritidis) ; la bactérie fut également nommée « Bacille de Gärtner ».

## GENGOU Octave (1875-1957)

Médecin belge, né à Ouffet, dans la Province de Liège (Belgique). Il fit ses études médicales à la Faculté de Médecine de l'Université d'État à Liège et commença sa carrière en 1897 en tant qu'hygiéniste et bactériologiste dans le laboratoire de Malvoz.
Il fut le collaborateur et adjoint de Jules Bordet* (son beau-frère) à l'Institut Pasteur de Bruxelles, créé en 1901 (nommé Institut Pasteur du Brabant en 1903, redevenant l'Institut Pasteur de Bruxelles en 1995).
Il resta à l'Institut Pasteur de Bruxelles jusqu'en 1921, lorsqu'il quitta son poste pour être nommé Directeur des Services d'Hygiène de la ville de Bruxelles et Professeur d'Hygiène à la Faculté de Médecine de l'Université Libre de Bruxelles (chaire qu'il occupa jusqu'en 1945).
Avec Jules Bordet, il isola pour la première fois, en 1906, le bacille de la coqueluche qu'ils avaient déjà observé au microscope en 1900. Ils l'appelèrent « *Bacillus pertussis* ». Cette bactérie a été nommée ensuite « *Haemophilus pertussis* » pour être finalement transférée en 1952 par Moreno-Lopez dans un genre plus spécifique, le genre *Bordetella* (en hommage à Bordet) sous le nom de *Bordetella pertussis*.
Après les travaux sur la vibriolyse *in vitro*, les deux microbiologistes belges détectèrent la présence de « substances sensibilisatrices » dans la plupart des sérums contenant des composés antimicrobiens, et mirent au point, en 1901, la réaction de fixation du complément (réaction de Bordet et Gengou). Gengou travailla ensuite sur la coagulation du sang et montra que les immunsérums élaborés contre un sérum étranger, inactivaient la trombine du sérum. Il décrivit encore, en 1911, toujours avec Bordet, le phénomène de la coagglutination.
Président de la Ligue Nationale Belge contre la Tuberculose, Gengou a écrit à ce propos un important ouvrage intitulé « L'endémie tuberculeuse ».
Octave Gengou est mort le 25 avril 1957, à l'âge de 82 ans.

## GESSARD Carle (1850-1925)

Médecin et pharmacien français né à Paris. Personnage étonnant par sa très vaste culture et sa polyvalence (il parlait l'arabe, le latin, le grec et l'allemand). Il était intéressé par la poésie, le théâtre, la musique et la peinture. Il pratiqua également l'entomologie et découvrit en 1886 une nouvelle espèce de sauterelle. Il avait été surnommé dans son entourage « Le révérend père Gessard » à cause de sa grande taille, sa stature énigmatique, ses connaissances et son aspect ascétique.
Pharmacien militaire à l'hôpital du Gros-Caillou puis au Val-de Grâce en 1881, Gessard s'intéressa particulièrement à la bactériologie et, bien que ses

travaux fussent considérés comme absurdes, farfelus et risibles dans l'armée, il fut soutenu et encouragé par Louis Pasteur*.
Alors que le botaniste allemand Joseph Schroeter* décrivait, en 1872, une intense coloration bleue sur une tranche de pomme de terre cuite, l'attribuant à une bactérie qu'il nomma *Bacteridium aeruginosum* (actuellement *Pseudomonas aeruginosa*), c'est en 1882 que Carle Gessard fit la première description complète de la bactérie dans sa thèse de médecine. Les caractères et les particularités de la bactérie furent ensuite présentés par Pasteur dans une communication à l'Académie des Sciences. Sur les 53 autres travaux publiés par Gessard, 19 étaient en rapport avec le bacille pyocyanique.
Enseignant à l'hôpital du Val-de-Grâce en 1887, il travailla à l'Institut Pasteur de Paris puis à celui de Lille chez son ami Albert Calmette*. Nommé Pharmacien-chef à l'hôpital militaire de Lille, il se retira en 1910 pour réintégrer son laboratoire à l'Institut Pasteur de Paris où il termina sa carrière en étudiant les oxydases, les antiperoxydases, les antiferments et d'autres activités enzymatiques.
Il mourut à Paris à l'âge de 75 ans.

## GORDON Bernard de (1285-1318)*

Médecin d'origine écossaise, établi à Montpellier, et auteur d'ouvrages sur les fièvres et « le pronostic des jours critiques ». En 1303, il réalisa une encyclopédie médicale intitulée « Lis de la Médecine » (« *Lilium medicinae* ») dans laquelle il énumérait les maladies contagieuses comme suit : *Febris acuta - ptisis - scabies - pedicon - sacer ignis - anthrax - lippa - lepra - nobis - contagia praestant*
Il y était également question de parasitologie et l'auteur comparait l'origine des vers à celle des calculs des reins ou de la vessie. « Les vers se forment » , écrit-il, « lorsque la matière trouve de la chaleur et de l'humidité et la vie peut exister et il se forme des vers ».
Cette encyclopédie était néanmoins la grande fierté de l'École de Médecine montpelliéraine. Il décrivit la lèpre en 1305 : « *La lèpre* », écrit-il, « est une affection de tout le corps. Elle provoque des pustules et des excroissances, la résorption des muscles, principalement celui entre le pouce et l'index, l'insensibilité des extrémités, des crevasses et affections cutanées. Voici les signes annonciateurs de la fin : corrosion du cartilage entre les narines, mutilations des mains et des pieds chez l'un, grosseur des lèvres et nodosités sur tout le corps chez l'autre, dyspnée et voix rauque ». En revanche, Gordon confondait le « feu persan » (= syphilis) avec la lèpre. Il a été l'un des premiers médecins (avec Guy de Chauliac) à préconiser l'emploi de verres correcteurs pour la vue.

* *À ne pas confondre avec Alexander GORDON (1752-1799), chirurgien anglais et précurseur d'Ignaz Fülop SEMMELWEIS* (1818-1865), ni avec Benjamin Lee GORDON, médecin anglais contemporain et historien de la médecine.*

## GRAM Hans Christian Joachim (1853-1938)

Pharmacologiste et pathologiste danois, né à Copenhague le 13 septembre 1853. En 1878, il obtint son diplôme de Docteur en Médecine et fut employé comme assistant à l'hôpital de Copenhague. En 1883, il soutint sa thèse sur la taille des globules rouges humains. Au cours de ses voyages en Europe, il a travaillé dans le laboratoire de Carl Friedländer* à Berlin et c'est en 1884 qu'il publia dans le Fortschritte der Medezin un article dans lequel il décrivit une coloration permettant de différencier des germes responsables de pneumonies mortelles. Le frottis est fixé à la chaleur et traité par une solution de violet aniline-gentiane pendant 3 minutes. Il est ensuite déposé dans une solution d'iode dans de l'iodure de potassium pendant le même temps. Le passage dans un bain d'alcool provoque une décoloration de l'ensemble de la préparation. Dans ces conditions, le noyau des cellules apparaît jaune, tandis que les « schizomycetes » apparaissent bleus, voire noirs. Il est possible de traiter le frottis après la phase de décoloration par une solution de brun de Bismarck et de réaliser à nouveau un traitement à l'alcool. Alors, le noyau des cellules apparaît brun tandis que les bactéries restent bleues. Ayant réalisé plusieurs types de préparations, il a constaté que les cocci responsables de pneumopathies, d'ostéomyélites, d'arthrites suppuratives post scarlatine restaient colorés. En revanche, certaines bactéries étaient décolorées par l'alcool, comme les bactéries capsulées responsables de pneumopathies, et le bacille de la typhoïde. La coloration de Gram était née. Ce n'est que quelques années plus tard que Karl Weigert* ajouta une contre coloration à la safranine permettant de mieux séparer les bactéries à Gram négatif des bactéries à Gram positif. Gram n'a jamais eu l'occasion de pratiquer cette méthode complétée.

De retour à Copenhague, il intégra l'Université en 1891 en tant que pharmacologiste et devint responsable de l'hôpital Fredericks en 1892. Réputé dans le domaine de la pharmacologie, il fut pendant 20 ans (1901-1921) président de la commission de pharmacopée où il y clarifia un très grand nombre de thérapeutiques obsolètes. Gram a signé toutes ses publications de son prénom Christian, certainement par admiration pour Christian IV, roi du Danemark et de Norvège (1588-1648) héros du romantisme national renaissant au XIX$^{e}$ siècle. Il prit sa retraite en 1923 et mourut en 1938 à l'âge de 85 ans.

## GRATIA André (1893-1950)

Ce médecin belge est né à Saint-Gilles (agglomération bruxelloise) le 8 juillet 1893.

Il fit ses études à la Faculté de Médecine de l'Université Libre de Bruxelles et publia ses premiers travaux en 1913 sur la staphylocoagulase du staphylocoque à l'âge de 20 ans.

Lors de la Première Guerre mondiale, son attitude et sa conduite exemplaires lui valurent la Croix de Guerre. Les hostilités terminées, il finit ses études et obtint presque simultanément les grades de Docteur en Médecine et de

Docteur ès Sciences. Il compléta ensuite sa formation par des stages à l'Institut Pasteur de Paris en 1920, et à l'Institut Rockefeller de New York en 1921.
Il devint Chef de Travaux à l'Université de Bruxelles lorsque Jules Bordet* y était titulaire de la Chaire de Bactériologie. En 1932, il fut nommé Professeur de Bactériologie à la Faculté de Médecine de l'Université de Liège ; il a été également appelé à la direction de l'Institut provincial de Bactériologie créé par Ernest Malvoz.
Après la Seconde Guerre mondiale au cours de laquelle il entra dans la résistance et participa à la libération de la Belgique, il a assumé la direction du Centre de Recherches sur la pénicilline et les antibiotiques, créé par le Ministère de la Santé publique.
On doit à André Gratia : l'isolement du premier bactériophage staphylococcique, la démonstration de l'identité du phénomène de Twort* (1915) avec la lyse bactériophagique de d'Hérelle* (1917), la numération des bactériophages, la genèse des bactériophages, l'étude des ultravirus des plantes, la découverte, en 1923, du phénomène de l'isophagie staphylococcique, l'activité antibactérienne diffusible de *Penicillium glaucum* sur *Bacillus anthracis* en 1924, la mise en évidence (dès 1924, en collaboration avec Sara Dath), de l'action antibactérienne = « pouvoir bactériolytique » de certains actinomycètes du groupe des « *Streptothrix* » de l'époque (en réalité des *Streptomyces*), des recherches sur l'allergie et l'immunité locale, des études sur la formation des anticorps et sur la préparation des vaccins, une contribution à la découverte des colicines…
Esprit vif et remarquablement polyvalent, doué d'une grande dextérité que ses techniciens lui enviaient, André Gratia était également un enseignant possédant de grandes qualités pédagogiques. Il est mort subitement le 6 octobre 1950 à l'âge de 57 ans.

## GRÉGOIRE de Tours [Saint] (538-594)

Prélat, évêque, théologien et historien franc, né à Clermont-Ferrand en 538. Il fut nommé évêque de Tours en 573.
Proposant l'Évangile, il développa la liturgie dans son diocèse. Il a relaté l'atteinte de la Gaule par la peste (*Yersinia pestis*), importée par un vaisseau espagnol à Marseille.
Grégoire de Tours a également fait la description, vers 580, d'une maladie épidémique caractérisée par l'éruption sur la peau de vésicules et de pustules de consistance dure, associée à des vomissements, de la fièvre, de la diarrhée et des douleurs diffuses, qui se répandit en France et en Europe au VI^e^ siècle ; de l'avis de nombreux spécialistes, cette maladie serait la variole. Il en avait été atteint lui-même à l'âge de 24 ans alors qu'il n'était encore que diacre. Il communiqua la maladie à son clerc, Armentaire, qui le soignait sous les directives de son médecin Apollinaire.
En revanche, il semble que ce soit Marius, évêque d'Avenche, en Helvétie, qui soit le premier à avoir évoqué la « variole » 10 ans plus tôt ; dans sa « Chronique », en décrivant une épidémie sévissant en 570 dans l'ancienne Gaule et l'Italie. Néanmoins, son texte trop imprécis, peut donner lieu à plusieurs interprétations.

Grégoire de Tours était conseiller de Gildebert II. Il a laissé deux ouvrages importants : « Sept Livres des Miracles » et « Histoire des Francs » qui constituent les sources essentielles de la Gaule et celles de l'histoire de l'Église.

## GSCHEIDLEN Richard (1842-1889)

Physiologiste allemand, né à Augsburg (Augsbourg, sur le Lech en Bavière).
En 1869, il fut, à Breslau, l'assistant du célèbre médecin physiologiste et anatomo-pathologiste allemand Rudolf Heidenhein. Plus tard il occupa le poste de directeur du Comité de santé de la ville de Breslau.
Gscheidlen était un farouche opposant à la théorie de la génération spontanée et publia de nombreux articles sur le sujet. Avec Moritz Traube*, il édita des travaux sur le processus de la putréfaction.

## GUÉRIN Camille (1872-1961)*

Vétérinaire français né à Poitiers le 22 décembre 1872. Après des études vétérinaires à l'école d'Alfort, où il eut notamment Edmond Nocard* comme professeur, il entra comme préparateur à l'Institut Pasteur de Lille en 1897, dont le directeur était Albert Calmette*. En 1901, il y devint chef de laboratoire et en 1919 chef de service. Après des mises au point du vaccin antivariolique, il collabora, à partir de 1900, avec Calmette à l'étude de la tuberculose et à l'élaboration du vaccin antituberculeux BCG (bacille de Calmette et Guérin). Ce vaccin est produit à partir du bacille bovin atténué par 230 repiquages successifs sur pomme de terre biliée et glycérinée, sur une période de 12 années. Cette souche a perdu définitivement sa capacité à engendrer la maladie, mais garde sa faculté d'immunisation. Ce vaccin a vu le jour en 1921. Il a été d'abord testé chez un nourrisson par voie buccale par les docteurs Weill-Hallé et Turpin.
Le bacille tuberculeux formant des colonies très adhérentes et agglomérées, Calmette et Guérin résolurent le problème de la préparation de suspensions microbiennes homogènes en vue de la préparation vaccinale, en mettant au point un milieu de culture contenant de la bile de bœuf.
Camille Guérin est mort le 18 juin 1961 à l'hôpital Pasteur de Paris.
* *A ne pas confondre avec Jules-René GUÉRIN* opposant farouche aux thèses pastoriennes, ni avec Alphonse GUÉRIN (1816-1895), chirurgien à l'hôpital Saint-Louis qui utilisa le premier en France l'acide phénique dans la désinfection des plaies et en fit une démonstration devant Pasteur.*

## GUÉRIN Jules-René (1801-1886)*

Chirurgien français d'origine belge, chef de service à l'hôpital Saint-Louis (Paris), grand spécialiste de la chirurgie orthopédique. Il fut le fondateur en 1834 de l'établissement orthopédique de La Muette.
Bien que non microbiologiste, Jules-René Guérin se montra un farouche opposant à Pasteur* et afficha constamment une attitude sarcastique et hostile à son égard. Lors d'une communication de Pasteur à l'Académie de Médecine concernant le vaccin pré-

conisé pour la lutte contre le choléra des poules (*Pasteurella multocida*), une très vive empoignade verbale eut lieu entre les deux hommes, au cours de laquelle Guérin (qui avait alors 80 ans) provoqua Pasteur en duel.

Les lapins en Australie : étude sur le Choléra des poules. Dans « The Nature » du 24.03.1888 © Institut Pasteur

Afin d'éviter ce genre d'incident, Pasteur présenta, par la suite, ses communications à l'Académie des Sciences.
Guérin est le fondateur de la « Gazette médicale ».
* *À ne pas confondre avec Camille GUÉRIN* (1872-1961), vétérinaire et microbiologiste français ayant mis au point avec Albert CALMETTE* un vaccin antituberculeux (BCG), ni avec Alphonse GUÉRIN (1816-1895), chirurgien à l'hôpital Saint-Louis qui utilisa le premier en France l'acide phénique dans la désinfection des plaies et en fit une démonstration devant Pasteur.*
*À ne pas confondre non plus avec Pierre GUÉRIN (1740-1827), urologue français.*

# H

## HAFFKINE Waldemar Mordochaï Wolff (1860-1930)

Waldemar Mordochaï Wolff Haffkine est né le 16 mars 1860 à Odessa en Russie, dans une pauvre famille juive. À cette époque, la ville, qui était relativement importante, comprenait une population composée de marchands, de marins et d'étudiants. Population également très cosmopolite comprenant des Russes, des Ukrainiens, des Juifs, des Grecs, des Roumains et d'autres nationalités. L'enfance de Waldemar fut triste et solitaire. Il perdit sa mère alors qu'il n'était encore qu'un enfant. Son père, un maître d'école, était en fait très peu à la maison. En effet, il était souvent en déplacement comme agent du Baron Joseph Günzberg, qui avait créé une société pour l'assimilation des Juifs. C'est pour cette raison qu'il ne reçut pas d'éducation juive traditionnelle dans une école hébraïque.

Au début des années 1870, la famille déménagea à Berdiansk, une ville située sur la mer d'Azov, où le jeune Haffkine commença à prendre conscience de son appartenance à la communauté juive, en particulier grâce à ses contacts avec Ben-Ami, un médecin qui émigra plus tard en Palestine. En 1879, il intégra l'Université Novorossisk d'Odessa et eut comme professeur de zoologie, Elie Metchnikoff*. Du fait de la tolérance des différents gouverneurs, un grand nombre de Juifs s'étaient établis dans la ville d'Odessa, où ils représentaient environ le quart de la population. Lors de son accession au pouvoir en 1861, le tsar Alexandre II avait introduit de nombreuses réformes, libéralisant le régime de façon importante. Il fut alors considéré comme un véritable libérateur. Mais en 1877-1878, la Russie entra en guerre contre la Turquie, et bien que victorieuse, elle ne bénéficia pas de cet avantage lors de la conférence de paix qui s'ensuivit. En effet, à la table des négociations, c'était une personnalité d'origine juive, lord Beaconsfield (né Benjamin Disraeli), qui représentait l'Angleterre. La conférence s'étant mal passée, Alexandre en tira une certaine amertume contre les Juifs et il exerça ensuite une politique plus restrictive à leur égard. En mars 1881, le tsar fut assassiné par des « nihilistes », groupuscules déçus par les réformes d'Alexandre II. Ils appartenaient à l'intelligentsia russe et prêchaient la révolution paysanne. Bien que les Juifs n'y fussent pour rien, ils furent réprimés de façon importante : un des premiers pogroms eut lieu à Elisabethgrad, le 27 avril 1881. La situation se dégrada rapidement. Un pogrom programmé à Odessa pour le 15 mai 1881, fut découvert et bien qu'il ait été prévenu, le gouverneur de la ville ne fit rien pour éviter le carnage. Haffkine devint alors membre de la Ligue d'autodéfense que Ben-

Ami venait de fonder. Alors qu'il protégeait une maison, il fut blessé à la tête et arrêté. L'intervention d'Elie Metchnikoff l'empêcha de connaître la prison. Finalement, il reçut son diplôme en zoologie en 1883 et occupa un poste au musée de zoologie d'Odessa jusqu'en 1888. Du fait de ses origines juives, et donc non baptisé, il lui était impossible de postuler à un poste de Professeur, ce qui le décidera à quitter cette terre hostile en 1888, imitant en cela son maître et ami, Elie Metchnikoff*, qui avait trouvé un emploi à l'Institut Pasteur de Paris. Il travailla alors pendant une année comme assistant au département de physiologie de l'Université de Genève, puis rejoignit son ami à Paris. Il trouva à l'Institut Pasteur un petit emploi à la librairie, mais profita de son temps libre pour travailler dans le département de Metchnikoff. Il publia un premier travail avec lui sur les infections chez les paramécies. En 1891, il entreprit ses travaux sur la vaccination contre le choléra de la même façon que Pasteur l'avait fait contre la rage, et le 18 juillet 1892, il s'auto-inocula une souche atténuée de *Vibrio cholerae* qui lui occasionna de la fièvre et une réaction locale sévère. Quelques jours plus tard, il injecta cette même souche à trois de ses amis. Malgré une réponse immunitaire apparemment peu satisfaisante, Haffkine en conclut que son vaccin était efficace contre le choléra. Ces travaux impressionnèrent Pasteur puisqu'il recommanda Haffkine lorsque le frère du roi du Siam vint à Paris pour se faire vacciner contre le choléra. Un peu plus tard, Haffkine proposa même au tsar de tester son vaccin dans sa patrie d'origine, où le choléra faisait rage, mais cela lui fut refusé.

La rencontre d'Haffkine avec l'ambassadeur de Grande-Bretagne à Paris, lord Dufferin, qui avait été vice-roi des Indes fut déterminante pour la suite de sa carrière, car celui-ci le recommanda à lord Lansdowne qui était le vice-roi du moment. En mars 1893, Haffkine débarqua à Calcutta où, un mois plus tard, il commença une série de vaccinations contre le choléra sur plus de 40 000 personnes et pour une durée de 29 mois. Les résultats furent prometteurs, puisque, selon le colonel Simpson, la mortalité diminua de 72 % par rapport aux sujets non vaccinés. En août 1895, le paludisme qu'il avait contracté lors de ses déplacements en Inde l'obligea à se reposer chez son ami le colonel Simpson, puis à rentrer en Europe à l'automne. Cependant, dès mars 1896, il revint aux Indes où il vaccina plus de 30 000 personnes. C'est à cette occasion que le gouvernement indien l'invita à se rendre à Bombay pour y étudier l'épidémie de peste bubonique. Il abandonna son travail sur le choléra, arriva à Bombay le 7 octobre 1896 et s'établit dans un petit laboratoire au Grant Medical College dans lequel il travaillait 14 heures par jour. À partir d'une culture du bacille récemment découvert par Yersin*, il prépara son vaccin en laissant se développer le bacille sous la forme de stalactites, par étalement d'une couche d'huile de noix de coco, à la surface du bouillon contenu dans le flacon. Après 6 semaines de croissance, les bactéries furent détruites par chauffage à 70°C. En janvier

1897, le nouveau vaccin (la fameuse « lymphe haffkinienne ») fut essayé sur des rats. À l'origine, le phénol était ajouté à la préparation pour des raisons de sécurité, et ce afin d'empêcher la croissance de bactéries contaminantes dans le vaccin. Dans un deuxième temps, afin d'éviter les effets secondaires, le phénol fut supprimé. Le 10 janvier 1897, Haffkine s'injecta le vaccin, puis développa une réaction sévère mais sans conséquences fâcheuses. Très rapidement d'autres personnalités furent vaccinées puis, le 30 janvier, ce furent 134 volontaires et « locataires » d'une prison de Bombay où la peste avait éclaté, qui se virent injecter le produit. Les résultats furent jugés suffisamment encourageants pour que, dans les 5 mois qui suivirent, plus de 11 000 habitants de Bombay furent à leur tour vaccinés.

*Poupée en costume de médecin de la peste du XVIIIe siècle © Institut Pasteur*

Devant la très grande demande, le « Plague Research Laboratory », dont Haffkine devint plus tard le directeur, fut créé le 10 août 1899 à Parel. Au même moment éclata à Damon, une enclave portugaise, une sévère épidémie de peste. Sur les 4 200 personnes vaccinées, seules 46 moururent, alors que parmi les 4 000 non vaccinées, la peste fut fatale pour 1 482 d'entre elles. Les conclusions en furent que la vaccination ne prévient pas la peste, mais diminue l'incidence de l'infection et fait chuter la mortalité de 85 à 90 %. À la suite de cette démonstration, Haffkine fut décoré par la reine Victoria. Un drame un peu comparable à celui qui surviendra, une trentaine d'années plus tard, à Lübeck, avec le BCG, vint assombrir le travail de Haffkine (voir Albert Calmette*). En effet, en 1902, lors d'une campagne de vaccination au village de Malkowal dans le Penjab, 19 personnes sur les 107 vaccinés décédèrent de tétanos à la suite d'une stérilisation insuffisante du vaccin. Haffkine fut accusé, car il avait supprimé le phénol. En fait, le médecin anglais qui avait pratiqué la vaccination à Malkowal avait laissé tomber le bouchon du flacon contenant le vaccin sur le sol, lors de la vaccination, et l'avait replacé. La culpabilité de Haffkine ayant été « prouvée » lors d'une enquête, il fut démis de son poste de directeur et dut quitter Bombay le 30 avril 1904, en attendant la décision de la commission d'enquête. Finalement en 1907, le gouvernement reconnut son erreur et l'invita à revenir travailler en Inde. En 1925, justice lui fut définitivement rendue puisque le laboratoire de la peste devint l'institut Haffkine.

Finalement, il se retira en France, à Boulogne-sur-Seine, où il s'enferma dans la solitude, abandonnant toute activité scientifique, et où il s'intéressa à l'interprétation de la Bible. Il connut alors des périodes de dépression et se reconvertit à la religion de son peuple de façon intense, en suivant les principes de Moïse. Il s'établit en avril 1928 à Lausanne où il mourut le 26 octobre 1930, seul et oublié. Comme Alexandre Yersin, Haffkine était un être assez solitaire. Il ne s'est jamais marié. Comme le découvreur de la peste, il semble qu'il ait été très populaire auprès des personnes l'ayant côtoyé. Ainsi en Inde, on disait de lui que « Chaque jour, on sentait sa présence comme quelqu'un d'immortel capable de procurer une source permanente d'inspiration ».

## HAMEAU Jean (1779-1851)

Médecin de campagne, né à La Teste (Gironde) le 5 octobre 1779 et considéré parfois comme un des précurseurs de Louis Pasteur*.

Il apprit chez un médecin de sa région (le Dr. Desquives de Ychoux ; Landes) les éléments d'anatomie, de physiologie et de médecine générale. À 18 ans, il commença ses études médicales à Paris où il suivit les cours et les leçons cliniques du célèbre Corvisart (1755-1821), médecin personnel de Bonaparte et Professeur à l'Hôtel de la Charité. Après 4 années d'études à Paris (de 1798 à 1801) et 2 années au Collège Saint-Come à Bordeaux, il partit à Montpellier où il soutint sa thèse, obtenant en mai 1807 son diplôme de Docteur en Médecine. Il s'installa ensuite comme médecin de campagne à La Teste.

Ses observations, déductions et méditations l'avaient conduit à affirmer que « les maladies sont produites par des agents animés » (parmi lesquels il distinguait les « visibles » et les « invisibles »).

Il démontra en 1810 que la morve (dont l'agent étiologique - *Pseudomonas* (*Malleomyces*) *mallei* - fut isolé pour la première fois en 1882, presque 80 ans plus tard, par Friedrich Loeffler*) était transmissible du cheval à l'homme.

En 1811 et 1812, il proposa des posologies efficaces de quinquina dans le traitement des fièvres intermittentes. Il découvrit la pellagre (= carence en vitamine PP), maladie qu'il avait étudiée avec un soin tout particulier et dont il décrivit la symptomatologie.

Il a été l'auteur d'une œuvre étonnante, considérée comme « un des monuments des plus curieux de la médecine française du XIX$^{e}$ siècle » et intitulée « Les Réflexions sur le Virus ». Bien qu'envoyée à trois reprises à la Société de Médecine de Bordeaux, elle fut purement et simplement classée « sans suite » dans les archives et tomba chaque fois dans l'oubli.

Bien que plus théorique que pratique, l'œuvre de Jean Hameau avait cependant le mérite d'annoncer l'existence de micro-organismes pathogènes et leur rôle dans la pathogénie des maladies infectieuses (dont Pasteur démontra et établit la réalité des faits en 1869).

Jean Hameau n'eut pas droit aux honneurs, cependant mérités, et resta dans l'obscurité et l'oubli ; en apportant à la science des vérités nouvelles, en opposition à « ce qui avait déjà été établi», il subit le sort réservé aux novateurs. Lors d'une opération pour un ongle incarné, Hameau mourut le 1er septembre 1851 d'une septicémie foudroyante.

## HANSEN Gerhard Henrik Armauer (1841-1912)

Armauer Hansen est né à Bergen (Norvège) le 29 juillet 1841 (en Scandinavie, lorsqu'il y a plusieurs prénoms, c'est le dernier qui est d'application dans la vie courante). Son père, Claus Hansen (1800-1885), descendant d'une famille danoise, était d'abord homme d'affaires, puis en 1841, lorsque des difficultés se firent ressentir, il se fit engager comme caissier dans une banque et exerça également, à temps partiel, le métier d'instituteur. Sa mère, Elisabeth Concordia Schram (1812-1883) s'est constamment occupée de ses très nombreux enfants. Armauer était effectivement le huitième de cette famille de 15 enfants dont 10 garçons et 5 filles. Armauer reçut sa première éducation à l'École de la Cathédrale de Bergen. En 1859, il s'inscrivit à la Faculté de Médecine de l'Université de Christiana (Oslo).

Comme il préparait toujours ses examens avec une conscience méticuleuse, il les passa sans aucune anxiété, obtenant les meilleures notes. Très intéressé également par les sciences naturelles, il eut une propension particulière pour la botanique et devint plus tard un défenseur acharné de la théorie de Darwin dont il découvrit le célèbre « On the Origin of Species » dans une librairie viennoise en 1871.

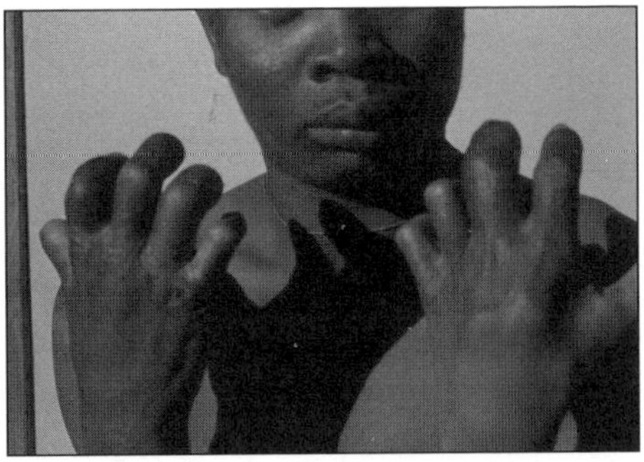

*Lépreux montrant ses mains en forme de griffes avec perte de substance © Institut Pasteur*

En revanche, il n'eut aucune affinité pour la philosophie qu'il jugeait hors de sa compréhension. Comme plusieurs de ses frères, Armauer Hansen était également très sportif et pratiqua la gymnastique, avec notamment Ernst Motzfeldt, futur juge de la Cour suprême de Norvège et Marius Sophus Lie, futur grand mathématicien. Afin de subvenir à ses besoins financiers, il enseigna les sciences naturelles dans une école de jeunes filles. N'étant pas à l'aise «chez les filles», il changea d'école pour enseigner chez les garçons. À 22 ans, il donna, comme assistant, des cours d'anatomie, discipline qu'il maîtrisait à la perfection, à des étudiants de son âge et de son année. En 1866, il passa les derniers examens universitaires avec les honneurs et commença sa carrière médicale en 1867 comme interne au Rikshospitalet (équivalent à un hôpital national) de Christiana (Oslo). Retournant ensuite dans sa région de Bergen, il s'engagea peu de temps après comme médecin des marins pêcheurs de morues à Henningsvaer dans les îles Lofoten (au-delà du Cercle polaire arctique) ; ce fut son premier poste comme praticien pour une population de 6 000 pêcheurs, patients d'ailleurs peu faciles. Il n'y resta pas longtemps et en

1868, il vint à l'hôpital Lungegaard comme assistant de Daniel Cornelius Danielssen. Hansen reçut des propositions pour travailler comme pathologiste à Bonn, mais comme l'Allemagne était en conflit avec la France (guerre franco-allemande de 1870-1871), il préféra rejoindre la Croix-Rouge. Étant « étranger », il ne recevait pas d'ordres. Le lendemain d'une bataille à Saarbriick, il fut horrifié par le spectacle des cadavres de chevaux horriblement mutilés. Il fut aussi très marqué par les doigts des soldats qui avaient été amputés par les pillards afin de récupérer leurs bagues. Il rallia alors la Suisse et rejoignit l'Autriche où il séjourna quelque temps à Vienne. Retournant ensuite à Bergen, en 1871 où, fasciné par la lèpre, après avoir connu en un premier temps une véritable répulsion pour la maladie, il consacra le reste de sa vie à l'étude de ce fléau. Il tomba amoureux d'une des trois filles de son patron, Stéphanie «Fanny» Danielssen, et les deux jeunes gens se marièrent le 7 janvier 1873. Elle avait 27 ans et lui 32. Une grande infortune mit rapidement fin à leur bonheur puisque la même année, le 25 octobre 1873, Fanny mourut d'une tuberculose pulmonaire. Le 27 août 1875, Armauer Hansen épousa en secondes noces une veuve, Johanne «Hanne» Margrethe Tideman (née Gran), qui avait deux enfants de son premier mariage. Elle lui donna la joie de la paternité d'un fils, nommé Daniel Cornelius (1876-1950) afin de rendre hommage à son premier beau-père et Chef de Service, Daniel Cornelius Danielssen. Ce fils fit également des études de médecine et fut un spécialiste des affections tuberculeuses. Contrairement à toute sa famille luthérienne, Armauer Hansen, quotidiennement confronté au spectacle affligeant des mutilations horribles que peut entraîner la lèpre, était devenu athée. Il estimait effectivement que « s'il (Dieu) ne peut venir au secours d'une âme et d'un corps en détresse, il (Dieu) doit être un bien mauvais dieu ou, tout simplement, il n'existe pas ». En fait, ne trouvant aucune évidence convaincante de l'existence de Dieu, il adhéra plutôt à cette dernière hypothèse. Sa rupture avec l'église ne semble pas avoir posé de sérieux problèmes à sa famille pratiquante. Travailleur acharné et infatigable, il se levait tous les jours à 5 h 30 et travaillait jusqu'à 20 h. Participant à de nombreuses manifestations scientifiques, Armauer Hansen se rendit, à ses frais, aux États-Unis en 1888 (le gouvernement norvégien n'ayant pas voulu prendre en charge son déplacement) pour étudier l'étiologie (bactérienne ou héréditaire ?) de 200 Norvégiens lépreux émigrés. Revenant d'Amérique, l'étiologie bactérienne de la lèpre était devenue pour lui une évidence, sans pour autant pouvoir convaincre son patron Danielssen. Armauer Hansen fut un homme respecté et honoré. Président d'honneur de nombreux congrès internationaux, représentant son pays à de multiples occasions à l'étranger, sa présence fut souvent sollicitée à de grandes occasions. Parmi ses amis, il en comptait quelques célèbres comme Fridtjof Nansen (1861-1930), explorateur norvégien de l'Arctique, grand humaniste et Prix Nobel de la Paix en 1922, ainsi qu'Edvard Grieg (1843-1907), célèbre compositeur norvégien, originaire lui aussi de Bergen. Bien qu'ayant des ennuis de santé dont particulièrement une artériosclérose qui lui posa d'assez sérieux problèmes les dernières années de sa vie, Armauer Hansen se déplaça encore régulièrement malgré ce handicap. C'est au cours d'un de ses déplacements, à Floro, le 11 février 1912, et alors qu'il était invité chez un ami, qu'il fut trouvé mort dans son lit le matin du 12 février 1912, après avoir passé une agréable soirée. Les obsèques eurent lieu le 17 février 1912 à Bergen dans le grand hall du Musée de la ville dont Hansen avait été membre du conseil d'administration, puis président. Après le discours funèbre, prononcé par le professeur Bjirn Helland-Hansen, océanographe bien connu, une cantate fut exécutée dont la mélodie avait été composée par son ancien ami, Edward Grieg. Après la cérémonie, le corps d'Armauer Hansen prit la route du crématorium de Bergen pour l'incinération, comme il l'avait toujours souhaité. Par arrêté royal du 12 juillet 1912, ses cendres sont conservées dans une urne spécialement réalisée à l'époque par l'orfèvre Thorvald Olsen, encore visible actuellement au Musée de Bergen.

*La découverte du bacille de la lèpre*

Le 1er janvier 1868, Armauer Hansen fut engagé, alors qu'il avait 27 ans, comme praticien pour assurer les soins des lépreux du « Pleiestiftelsen for Spedalske Nr 1 » (Dispensaire de soins pour lépreux n° 1) créé une dizaine d'années auparavant à Bergen. Le 1er août de la même année, il fut également affecté à temps partiel à l'hôpital Lungegaarden. C'est là qu'il rencontra Daniel Cornelius Danielssen, son chef de service et futur beau-père qui avait à ce moment 53 ans et était au sommet de la gloire. Son livre « Om Spedalskhedl » lui ayant apporté la consécration non seulement en Norvège, mais dans toute l'Europe. Après que Danielssen eut fait visiter à son nouvel assistant les locaux, les chambres des malades, le laboratoire et autres pièces, Hansen lui fit connaître, sans ménagement le jour de l'entrevue, sa propre conception de la maladie : « J'ai cependant la conviction », disait-il à Danielssen, « que votre idée concernant la lèpre est complètement erronée. Vous croyez que la maladie est héréditaire alors qu'elle est sans conteste infectieuse. La vérité, je vous dis, c'est qu'elle est infectieuse et nullement héréditaire ». Danielssen, furieux et offusqué au plus haut point, montra du doigt la porte de sortie à son tout nouvel et impertinent assistant. Le lendemain cependant, l'incident était déjà clos et lorsque Hansen arriva le matin à son lieu de travail où Danielssen l'attendait, celui-ci lui fit savoir qu'il avait longuement réfléchi à ce qui s'était passé le jour précédent et que, bien évidemment, Hansen était totalement dans l'erreur, mais qu'il comprenait que l'on pouvait avoir sa propre idée et qu'il voulait bien l'aider par tous les moyens pour qu'il puisse prouver le contraire de ce qu'il estimait être la réalité. Les relations entre les deux hommes furent ensuite assez cordiales. Le premier travail scientifique d'Armauer Hansen fut consacré à l'anatomie normale et pathologique des ganglions lymphatiques. Déposé à l'Université de Christiana (Oslo) en 1869, l'ouvrage fut récompensé par l'attribution de la Médaille d'Or de l'Université et officiellement publié en 1871. Dans ce travail, une partie des investigations d'Hansen avait été consacrée à l'étude anatomo-pathologique des lépromes. Dans ces nodules, il observa quelques corpuscules granuleux jaunâtres (déjà observés par Danielssen qui les appela « corpuscules brunâtres ») qu'il mit également en évidence dans d'autres organes (notamment la rate) chez les lépreux décédés après généralisation de la maladie. Considérés aussi bien par Danielssen que par Hansen comme spécifiques de la lèpre, Virchow les interpréta pour sa part comme étant des cellules dégénérées. Écrasé par la grande personnalité de Virchow, Danielssen changea d'avis pour adopter le point de vue du maître allemand, mais pas Hansen.

Au cours des deux années suivantes, Hansen publia deux autres travaux sur le même sujet. Dans le premier, il mit l'accent sur les symptômes révélateurs cutanéo-muqueux et la formation des nodules. Dans le second, il est question des corrélations entre la forme tuberculoïde et la forme lépromateuse. Il attirait l'attention sur le fait que toutes les formes de lèpre débutent par une affection dermatologique. Ses observations lui donnèrent à ce moment précis la certitude que la lèpre était une maladie spécifique et qu'elle était d'origine infectieuse. Les trois années d'études et d'observations avec les trois publications d'un haut niveau scientifique, faisant ressortir une logique rigoureuse et une argumentation implacable, peuvent être considérées comme constituant un ensemble précurseur de la découverte du bacille lépreux. Après son passage à Bonn en 1870 afin de recueillir l'avis du professeur Max Schultze, un des plus grands microscopistes du moment, il retourna a Bergen, déçu, parce que ses préparations microscopiques n'avaient pas intéressé le « grand maître ». En 1871, Armauer Hansen reçut une bourse de la Société Médicale Norvégienne pour étudier les causes de la lèpre. Il réalisa en un premier temps une étude épidémiologique et clinique sur le terrain et publia en 1872 un rapport, en norvégien, dans lequel il insistait sur la nature infectieuse et chronique de l'affection. Après des investigations au laboratoire, il publia un autre rapport en 1874 (mais déposé en 1872 ou 1873) intitulé : « Undersigelser angsende Spedalkshedens Ersager » (Recherches concernant l'étiologie de la lèpre) dans lequel il donnait la description, considérée comme classique, du bacille lépreux : « Petits bâtonnets ressemblant beaucoup à des bactéries ». Il y était question des précédentes conceptions (hérédité, congénitalité, maladie dyscrasique...), de ses investigations cliniques sur le terrain et ses recherches au laboratoire. Il exposait ses arguments tout en détruisant, point par point, les anciennes théories. Il donnait également d'importantes informations concernant la découverte de bacilles (sans les classiques colorations utilisées aujourd'hui) dans les lésions lépreuses et particulièrement dans les « corpuscules jaunâtres ». L'année précise de la découverte des « petits bâtonnets ressemblant à des bactéries » est en fait très imprécise et controversée. Pour certains auteurs, Hansen aurait découvert l'agent étiologique de la lèpre assez tôt (vers 1870-1871), mais pour ne pas entrer en conflit avec son chef de service, Danielssen, et pouvoir épouser Stéphanie, sa fille dont il était tombé amoureux, il aurait retardé la révélation de sa découverte. Le rapport rédigé par H.V. Carter, médecin militaire anglais, publié en 1874, vient corroborer cette hypothèse. Il y est notamment question de la rencontre entre lui et Hansen en septembre 1873 au cours de laquelle le microbiologiste norvégien lui aurait fait part de sa découverte et lui aurait montré ses préparations microscopiques avec le fameux « bacille ».

Pour d'autres au contraire, Hansen aurait découvert le bacille lépreux en 1873 parce qu'en 1871 et 1872, il étudiait encore minutieusement 69 dossiers de familles lépreuses ; pourquoi ces deux années d'investigations approfondies si sa découverte était déjà faite ? De plus, le manuscrit de sa description semblerait bien avoir été déposé pour publication en 1873. Même Armauer Hansen n'était plus certain de la date de sa découverte lorsque, quelques années après les événements, on lui posait la question. Il écrira plus tard (en 1910) : « En fait, je ne suis pas très certain moi-même quand j'ai vu pour la première fois le bacille de la lèpre ; c'était en 1870 ou en 1871, certainement pas en 1872 ou plus tard. J'avais envoyé mon rapport à Christiana (Oslo), mais celui-ci tarda à être publié et sortit en 1874 ». Quoi qu'il en soit, la découverte de Hansen fut mise en doute et sa validité combattue par Danielssen et Virchow. C'est seulement en 1897, lors du Premier Congrès International sur la Lèpre à Berlin, que la découverte d'Armauer Hansen fut reconnue et que le léprologue norvégien triompha. Le Congrès adopta effectivement les résolutions suivantes : 1 - la lèpre est une maladie infectieuse dont l'agent responsable est un bacille observé pour la première fois par le docteur G.H.A. Hansen en 1874 ; 2 - le bacille de la lèpre est présent, sans aucune exception, dans chaque cas de lèpre ; 3 - la propagation de la lèpre se fait d'homme à homme. Dans ses « Livserindringer og Betrangtninger » (Mémoires et Réflexions) publiés en 1910, Armauer Hansen dira de cette journée mémorable : « C'est la première fois dans ma vie que je me rendis compte que j'étais un personnage de quelque importance ».

## HATA Sahachiro (1873-1938)

Médecin bactériologiste japonais né à Tsuno. Après des études médicales à Kyoto, il se spécialisa dans les maladies infectieuses et épidémiques avec Shibasaburo Kitasato* à l'Institut des Maladies Infectieuses à Tokyo. Il s'est ensuite perfectionné en Allemagne, notamment en immunologie, avec August Wassermann* à l'Institut Koch de Berlin, puis de 1908 à 1910 il étudia la thérapeutique avec Paul Ehrlich* à l'Institut National de Thérapeutique Expérimentale de Francfort-sur-le-Main. Avec Ehrlich, il participa à la découverte et à l'évaluation thérapeutique expérimentale du Salvarsan, un composé actif sur la syphilis. À son retour au Japon, il rejoignit Kitasato à l'institut nouvellement créé (nommé plus tard Institut « Kitasato ») qu'il dirigea lui-même plus tard. Hata fut également enseignant à l'Université Keio. Il mourut à Tokyo en 1938 à l'âge de 65 ans.

## HESSE Walther (1846-1911)

De nationalité allemande, Walther Hesse était un élève de Robert Koch* à l'Office Impérial de Santé de Berlin. Il travaillait sur les micro-organismes de l'air. Ce fut aussi un des pionniers de l'analyse de l'eau potable, de l'eau des piscines et des eaux traitées. Son épouse, Angelina Fanny, lui servait d'assistante et l'on peut même dire d'elle qu'elle fut l'une des premières techniciennes de laboratoire, le métier n'existant pas jusqu'alors.

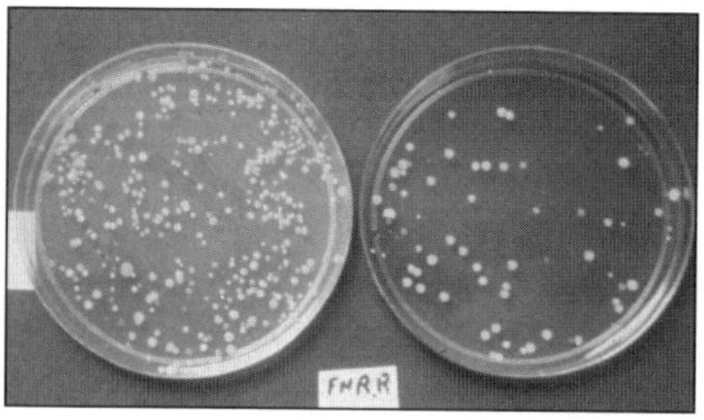

*Colonies bactériennes sur un milieu de culture gélosé à l'agar-agar © F. Renaud*

On utilisait à l'époque des milieux de culture solidifiés par de la gélatine. Ces derniers, se ramollissant au cours des étés chauds de Dresde (la gélatine se liquéfie à 25°C), ne permettaient pas à Walther Hesse de réaliser des recherches valables sur les germes pathogènes de l'homme se développant préférentiellement à 37°C. En fait, c'est en observant les gelées et les gâteaux que lui préparait son épouse, qu'il lui demanda ce qu'elle introduisait à l'intérieur afin qu'ils restent solides à des températures élevées. C'était de l'agar-agar, substance utilisée en tant qu'agent gélifiant dans les pays chauds et en particulier pour faire les fameux « nids d'oiseaux » constituant des soupes chinoises. Walther Hesse fabriqua des milieux de culture en utilisant ce nouveau gélifiant qui avait l'avantage, d'être stable aux hautes températures (il se solidifie à 43°C après avoir été fondu au bain marie bouillant), de ne pas être attaqué par les enzymes des bactéries et de pouvoir être conservé très longtemps après stérilisation. Ce milieu a permis de réaliser de très grands progrès dans l'étude du bacille tuberculeux entre autres. Ce produit apparaît pour la première fois dans une publication datant de 1882 mais, n'ayant jamais fait l'objet d'aucune protection commerciale, il n'a jamais rien rapporté à son découvreur ni à son épouse. Il n'empêche que la bactériologie doit beaucoup à Walther et Angelina Fanny Hesse !

## HEUBNER Otto (1843-1926)

Pédiatre allemand (Berlin) passionné par la pathologie infectieuse d'origine bactérienne.

Il décrivit en 1874 l'endocardite syphilitique (lésion portant sur l'endartère = paroi interne de l'artère formée de l'intima et de la partie adjacente de la media).

Il confirma en 1896 l'étiologie du méningocoque *(Neisseria meningitidis)* dans la méningite cérébrospinale, découvert en 1887 par Anton Weichselbaum*.

En 1912, Heubner décrivit encore une forme de leuco-encéphalite qui prit son nom : « Syndrome de Heubner ».

## HISS Philip Hanson, Jr. (1868-1913)

Bactériologiste américain, né à Baltimore. Il fit ses études médicales à la Johns Hopkins Medical School (Baltimore ; Maryland). Il fut nommé Professeur au College of Physicians and Surgeons à la Columbia University de New York.
Hiss réalisa d'importantes recherches dans le domaine de la bactériologie en rapport avec la dysenterie ; il apporta des modifications et améliorations aux techniques de laboratoire pour la mise en évidence des *Shigella* dans les matières fécales et à l'étude des caractéristiques de ces bactéries. Après la description, en 1898, de l'agent étiologique de la dysenterie bactérienne (*Shigella dysenteriae*) par Kiyoshi Shiga*, d'autres bacilles qualifiés de « paradysenteriques » furent ensuite décrits dont une « variété » a été isolée à Manille (Philippines) et caractérisée par Hiss.

## HOFFMANN Hermann Heinrich (1814-1891)*

Botaniste allemand, professeur à Giessen, il peut être considéré comme un précurseur des techniques de culture des bactéries. En effet, en 1865, il a été le premier à utiliser la pomme de terre comme substrat de culture des bactéries. Il avait à cet effet mis au point un dispositif qu'il avait baptisé « Dunstrohr » ou « tube vapeur » ; il s'agissait d'un tube bouché, rempli à moitié avec de l'eau qu'il faisait bouillir, avant d'introduire un morceau de pain ou de pomme de terre et de faire bouillir une deuxième fois. Le trop plein d'eau était ensuite éliminé et le milieu, après refroidissement et solidification était ensemencé. Il a été également un des premiers à réaliser des recherches dans l'observation des bactéries après coloration ; il mit au point des colorations utilisant le carmin et la fuchsine en solution aqueuse.

* *À ne pas confondre avec Frederic HOFFMANN (1660-1742), médecin allemand et fondateur de la théorie organiciste.*

* *À ne pas confondre avec Paul Erich HOFFMANN dermatologue allemand qui découvrit le spirochète de la syphilis.*

## HOFFMANN Paul Erich (1868-1959)*

Dermatologiste allemand, pratiquant à Bonn et à Berlin, qui découvrit en 1905 avec Fritz Richard SCHAUDINN* le spirochète de la syphilis (*Treponema pallidum*) à partir d'un prélèvement de chancre syphilitique humain.

* *À ne pas confondre avec Frederic HOFFMANN (1660-1742), médecin allemand et fondateur de la théorie organiciste.*

* *À ne pas confondre avec Hermann HOFFMANN* mycologue allemand considéré comme un des précurseurs des techniques de cultures bactériologiques.*

## HOFMANN Georg (1843-1890)

C'est le nom abrégé, tel qu'il est cité dans la littérature, de Georg von Hofmann-Wellenhof, bactériologiste autrichien.

Il découvrit en 1888, indépendamment d'autres bactériologistes européens qui étudiaient le bacille diphtérique et les formes apparentées, le bacille pseudodiphtérique qui, avant d'être appelé *Corynebacterium pseudodiphtheriticum* (appellation actuelle), portait, à juste titre, le nom de *Corynebacterium hofmannii* ou bacille d'Hofmann. Il isola cette bactérie non seulement dans les échantillons cliniques de malades diphtériques, mais également chez des sujets atteints de rougeole, de scarlatine et même dans les prélèvements de gorge de personnes saines.

Il avait également constaté qu'il existait des variants de virulence et que l'inoculation au cobaye de certaines souches entraînait la mort de l'animal alors que d'autres souches (identifiées par la suite comme étant des souches « non toxinogènes ») étaient totalement inoffensives. Il avait aussi remarqué que les cultures âgées du bacille diphtérique étaient moins virulentes que les cultures jeunes. Ces vieilles cultures n'entraînaient pas toujours la mort des cobayes inoculés lesquels, ensuite, résistaient à l'inoculation d'une culture fraîche, donc beaucoup plus virulente.

En étudiant la morve et son agent étiologique (*Pseudomonas mallei*), bactérie isolée et caractérisée pour la première fois par Friedrich Loeffler* en 1882, ce jeune et talentueux bactériologiste contracta la maladie et en mourut en 1890.

## HOLMES Oliver Wendell (1809-1894)

Holmes est né en 1809 à Cambridge dans le Massachusetts. Il fit ses études à Paris et à Harvard où il exerça, à partir de 1836, la médecine pendant 10 ans puis enseigna l'anatomie au Dartmouth College pendant 2 années. Il devint en 1847 Professeur d'Anatomie et de Physique à Harvard. Holmes est surtout connu comme poète et écrivain. Il est l'auteur de poèmes comme « The Chambered Nautilus » et « The Deacon's Masterpiece » qui furent très appréciés. Il mourut à Boston en 1894.

Le 13 février 1843, c'est-à-dire quelques années avant Semmelweis*, Oliver Wendell Holmes lut devant la société bostonienne pour la promotion de la médecine son article intitulé « On the contagiousness of Puerperal Fever » dans lequel il annonçait que les femmes qui étaient sur le point d'accoucher ne devaient jamais être aidées par les médecins qui avaient auparavant réalisé des autopsies sur des cadavres de femmes atteintes de fièvre puerpérale. Il annonça également que, pour éviter la contamination de malade à malade, le lavage des mains avec du chlorure de calcium et le fait de changer les vêtements après avoir examiné un cas de fièvre purpurique serait une mesure adéquate pour empêcher la diffusion de la maladie. Cet essai attira sur Holmes une violente opposition de la part des obstétriciens de Philadelphie, Hodge et Meigs et, en 1855, il revint à la charge avec sa monographie sur « Puerperal Fever as a Private Pestilence » dans laquelle il réitérait son opinion sur le lavage des mains à l'eau de chaux et sur le brossage des ongles avant manipulation des patients.

## HUGHES Louis Matthew (1867-1899)

Médecin militaire anglais qui « contrôla » et « vérifia » les travaux de David Bruce* sur la brucellose et confirma l'identité de l'agent étiologique (*Brucella melitensis*), découvert par Bruce en 1886. Il écrivit en 1897 une importante monographie sur la brucellose. C'est Hughes qui proposa le nom de « fièvre ondulante » (*febris undulans*) pour désigner la maladie.

## HUNTER John (1728-1793)

John Hunter, anatomiste écossais, chirurgien du Roi, Professeur de Chirurgie à Londres et fondateur du « Royal College of Surgeons » fut un étonnant personnage qui, lors de son professorat, eut entre autres élèves un certain Edward Jenner, découvreur de la vaccination et qui devint par la suite son ami.

Fils cadet d'une famille nombreuse comptant dix enfants, John Hunter est né le 14 février 1728 à Long Calderwood, dans la région campagnarde du Lanarkshire près de Glasgow en Écosse. Débutant dans la vie comme simple menuisier, il rejoignit, 7 ans après le décès de son père, à l'âge de 20 ans, son frère William, docteur en médecine et de 10 ans son aîné, qui était installé à Londres. Il y étudia la médecine avec son frère qui était devenu un des premiers anatomistes et le premier obstétricien du royaume, Professeur au Middlesex Hospital et dont il devint l'assistant et le préparateur de dissection dans son école d'anatomie. Il étudia la chirurgie avec l'illustre William Cheselden, puis, après la mort de celui-ci, avec le tout aussi célèbre Sir Percival Pott, au St Bartholomew's Hospital. Nommé chirurgien résident au St George's Hospital en 1756, il passa son temps libre à étudier l'anatomie humaine et animale, faisant appel aux cirques pour récupérer les dépouilles d'animaux morts provenant des quatre coins du monde. Pour une raison peu précise (peut-être pour échapper à la tutelle de son frère), il entra ensuite, en 1760, dans la marine et prit part, comme chirurgien, à la Guerre de Sept Ans (1756-1763). Il y fit la connaissance d'Anne Home, fille d'un confrère chirurgien, qui devint en 1771 Mme Hunter. Plus grande que son mari (Hunter ne mesurait que 1,58 m), Mme Hunter était musicienne et femme de lettres ; quelques-unes de ses poésies furent d'ailleurs mises en musique par Haydn.

*Dessin satirique du XVIIIe siècle intitulé : « Triomphe de la petite vérole - gare à la vaccine ». Attelage où deux inoculateurs montés sur un âne et une vache tirent une femme monstrueuse atteinte de la petite vérole. À droite, des enfants s'enfuient, effrayés © Institut Pasteur*

En 1768, il devint Professeur au St George's Hospital à Londres où il se fit remarquer par son habilité et ses aptitudes exceptionnelles de chirurgien talentueux mais aussi par la médiocrité de son enseignement et les carences de son élocution. Nerveux et très tendu avant chaque cours ou conférence, il avait l'habitude de se calmer en prenant une trentaine de gouttes de laudanum. Très intéressé par la stomatologie, il publia en 1771 un premier ouvrage intitulé « The natural history of human teeth » puis un second, en 1778, ayant pour titre « A practical treatise of the disease of the teeth». Réédités maintes fois, ces ouvrages furent également traduits dans de nombreuses langues. En 1784, il publia un troisième ouvrage consacré à ses observations anatomiques sur la phlébite et en 1786, ayant porté son centre d'intérêt sur les maladies vénériennes, il publia encore un quatrième travail auquel il donna le titre de « A treatise on the venereal diseases », après avoir vécu une histoire peu banale. Cet ouvrage eut une telle réputation à l'époque qu'une traduction française en fut réalisée par Aichelot en 1859 avec de nombreuses annotations de Philippe Ricord. Comme Paracelse, Hunter croyait en l'unicité des deux maladies vénériennes qui étaient assez répandues à l'époque. Pour le chirurgien écossais, la blennorragie et la syphilis étaient en effet des manifestations différentes d'une seule et même affection. Comme un doute subsistait et que personne jusque-là n'avait pu démontrer la dualité des deux maladies, il voulut à tout prix résoudre ce problème et apporter la solution à cette énigme par l'expérimentation. Ayant en 1767 l'occasion de voir à l'hôpital un malade atteint d'une « belle et classique » blennorragie, Hunter lui préleva, une petite quantité de sécrétions urétrales. S'isolant ensuite dans son bureau, il procéda à une auto-inoculation de ce pus. La façon de réaliser cette inoculation ne semble pas rencontrer l'unanimité des auteurs ; certains prétendent qu'il s'inocula ce pus à l'aide d'un bistouri en pratiquant une petite incision sur le gland du pénis et en y déposant le prélèvement pathologique. Pour d'autres, il se serait inoculé la substance pathologique par injection intra-urétrale... Quoi qu'il en soit, le pauvre Hunter n'avait vraiment pas de chance car malheureusement pour lui, le patient dont provenaient les sécrétions était également syphilitique, situation qu'il ignorait totalement. Quelle ne fut pas sa surprise de voir apparaître, après quelques jours, les symptômes de la blennorragie, suivis peu de temps après, de ceux de la syphilis ; le diagnostic qu'il fit de sa propre maladie était cependant formel, et il ne s'y trompa pas. Il en conclut que la blennorragie se développe à partir de l'atteinte syphilitique et inversement, et que les deux affections constituent une seule maladie. Il put suivre ensuite l'évolution de sa « double maladie » sur lui-même pendant plus de 25 ans au cours desquels il souffrit énormément. Atteint d'une aortite syphilitique, il mourut le 16 octobre 1793 au cours d'une crise d'insuffisance coronarienne, dans la salle du conseil au St George's Hospital, conséquence de son expérience et de son geste héroïque. Soutenant et appuyant la candidature de deux jeunes Écossais aux postes d'internes en chirurgie, et rencontrant une farouche opposition, Hunter s'était emporté et, dans un accès de colère, tomba sans vie dans les bras d'un collègue.

Les observations remarquablement précises qu'il nota au fur et à mesure de l'évolution au cours des 3 années qui suivirent l'auto-inoculation ont été publiées en 1786 dans son « Traité de la maladie vénérienne » ; il y donnait, pour la première fois, une étude approfondie d'un autre phénomène : celui de l'inflammation. Hunter avait juste eu le temps d'achever, la veille de sa mort, un ouvrage qui, à lui seul, donnait un aperçu des énormes connaissances du génial Écossais ; cet ouvrage s'intitulait « Traité sur le sang, l'inflammation et les plaies d'armes à feu ».

Dans son testament, Hunter souhaitait que sa fabuleuse collection, unique en son genre, fût vendue à l'État britannique, ce qui fut fait, bien des années plus tard. En effet, il avait, tout au long de sa vie, constitué non seulement une collection de pièces anatomiques de plus de 14 000 pièces, (son frère William possédait également un ensemble de pièces tout aussi important), mais aussi une collection de sciences naturelles d'une incroyable richesse. Il avait réuni des squelettes, des animaux naturalisés ou conservés dans l'alcool ou le formol, des fossiles, des insectes naturalisés, des plantes, des pièces minéralogiques, et d'autres curiosités. Il y avait en tout, 13 682 échantillons présentés de manière ordonnée, rationnelle et scientifique. On pouvait y admirer notamment le squelette du géant irlandais Charles Byrne, mieux connu sous le nom d'O'Brien et qui mesurait 2,31 m. Il avait obtenu son cadavre par une voie détournée et peu orthodoxe, et pour une somme très élevée, l'obligeant même à faire des emprunts. Il a créé un musée avec ses propres deniers (Musée Hunter), situé à Leicester Square, à côté de sa maison et en face de la demeure où avait habité Isaac Newton. Ce musée lui coûta une fortune ; toutes ses économies et ses honoraires furent invariablement investis dans l'acquisition de nouvelles « pièces ». Lors de la dernière Guerre mondiale, 1940-1945, une bombe tomba sur cet étonnant musée en détruisant une grande partie de cette fabuleuse collection dont on peut encore aujourd'hui, voir une partie (notamment un coq chez lequel Hunter avait implanté une dent humaine au milieu de la crête), au Royal College of Surgeons, Lincoln's Inn Field, à Londres.

Les ouvrages scientifiques volumineux qu'il publia, ses consultations, ses interventions chirurgicales, ses cours à l'Université, ses fonctions de chirurgien général de l'armée et d'inspecteur général des hôpitaux militaires, et la gestion de son musée lui demandèrent un investissement de temps considérable ; aussi travaillait-il 18 à 19 heures par jour.

Plus de 200 ans après la mort de John Hunter, la mémoire du grand chirurgien écossais est toujours honorée en Angleterre où il est aussi célèbre et glorifié que Thomas Sydenham ou William Harvey. Tous les ans, le 14 février (jour de son anniversaire), une célébrité du Royal College of Surgeons prononce un éloge d'Hunter (Oraison huntérienne) après lequel un banquet est organisé en son souvenir.

Les auteurs qui ont écrit, avec un attachement certain pour le personnage, la biographie d'Hunter sont nombreux : Drewry Ottley (1835), Stephen Paget (1897), Everard Home (son beau-frère)... et, parmi les plus récents, William Qvist et Sherwin Nuland. On y apprend notamment, qu'il a été le premier à démontrer le principe de la circulation collatérale et aussi le premier à réaliser, en 1776 (!), une insémination artificielle chez l'homme. Il est à l'origine du traitement chirurgical de l'anévrisme. C'est lui qui a pratiqué les premières transplantations et la régénération des tissus. Avant lui, la stomatologie n'existait pas. Même dans d'autres domaines comme la zoologie ou la géologie, Hunter excella ; considéré comme le créateur de la stratigraphie, c'est lui qui a décrit dans un ouvrage intitulé « Observations and reflexions in geology » la méthode utilisant les fossiles pour dater les couches géologiques.

Les investigations et analyses de la montagne d'écritures et de documents que John Hunter a laissée en héritage sont loin d'être terminées ; des surprises peuvent encore être attendues et des « richesses » y sont certainement cachées.

# K

## KAHN Reuben Leon (1887-1979)

Le docteur Kahn est surtout connu dans le monde pour le diagnostic de la syphilis et le test qui porte son nom. Il écrivit en 1950 un petit livre intitulé « Une introduction à la réaction sérologique universelle dans la santé et la maladie ». Reuben Leon Kahn est né à Swir une petite ville près de Kovno en Lituanie le 26 juillet 1887. Il était le quatrième des 6 enfants de Lazarus et Lotti (Wolpert) Kahn. Il arriva aux États-Unis à l'âge de 12 ans en 1899. À 8 ans, Reuben eut une attaque sérieuse qui lui occasionnait des toux de sang. C'est lorsqu'il fut guéri qu'il décida de devenir docteur. Lors de la Première Guerre mondiale, il fut lieutenant du camp sanitaire de l'armée américaine et capitaine en 1918. De 1920 à 1928 il exerça comme immunologiste au Michigan State Department of Health. Ce fut lors de cette période qu'il perfectionna le test appelé « test de Kahn » pour le diagnostic de la syphilis, décrit en 1923. Au début de l'automne 1919 juste après son retour de l'armée, Kahn accepta le poste à Lansing pour réorganiser le laboratoire de sérologie du Michigan Board of Health. À cette époque le test de Wassermann était largement utilisé pour le diagnostic de la syphilis. Cependant, ce test était très difficile à accomplir, prenait beaucoup de temps et était coûteux. Kahn débuta ses expériences afin de clarifier le mécanisme de précipitation avec le sérum syphilitique et l'antigène lipidique. Il démontra que l'agitation du mélange sérum antigène activait la précipitation si le sérum venait d'une personne syphilitique. À environ 5 heures de l'après-midi le jour de Thanksgiving 1921, il se précipita à la maison pour annoncer à sa femme qu'il avait obtenu une précipitation spontanée en mélangeant du sérum fortement positif de malade syphilitique avec un antigène lipidique. Ceci permettait d'éliminer la période d'incubation de 48 heures qui était nécessaire avec les autres tests. Lors de cette période d'activité fébrile, Kahn utilisa la lumière électrique de façon si intense dans son laboratoire qu'il reçut de l'administration une réprimande. En octobre 1923, il démontra l'utilité de son test à l'American Public Health Association à Boston. Kahn et son assistant furent capables de réaliser 40 tests en environ 15 minutes. En 1925, les études furent publiées dans un livre intitulé « Diagnostic sérologique de la syphilis par précipitation ». À côté de cette activité dans le domaine du diagnostic de la syphilis, Reuben Kahn accomplit des recherches importantes dans l'immunité tissulaire et dans des études relatives au cancer provoqué par les irradiations. Il eut également un rôle très important d'intégration de la communauté noire au sein du laboratoire de l'université du Michigan ce qui lui fut largement reproché.

## KAUFFMANN Fritz Alexander (1899-1978)

Fritz Kauffmann est né le 15 janvier 1899 à Stargard en Prusse occidentale. Il était le fils d'un industriel et il eut, selon ses termes, une enfance heureuse « Ich hatte eine glückliche und freie Jugend » au cours de laquelle il suivit un enseignement classique. Il devint soldat sur le front ouest et commença ses études de médecine à l'Université de Greifswald en 1919. Comme un signe du destin pour celui qui révolutionna la classification des salmonelles, ce fut dans cette ville que fut isolée en 1899 l'espèce *Salmonella* Typhimurium qui est la plus fréquente des salmonelles. Il réussit son doctorat à Hambourg en mai 1922 sur le sujet « Un cas de paralysie paroxystique ». Il exerça plusieurs mois à la clinique universitaire de Berlin et, à partir du 1er janvier 1923, à l'Institut Robert Koch des Maladies Infectieuses où il obtint une bourse de la fondation Rockefeller. Il exerça peu de temps comme médecin pratiquant et se retrouva assez rapidement à l'Institut de Physique et Chimie de l'Université de Leipzig.

Au cours de l'été 1932, Fritz Kauffmann fut victime d'une très grave attaque de tuberculose pulmonaire. Il se rendit alors dans un sanatorium en Suisse et c'est lors de ce séjour au printemps 1933, qu'il fut démis de son poste de fonctionnaire. Accueilli alors par le directeur Th. Madsen, il devint assistant au Statens Seruminstitut de Copenhague. En 1938, il était à la tête du département des Pneumocoques et du tout nouveau Groupe International des *Salmonella*. Il prit la nationalité danoise en 1939. Recherché par la Gestapo, il fut obligé de fuir brusquement sa nouvelle patrie pour la Suède en 1943 où il exerça dans les universités de Lund et d'Uppsala. Lors de l'été 1945, il obtint une bourse de la fondation Rockefeller qui lui permit d'exercer une année à l'Université Columbia. Il retourna à Copenhague en 1946 où il termina sa carrière à la tête du département de recherche sur les bactéries appartenant aux espèces *Salmonella* et *Escherichia*. En 1948, il fut nommé Professeur à l'Institut Robert Koch. Il quitta le monde le 27 septembre 1978.

Parmi les nombreuses réalisations de Fritz Kauffmann, il y eut, dès 1929, la classification des *Salmonella* basée sur leur composition antigénique, qui est connue sous le nom de schéma de Kauffmann-White.

## KIRCHER Athanasius (1601-1680)

Il est né à Geisa près de Fulda en Allemagne le 2 mai 1601. Il entra dans la compagnie de Jésus en 1618 et travailla à Würzburg puis à Rome. Il inventa la « tarentelle » comme moyen thérapeutique afin de soigner par la danse les malades qui étaient agités après avoir étés mordus par une tarentule. Il fut à la fois mathématicien, physicien, opticien, orientaliste, musicien et virtuose ainsi que médecin et a été certainement le premier à utiliser le microscope pour mettre en évidence la cause des infections. Dans son « *Scrutinium pestis* » (Rome 1658), il détailla 7 expériences sur la nature de la putréfaction en montrant comment des asticots et d'autres créatures vivantes se développaient dans la matière en décomposition. Il trouva également dans le sang de malades atteints de la peste une quantité phénoménale de « vers » non visibles à l'œil nu mais qui pouvaient être observés dans toutes les matières en putréfaction à l'aide du microscope. Même si les « vers » de Kircher selon Friedrich Loeffler* n'étaient probablement que des amas de pus ou des empilements de globules rouges et qu'il était peu probable qu'il ait pu observer le bacille de la peste avec un microscope ayant un pouvoir de grossissement de 32, il reste cependant possible que Kircher ait observé les premiers micro-organismes responsables d'infection. Cette description des premiers « *scrutinum physico medicum* » date de 1671. Il est également indiscutable qu'il fut le premier à expliciter la doctrine « *contagium animatum* » comme cause des maladies infectieuses. Il mourut à Rome le 28 novembre 1680.

## KITASATO Shibasaburo (1856-1931)

Shibasaburo Kitasato est né dans un village de montagne, au sud du Japon en 1856. Comme il était brillant, il fut envoyé par ses parents dans les écoles de médecine de Kumamoto puis de Tokyo. Ayant reçu son diplôme en 1883, il commença à travailler au Bureau Central d'Hygiène où il débuta en étudiant et en contrôlant les épidémies de typhoïde, de choléra et de diverses affections du bétail qui frappaient le pays. En 1885, le gouvernement japonais envoya Kitasato dans le laboratoire de Robert Koch* en Allemagne où il fut chargé d'étudier le problème du tétanos. Au cours de ces expériences, il découvrit que *Clostridium tetani* ne se développait que dans des conditions strictement anaérobies. Lorsqu'il eut réussi à isoler la bactérie en culture pure, il fut capable de montrer qu'elle reproduisait la maladie chez les animaux de laboratoire. Cependant, il fut très intrigué de constater que, même si les animaux mouraient de maladie généralisée, il n'était pas possible de retrouver la bactérie ailleurs que dans les sites dans lesquels elle avait été injectée. Il multiplia les expériences en inoculant les bactéries au niveau de la queue des souris et en récupérant les tissus injectés à intervalles réguliers après l'injection. Il a pu montrer que les organismes qui étaient demeurés sur le site de l'inoculation n'étaient jamais retrouvés dans le reste du corps. Kitasato en conclut que quelque chose d'autre que la bactérie elle-même était responsable de la maladie.

*Robert Koch et Shibasaburo Kitasato, vers 1930 © Institut Pasteur*

À peu près à la même époque, un autre scientifique, Emil Von Behring* cherchait à démontrer que *Corynebacte-*

*rium diphtheriae* était responsable de la diphtérie. Avec Kitasato, ils furent capables de démontrer que les deux maladies, diphtérie et tétanos étaient causées par des toxines produites par la bactérie. Le concept qu'une toxine bactérienne pouvait provoquer une maladie en l'absence d'invasion bactérienne constitua une avancée considérable dans la compréhension et le contrôle de certaines maladies infectieuses.
En 1890, Kitasato publia ces études et bien qu'il fût tenté de rester en Allemagne, il retourna au Japon en 1892. En 1894, il fut dépêché à Hong-Kong pour rechercher la bactérie responsable de la peste qui frappait le pays. Bien que Yersin* fût le « vrai » découvreur du bacille, du fait de sa notoriété, beaucoup de scientifiques comme Richard Pfeiffer* attribueront cette paternité à Kitasato, jusqu'aux années 1930. En fait, la réponse a été donnée par Kitasato lui-même en 1925 lorsque, présidant un congrès en Extrême-Orient, il reconnut devant 400 participants que c'était bien Yersin qui avait découvert le fameux bacille. Plus tard, son propre fils reconnut également « qu'on ne pouvait pas accorder la découverte du bacille à Kitasato, ce qu'il regrettait », en tant que Japonais.
À la fin du XIXe siècle, le gouvernement japonais n'était pas préparé à développer la recherche fondamentale si bien que Kitasato établit son propre Institut pour les Maladies Infectieuses où il forma de nombreux scientifiques japonais comme Shiga*. En 1908, Koch lui rendit une visite restée célèbre au Japon. Durant les dernières années de sa vie, Kitasato prit une part très active en élaborant des lois permettant de réguler les pratiques médicales au Japon. Il mourut en 1931 à l'âge de 75 ans et, en son honneur un mausolée fut érigé à côté de celui de Robert Koch.

## KITT Theodor (1858-1941)

Vétérinaire allemand, né à Munich le 2 novembre 1858.
Après avoir obtenu son diplôme de vétérinaire en 1879, il devint l'assistant d'Otto von Bollinger* qui, quittant Zurich, avait été nommé Professeur d'Anatomie Pathologique à Munich en 1880. Plus tard, il s'installa à Stuttgart lorsqu'il y fut nommé Professeur à l'École Vétérinaire, poste qu'il occupa pendant 27 ans. En 1896, il fut nommé Professeur à l'Université de Munich mais dut quitter l'enseignement supérieur en 1907 à la suite d'importants troubles de la vue. Il s'installa alors sur les bords du Rhin où il mourut en octobre 1941 à l'âge de 82 ans.
Le travail scientifique de Theodor Kitt fut principalement consacré à la bactériologie et à la microscopie ; au laboratoire, il était considéré comme un excellent technicien. Auteur prolifique, il publia un certain nombre de livres et de manuels de qualité sur la pathologie animale, la bactériologie et la thérapie. En bactériologie, il étudia le charbon symptomatique (*Bacillus anthracis*), la peste porcine, et le choléra des poules.

## KLEBS Theodor Albrecht Edwin (1834-1913)

Edwin Klebs est né à Königsberg le 6 février 1834 où il étudia la médecine avec Rathke, Helmholtz, et bien d'autres. En 1855, il se rendit à Würzburg, ville dans laquelle enseignaient Kölliker et Virchow. L'année suivante, à Berlin, il présenta une dissertation en latin sur les différents types de tuberculose affectant les intestins. Après avoir exercé pendant une brève période à Königsberg, Klebs devint assistant à l'Institut de Physiologie sous la direction de Wittich. En 1861 il devint assistant de Virchow à Berlin où il publia une étude sur l'utilisation de la paraffine ainsi que des descriptions de milieux solides pour les cultures bactériennes. Au début de l'année 1866, il devint Professeur de Pathologie à Berne et prit, par la suite, la succession des chaires de pathologie à Würzburg (1872), Prague (1873) et Zurich (1882). C'est à Berne qu'il réalisa des travaux sur la maladie du charbon et sur les blessures par armes à feu. Durant ces années, il prépara un manuel d'anatomie pathologique qui sera suivi par un traité de pathologie générale. Klebs s'investit dans la réalisation de deux périodiques scientifiques, les « Archiv fur Experimentelle Pathologie und Pharmakologie » en 1873 et « Die Prager Medicinische Wochenschrift » en 1876. Lors de la guerre franco-prussienne, de 1870-1871, il poursuivit, à l'hôpital militaire de Karlsruhe, ses études de pathologie et de surinfections sur les blessures de guerre.

En 1883, à Zurich, il décrivit l'isolement de la bactérie spécifique de la fausse membrane des patients présentant un croup laryngé, *Corynebacterium diphtheriae*. L'année suivante, Loeffler* reproduisit sur cette bactérie les postulats de Koch pour la diphtérie. Ensuite, une année avant la description officielle du bacille typhique par Eberth*, il réalisa des études similaires sur cette bactérie en se basant sur une série de 22 cas *post-mortem* étudiés à Zurich en 1879.

La troisième observation fondamentale de Klebs fut la mise en évidence, dans une lésion syphilitique, d'un organisme spirillaire dont l'inoculation à des singes permit de reproduire la syphilis expérimentale, et ce, 30 années avant la découverte de *Spirochaeta pallida* (*Treponema pallidum*) par Schaudinn*.

Parmi les autres réalisations de Klebs, on note la mise en œuvre d'une endocardite expérimentale et la publication d'une monographie sur le gigantisme, en 1884, deux ans avant la communication de Pierre Marie sur l'acromégalie et le corps pituitaire.

Lors de ses premières observations à Berne, il nota que la tuberculose était très fréquente chez les voyageurs qui consommaient de grandes quantités de lait ou de produits dérivés du lait pour se nourrir. Cette observation le conduisit à suspecter, bien avant Robert Koch, que le lait pouvait être un vecteur de tuberculose.

Alors qu'il approchait de la retraite, il se rendit aux États-Unis où il prit la charge d'un sanatorium à Asheville (NC). En 1896, il exerça la fonction de Professeur d'Anatomie Pathologique au Rush Medical College de Chicago. En 1900, il retourna en Allemagne, tout d'abord dans un laboratoire privé à Hanovre, et finalement dans un petit laboratoire de l'Institut Pathologique de Berlin. Il se retira quelques années à Lausanne avant de décéder à Berne. On a dit de lui que, avec Pasteur, il fut peut-être le plus grand précurseur de la théorie bactérienne de l'infection. Il a observé le bacille typhique avant Eberth (1881), le bacille diphtérique avant Loeffler (1883), fabriqué des milieux solides, investigué la pathologie des infections traumatiques avant Koch et expérimenté la maladie du charbon (1871) et d'autres maladies avec des filtrats de cultures bactériennes bien avant les autres.

## KOCH Robert (1843–1910)

Le célèbre microbiologiste allemand est né le 11 décembre 1843 à Klausthal-Zellerfeld dans les montagnes du Harz, qui appartenaient alors au royaume de Hanovre. Son père était fonctionnaire supérieur des mines. Ses parents, bien que disposés à faciliter les études de leur progéniture, avaient des moyens limités pour leurs 11 enfants, Robert étant le troisième. Dès son plus jeune âge, il montra un intérêt certain pour l'étude de la nature et se constitua une collection importante de scarabées, plantes, chenilles, papillons et minéraux. Il s'occupait également des animaux de la ferme, et fit l'acquisition, pour son propre compte, de lapins et de cobayes. À la même époque, il pratiquait le piano, la cithare et même la photographie qui commençait juste à se développer. Il devint également un très bon joueur d'échecs.

*Portrait de Robert Koch, vers 1900*
*© Institut Pasteur*

À l'âge de 15 ans, il tomba amoureux fou de sa cousine, Agathe Goedicke, et il poursuivit avec elle une correspondance soutenue mais sans succès puisque Agathe deviendra plus tard Frau Kolle. Peu après, Robert partit étudier sa médecine dans la célèbre Université de Göttingen. Bien que la bactériologie ne fût pas enseignée à cette époque, il dira lui-même quelle reconnaissance il devait à ses maîtres Henle, Hasse et Meissner, tous des références dans leurs disciplines respectives. Il fut le lauréat du prix organisé par l'université et gagna 30 ducats pour son étude sur « Les cellules ganglionnaires dans les nerfs de l'utérus ». Il utilisa cet argent pour se rendre au congrès de la Société Allemande des Naturalistes et des Médecins. En collaboration avec Meissner, il servit lui-même de cobaye en absorbant de 20 à 30 grammes de malate de potassium pour l'étude de la formation d'acide succinique dans le corps humain. Cette étude fut le sujet de sa thèse de médecine. Il obtint le diplôme *maxima cum laude* en 1866. À cette époque, Metchnikoff* travaillait à Göttingen sous la direction de Henle, sur les agents microscopiques responsables d'infections, et il notera plus tard que, curieusement, Robert Koch ne semblait pas montrer beaucoup d'intérêt pour ces études sur les bactéries.

En 1868, il quitta l'université et se rendit à Berlin pour compléter sa formation médicale. Il essaya sans succès de travailler sous la direction du « grand » Rudolf Virchow (1821-1902), le « père de la pathologie cellulaire ». Finalement, avec l'aide de l'un de ses oncles, il obtint un poste d'assistant à l'hôpital de Hambourg où il eut l'occasion d'observer et d'étudier l'épidémie de choléra qui frappait alors la ville. Un de ses amis qui lui rendait visite dira : « Je le revois avec horreur, occupé à étudier des morceaux d'intestins de sujets atteints pendant que son repas, une simple bouillie, l'attendait sur la table voisine ». Il quitta ce poste d'assistant à cause du salaire insuffisant, pour prendre un poste assez éloigné de ses futures activités ; il devint en effet, à 22 ans, médecin du Centre d'enfants handicapés mentaux de Langenhagen. Robert Koch a toujours eu un goût très prononcé pour les voyages et se serait probablement expatrié s'il ne s'était marié, en juillet 1867, avec une amie d'enfance, Emmy Fraatz, la fille d'un fonctionnaire de Klausthal. De cette union naîtra, en 1868, sa fille Gertrud : elle adorait son père et, encore enfant, elle l'aida dans ses premières expériences sur la maladie du charbon. Son poste ayant été supprimé, Koch quitta Langenhagen en 1869 et devint médecin cantonal (Kreisphysicus) à Rakwitz, dans la province de Poznanie. C'est alors qu'éclata le conflit franco-prussien. Il s'engagea dans le service médical où il eut l'occasion d'observer de nombreux cas de typhoïde et de dysenterie. En 1872, à sa libération, il s'installa à Wollheim avec le titre d'officier de santé de district et une pension plus conséquente, bien qu'encore insuffisante. À l'occasion de son anniversaire, son épouse lui offrit un microscope. Il installa alors, à côté de la pièce où il consultait, un petit laboratoire avec un incubateur, un évier et une paillasse. Dans cette pièce figurait également une commode constamment remplie de tranches de tomates pour la culture des bactéries et des champignons, comme le préconisait Cohn*. Pour ses expériences, il utilisait des oiseaux qu'il capturait lui-même dans son jardin à l'aide d'un filet. Il fit l'acquisition de lapins et de cobayes, et même de poissons. Il alla même jusqu'à utiliser des singes, achetés sur ses propres deniers. Ses travaux ont touché une grande diversité de domaines car tout l'intéressait comme les fouilles préhistoriques, les ossements d'hommes primitifs, les vases ou les bronzes. À Wollheim, il commença en 1873, ses études sur cette « étrange algue », en réalité la bactérie responsable de la maladie du charbon qui faisait des ravages dans le bétail de la région. Finalement, avec des moyens limités, il réussit à transmettre le charbon d'une souris à une autre obtenant le même type de lésions, au moyen de 20 passages successifs. Après observation microscopique, il mit en évidence des spores et réalisa la première culture de la bactérie pathogène. Il écrivit à Ferdinand Cohn, le 22 avril 1876 qui le reçut le 30 avril à Breslau, pour lui faire répéter ses expériences. À la suite de cette démonstration, il rédigea un mémoire qui fut publié en 1876 dans la revue de botanique éditée par Cohn. Entre 1876 et 1880, bien que ne disposant toujours que de moyens limités, il établit les bases de la bactériologie médicale. En 1880, avec l'aide de ses amis Cohn et Cohnheim, Koch rejoignit le Service Impérial Sanitaire de Berlin (Reichsgesundheitsamt) où il fut bientôt rejoint par des collaborateurs et futurs disciples comme Georg Gaffky* et Friedrich Loeffler*. Devant les progrès constants réalisés par la bactériologie, un nouveau journal fut créé « Mitteilungen aus dem kaiserlichen Gesundheitsamt » avec, dans le premier fascicule paru en 1881, un article de Koch sur « l'étude des micro-organismes pathogènes », dont le sujet portait essentiellement sur la façon de préparer des cultures pures de bactéries obtenues en utilisant des tranches fines de pomme de terre bouillie. Il proposait des substances destinées à rendre les milieux transparents et solides par addition de gélatine. Cependant, ces milieux présentaient l'inconvénient de se liquéfier à 37°C. La solution vint de la contribution de Frau Hesse (voir Walther Hesse*), la femme de l'un de ses assistants, qui lui suggéra de remplacer la gélatine par de l'agar que sa mère utilisait elle-même pour faire ses confitures. La démonstration de cette méthode fut révélée à Londres en 1881 lors de l'International Medical Congress, dans le laboratoire de Joseph Lister* au King's College. C'est à cette occasion que Louis Pasteur* dit à Robert Koch : « C'est un grand progrès, Monsieur ». Malgré ces félicitations, les relations entre les deux grands savants ne seront jamais franchement cordiales, en grande partie du fait des tensions politiques existant entre leurs deux pays. C'est au retour de ce congrès que Koch entreprit ses études sur la tuberculose, et ce, dans le plus grand secret, puisque même son ami Ferdinand Cohn ne semblait pas en avoir été averti. Les premiers cobayes furent inoculés le 18 août 1881, avec des prélèvements de tissus obtenus chez un singe qui avait développé la maladie. En 6 mois seulement, Robert Koch résolut une énigme vieille de plusieurs millénaires : il démontra que la tuberculose était bien causée par une bactérie.

*La découverte du bacille de Koch*

Le 24 mars 1882, Robert Koch présenta ses résultats à la Société Physiologique de Berlin et non pas, comme cela eut été logique, devant la Société de Pathologie. En effet, Virchow, s'y était opposé à cause d'un vieux contentieux entre le « vieux » et le « jeune savant » alors âgé de 38 ans. La réunion commença à 7 heures du soir dans la bibliothèque du Professeur Du Bois-Reymond qui tenait la chaire. Selon les témoins, Koch semblait impressionné de parler devant un auditoire aussi prestigieux et il manqua d'assurance au début de son exposé. Il n'y eut, ni applaudissements, ni discussion à la suite de cette présentation mais, même si certains auditeurs n'en perçurent pas d'emblée l'importance capitale, la plupart des membres présents eurent l'impression d'avoir participé à un événement de portée historique, ce qui était vrai. L'article « Die Aetiologie der Tuberculose » correspondant à la présentation fut publié le 10 avril suivant dans le Berliner klinische Wochenschrift ; il y démontrait le rôle d'un bacille, appelé dès lors le bacille de Koch, en développant des méthodes de coloration et de culture appropriées. Pour avoir des chances de succès, il choisit des prélèvements qui avaient toutes les chances d'être contaminés, c'est-à-dire les tubercules d'animaux sacrifiés 3 à 4 semaines après l'inoculation. Les tubercules étaient broyés et étalés sur des lames de verre, séchés puis examinés au microscope. Des colorants alcalins comprenant du bleu de méthylène dilué dans une solution de potasse étaient utilisés car ils avaient la capacité d'intensifier les réactions de coloration. Quand les préparations étalées étaient traitées 24 heures avec cette solution, de fines formes bacillaires étaient observées pour la première fois dans les tubercules. Afin d'améliorer cette coloration, la technique de Karl Weigert, qui avait déjà été proposée pour la caractérisation du bacille du charbon, fut appliquée. Les préparations furent alors traitées avec du bleu de méthylène puis avec une solution concentrée de brun de Bismark. Sous le microscope, les bacilles apparaissaient bleus sur le fond brun de la préparation. Paul Ehrlich*, alors âgé de 28 ans, eut l'opportunité d'assister à la démonstration de Robert Koch et déclarera plus tard que « cette soirée était restée dans sa mémoire comme sa plus grande expérience scientifique ». À l'époque, Ehrlich tentait de mettre au point des techniques de coloration. Dès que Koch acheva son exposé, il demanda et obtint une culture de bacilles tuberculeux et, le soir même, retourna à son laboratoire de la Charité à Berlin pour essayer différents colorants. Dans le laboratoire de la Charité se trouvait un petit poêle dans lequel le feu s'était éteint. Ehrlich en profita pour placer des lames dessus afin de les sécher et retourna chez lui. Le lendemain matin, il fut ennuyé de constater que le poêle avait été rallumé mais, après examen des lames, il fut ravi de constater qu'en fait, la chaleur permettait une observation plus facile des bacilles. Paul Ehrlich mit ensuite en évidence cette fameuse « acidorésistance » caractéristique de la bactérie et proposa une méthode de coloration fondée sur la décoloration suivie d'une recoloration du germe utilisant des acides et des colorants d'aniline comme la fuchsine. En 1887, Ehrlich examina avec la méthode qu'il avait mise au point son propre crachat, et y trouva des bacilles tuberculeux. Surpris par cette révélation, il partit en Égypte et y revint 2 ans après, se considérant comme guéri.

Apportant quelques modifications sur le détail mais non sur le principe à la coloration d'Ehrlich, en 1882, Franz Ziehl*, neurologue à Lübeck, remplaça l'aniline par le phénol. En 1883, Friedrich Karl Adolf Neelsen* utilisait de l'acide sulfurique à la place de l'acide nitrique. Ensemble, ils proposèrent la méthode définitive de coloration qui porte leurs noms. La méthode par fluorescence dite à l'auramine sera proposée en 1937 par l'Allemand Paul K. Hagemann.

Robert Koch avait le sens de l'humour : alors qu'on lui demandait un jour, combien de temps il était nécessaire de chauffer la lame pour colorer les bacilles tuberculeux, il répondit : « Le temps qu'il faut pour dire : Robert Koch est un grand homme ».

Il présenta ensuite 19 cas de tuberculose miliaire chez l'homme. Il démontra que la bactérie était présente dans tous les cas mais qu'elle était plus fréquente lorsque les tubercules étaient plus petits et plus jeunes alors qu'il existait une nette diminution du nombre de bactéries lorsque les noyaux des cellules centrales étaient détruits et que le tubercule devenait caséeux. Ses expérimentations sur l'animal avaient nécessité 273 cobayes, 105 lapins, trois chiens, 13 chats, deux hamsters, dix poules, 12 pigeons, 28 souris blanches, 44 souris grises et 19 rats. Là également, le bacille fut retrouvé dans tous les tubercules de poumon ou de rate examinés.

Afin d'obtenir une culture pure de la bactérie, il reprit la même technique qu'il avait utilisée 6 ans auparavant pour caractériser la bactérie du charbon, c'est-à-dire en utilisant une culture sur gélose nutritive ou sur pomme de terre bouillie, mais sans succès.

Les essais suivants portèrent sur des milieux gélifiés contenant du sang d'animal, en particulier du sérum de bœuf ou de mouton coagulé à la chaleur. Pour stériliser son bouillon, il se servit d'une marmite qu'il avait mise au point en 1881 avec Georg Gaffky* et Friedrich Loeffler* et qui utilisait l'action stérilisante de la vapeur. Il fit coaguler le sérum dans un tube incliné de façon à obtenir la plus grande surface de culture possible. Une croissance bactérienne se révéla sous la forme d'une fine couche mate après 10 à 15 jours d'incubation dans l'étuve préconisée par d'Arsonval. Les milieux qui contenaient du sérum de mouton, de bœuf ou de veau permettaient les meilleures croissances. Bien que le chien fût apparemment résistant à la tuberculose, une croissance fut également observée sur un milieu au sérum de cet animal. En comparant la très faible croissance sous la forme d'une fine couche granulaire qu'il obtenait sur les bouillons après 4 à 5 semaines, il lui parut évident que lors des précédentes études de Klebs*, Schüller ou encore du vétérinaire français Toussaint*, qui avaient obtenu un trouble après 1 à 3 jours, ils n'avaient en fait, cultivé que des contaminants. De nombreux autres milieux furent décrits par la suite comme ceux de Dubos* ou de Youmans. En 1921, le Viennois Ernst Löwenstein* proposa un milieu qui, modifié par le Danois Jensen en 1932, constitua le milieu de référence encore largement utilisé de nos jours, le milieu de Löwenstein-Jensen.

L'un des points importants de la démonstration de Koch concernait la possibilité de transmettre l'infection. Pour cela, parmi d'autres expériences, une culture pure obtenue à partir de tubercules de poumons humains fut injectée à quatre cobayes en voie sous-cutanée. Après 14 jours, les glandes inguinales des animaux apparurent enflées et des ulcères se développèrent aux sites d'injection. Après autopsie, les quatre cobayes présentaient des signes évidents de tuberculose au niveau de la rate, du foie et des poumons. La conclusion de Koch fut la suivante : « Désormais, nous n'avons plus affaire, dans la lutte contre le terrible fléau de la tuberculose, à quelque chose de vague et d'indéterminé. Nous sommes en présence d'un parasite visible et tangible dont nous connaissons déjà en partie les conditions d'existence. Il en résulte qu'il faut s'attacher, avant tout, à tarir les sources d'où provient l'infection. Une de ces sources, et la principale certainement, est l'expectoration des phtisiques, qu'il faut s'appliquer à désinfecter et à rendre inoffensive ; ainsi on supprimera la plus grande partie du contage tuberculeux ».

À la suite de la découverte de Koch, les termes « phtisie » et « consomption » furent considérés comme périmés et abandonnés à partir de 1891. L'impact de la communication de Koch fut considérable dans le monde scientifique, comme en témoigne l'anecdote suivante. En 1883, (Sir) Robert Philip, alors jeune médecin à Edimbourg, souhaitait se spécialiser dans la phtisiologie. La réponse d'un éminent professeur de médecine fut la suivante : « N'en faites rien, la tuberculose est usée jusqu'à la corde, le sujet est épuisé ». Dans un article de 1882, on a reproché à Koch de ne pas avoir assez souligné les mérites de ses prédécesseurs, en particulier ceux du Français Villemin*, peut-être pour des raisons nationalistes et politiques, du Danois Salomonsen*, mais également de ses compatriotes tels Ehrlich*, Cohnheim, Baumgarten ou Tappeiner. Deux années plus tard, il publia un article plus complet intitulé « Die Aetiologie der Tuberculose », dans le second volume des « Mitteilungen aus dem kaiserlichen Gesundheitsamte » (Rapports du Bureau impérial de la Santé). Il y rendit hommage à tous ces auteurs, mais décrivit également ses fameux postulats permettant d'affirmer qu'un germe est responsable d'une maladie infectieuse : « Le germe doit être isolé des tissus malades dans chacun des cas de maladie ; il doit être cultivé en culture pure ; l'inoculation d'un animal sensible avec le germe doit reproduire la même maladie ; le germe doit être isolé à nouveau à partir d'animaux infectés et cultivé à nouveau en culture pure ».

*La tuberculine*

Le 4 août 1890, lors du Xe Congrès International de Médecine, il avait été convenu que Robert Koch annonçât une grande découverte. Il semble que lui-même était assez hésitant mais le ministre de la Culture, von Gossler, se faisait très pressant. Il fit alors la révélation qu'il avait découvert une substance capable d'empêcher la croissance du bacille tuberculeux en culture et chez l'animal. Cette substance, lorsqu'elle était injectée à des cobayes sains, les rendait résistants à la tuberculose et stoppait la maladie lorsqu'elle était administrée à des animaux qui présentaient un état avancé de maladie. Trois mois plus tard, à la fin de l'année 1890, il publia un article dans la revue Deutsche Medizinische Wochenschrift sur ce nouvel agent capable de guérir la tuberculose et baptisé « lymphe de Koch ». Il ne voulait pas donner la composition mais c'était en fait un extrait glycériné du bacille. Dans cet article, il écrivait notamment : « J'ai décrit une substance dont l'effet est de rendre des animaux de laboratoire résistants à l'inoculation du bacille tuberculeux, et dans le cas d'animaux déjà infectés, d'arrêter le processus tuberculeux ».

C'est la naissance du « phénomène de Koch ». Cette substance avait été en fait baptisée tuberculine dès 1884 par Pohl Pincus mais ce nom est tombé dans l'oubli jusqu'en 1891.

À la suite de cette publication, et bien que Koch restât prudent, des patients tuberculeux originaires de nombreux pays vinrent à Berlin pour s'y faire soigner. En effet, la nouvelle venant d'une personnalité aussi reconnue que Koch fit grand bruit, notamment après traduction complète de l'article original dans des revues comme le Lancet et le British Medical Journal. Les médecins injectèrent la nouvelle substance de façon inconsidérée, jusque dans des chambres d'hôtel. En une seule année, environ 2 000 cas démontrèrent l'inefficacité et surtout le danger du nouveau procédé. Il fut assez rapidement abandonné puisqu'il fit de nombreuses victimes, dont une des nièces de Lister. Cet échec provoqua une immense déception et ternit l'image du grand savant ; il sera alors insulté et même accusé de charlatanisme.

En 1907, Koch essaya de produire une nouvelle tuberculine. Là encore, les essais sur les patients se révélèrent décevants. En revanche, deux décennies plus tard, lorsque la vaccination BCG fut instituée, la tuberculine démontra un énorme potentiel comme outil diagnostique, permettant de distinguer les sujets infectés de ceux qui ne le sont pas.

*Les autres contributions de Koch*

La renommée de Robert Koch suscitera de nombreuses vocations et ses élèves seront de qualité. Ainsi, en 1884, Georg Gaffky* publia ses résultats sur la fièvre typhoïde et Friedrich Loeffler* ceux sur la diphtérie. En 1892, les agents de l'érysipèle, du tétanos, de la pneumonie lobaire aiguë furent à leur tour caractérisés par ses collaborateurs. En 1883, le choléra règnait à Alexandrie. Koch y fut envoyé en mission. En moins d'un mois, il découvrit le rôle du *Komma Bacillus*, l'agent du choléra. Parmi les autres élèves prestigieux qui rejoindront le maître figurent les noms d'Emile van Ermengem* en 1883, de Shibasaburo Kitasato* en 1885, de Richard Pfeiffer* en 1887 et d'Emil von Behring* en 1889.

En 1885, à l'apogée de sa carrière, il obtint la nouvelle chaire d'hygiène de l'Université de Berlin. Il consacra au début beaucoup de temps à la préparation de ses cours mais cette activité le lassa assez rapidement car seule la recherche semblait l'intéresser.

À la même période, la vie privée de Koch, qui ne vivait plus avec sa première épouse depuis de nombreuses années, subit des modifications importantes. Un jour, alors qu'il posait lui-même pour un portrait officiel chez un photographe, il aperçut la photographie d'une belle jeune fille, Hedwig Freiberg, une actrice qui jouait des rôles secondaires au « Lessingtheater » et il tomba follement amoureux d'elle. En 1891, après les querelles occasionnées par l'échec de la tuberculine, et pour fuir cette ambiance désagréable, il effectua un voyage seul en Égypte, d'où il envoya des lettres passionnées à Hedwig, comme il l'avait déjà fait pour Agathe lorsqu'il était adolescent. Il écrivait par exemple : « Aussi longtemps que vous m'aimerez, je ne pourrai être atteint par les vicissitudes de la vie. Ne m'abandonnez pas maintenant. Votre amour est ma seule étoile ». En 1892, il divorca d'Emmy et 2 mois après, il épousa Hedwig. L'événement fit scandale. Au Congrès des médecins allemands auquel Metchnikoff assistait, le mariage de Koch fit l'essentiel des discussions et son « roman sentimental » intéressait beaucoup plus les participants que les communications du congrès. Cette liaison se montra durable, bien que sans enfant, et Hedwig accompagnait régulièrement son mari dans ses voyages, en particulier en Afrique.

À la suite de pressantes sollicitations, il prit la direction du nouvel Institut des Maladies Infectieuses en 1891, le digne pendant de l'Institut Pasteur, qui deviendra à sa mort l'Institut Robert Koch. Dans l'équipe de départ figuraient les noms de Behring, Gaffky, Eberth, Loeffler, Welsch, Erhlich, Pfeiffer, Kitasato et Wassermann. Des découvertes importantes furent faites dans cet Institut, comme la mise au point par Behring et Kitasato d'antitoxines contre la diphtérie et le tétanos. La renommée qui accompagna cette découverte et dont bénéficia Behring eut le don d'excéder Koch. De nombreux chercheurs de l'Institut choisirent alors de travailler avec Behring qui créa son propre institut à l'intérieur même de l'Institut. Finalement, Behring, nommé Professeur d'Hygiène de l'Université de Halle, quitta l'Institut en 1894. En 1897, Koch publia un article sur de nouvelles tuberculines dans le même temps où Behring développait ses études sur l'immunité de la tuberculose. La rupture entre les deux grands savants fut alors consommée et une violente dispute s'ensuivit. Il semble bien que Behring ait gagné puisqu'il sera le lauréat du Prix Nobel en 1901, alors que Koch devra attendre 1905 pour recevoir le sien.

Son âme de colonial était toujours en éveil et, de 1896 à 1908, Koch réalisait de fréquents déplacements, soit en Afrique, soit en Asie ; à côté des voyages d'agrément, il étudia avec toujours beaucoup de succès, les pestes bovine et équine, les piroplasmoses, le paludisme et surtout la maladie du sommeil.

Il fut fait « Excellence » en 1905 et, la même année, auréolé du Prix Nobel. Mais se sentant fatigué, il se démit à 60 ans de toutes ses fonctions officielles et entreprit un tour du monde au cours duquel il fut accueilli de façon triomphale à New York et au Japon, pays dans lequel il retrouva l'un de ses disciples les plus fidèles, Shibasaburo Kitasato et où il fut reçu par le Mikado. Lors d'un voyage non scientifique à Paris, le couple Koch semblait très intéressé par les « cabarets » de Montmartre et les restaurants parisiens, au grand désespoir de Metchnikoff qui lui reprocha de ne pas assez tenir compte des règles d'hygiène. Il visita également les musées, dont le Louvre, où il révèla des connaissances approfondies de la peinture. En avril 1910, il fit une attaque cardiaque sévère. En mai, il rejoignit le sanatorium Frey-Dengler à Baden-Baden. Le voyage fut bien supporté, mais une semaine plus tard, le grand homme s'éteignit doucement le 27 de ce mois. Selon son désir, ses restes furent incinérés et ses cendres déposées dans un mausolée à l'Institut Koch de Berlin.

## KRUSE Walther (1864-1943)

Médecin hygiéniste allemand, né à Berlin. Élève de Rudolf Virchow, il fut ensuite l'assistant de Carl Flügge à Breslau (actuellement Wroclaw en Pologne) avant d'être nommé Professeur à l'Université de Bonn en 1898. À partir de 1909, il fut Professeur à l'Université de Königsberg, puis à Leipzig en 1913.

Il découvrit en 1890 les parasites malariens (*Plasmodium*) des oiseaux en même temps que les Italiens Batista Grassi et Raimondo Felleti.

En 1900, Walther Kruse retrouva le « bacille dysentérique de Shiga » (*Shigella dysenteriae*, découvert au Japon par Kiyoshi Shiga* en 1898) au cours d'une épidémie de dysenterie qui sévissait en Westphalie rhénane et particulièrement à Ruhrort. Le nom de Kruse est souvent associé à la découverte de la plus virulente des shigelles.

## KÜHNE Wilhelm (1837-1900)

Médecin et physiologiste allemand, Kühne se perfectionna en physiologie à Paris où il fut l'élève du célèbre Claude Bernard. Il travailla ensuite à Amsterdam, puis s'installa à Heidelberg.

Il mit au point une coloration appelée « Bleu phéniqué de Kühne » qui permit, en 1900, à Jules Bordet* et Octave Gengou* de mettre en évidence au microscope, et ceci pour la première fois, l'agent étiologique de la coqueluche (*Bordetella pertussis*) dans l'expectoration d'une petite fille de 5 mois.

En 1874, Kühne découvrit la trypsine, enzyme protéolytique hydrolysant les protéines alimentaires. Elle est sécrétée par le pancréas et rejetée avec le suc pancréatique dans l'intestin grêle par le canal de Wirsung.

En 1876, il créa le mot « enzyme » qui, peu à peu, allait remplacer le terme « diastase ».

# L

## LABARRAQUE Antoine (1777-1850)

Pharmacien et droguiste français, né à Oloron-Ste-Marie (Pyrénées atlantiques).

Il préconisa en 1825 l'utilisation du chlorure de sodium (sel de cuisine) et de la chaux, comme moyens de prévention de la putréfaction des cadavres de la morgue de Paris.

Auteur de travaux sur la dissolution du phosphore et sur les éluctaires, Labarraque découvrit les propriétés désodorisantes et surtout désinfectantes de l'eau de Javel (hypochlorite de sodium) ; aussi préconisa-t-il, afin de conserver les corps, d'envelopper les cadavres dans un linceul imbibé d'une solution d'hypochlorite de sodium (eau de Javel) et il reçut l'agrément du préfet de police de Paris.

Il démontra aussi l'utilité des chlorures pour la désinfection de l'air dans des lieux publiques (prisons, salles de dissection… mais aussi latrines, égouts…).

Il mit au point une liqueur qui porte son nom, obtenue par action du chlorure de calcium sur le carbonate de sodium, composé qui fut largement utilisé pendant les épidémies de choléra qui sévirent en Europe en 1822 et 1832.

Après avoir servi Napoléon Ier, Labarraque acquit un grand prestige, notamment en réalisant l'embaumement du corps du roi Louis XVIII (que personne n'avait pu approcher, étant donné l'état de décomposition avancé) par l'utilisation du pouvoir désinfectant et désodorisant de sa « liqueur ».

## LAENNEC Théophile René Hyacinthe (1781-1826)

Laennec est né à Quimper le 17 février 1781. Il perdit sa mère certainement de tuberculose alors qu'il n'avait que 5 ans. Son père, sénéchal des Réguaires à Quimper, qui s'était jusque-là surtout occupé de mondanités et de marivaudages, ne voulut pas changer ses habitudes si bien que le jeune Théophile et son frère furent d'abord envoyés chez leur oncle l'abbé Michel Laennec à Elliant puis enfin en 1788 chez un autre frère de leur père, un médecin nantais réputé, Guillaume Laennec. L'oncle Guillaume leur donna la vocation puisque Théophile commença son activité à l'Hôtel-Dieu de Nantes devenu dans cette période révolutionnaire, Temple de l'Humanité. L'établissement ne ressemblait pas franchement à un hôpital mais plutôt à une ferme ; on pouvait y voir une volaille nombreuse picorant autour d'un tas de fumier situé dans la cour centrale ! Il réussit le concours de chirurgien appointé des armées en juin 1799 et se rendit à Paris au printemps de 1801 où il s'installa place Saint-Michel. À l'époque, les consultations se donnaient habituellement par lettre, sans contact direct entre le malade et son médecin. En 1802, il rentra à l'École pratique où il devint le collaborateur de Bayle, déjà connu pour ses travaux sur le tubercule et la phtisie pulmonaire. Il rencontra à cette époque François Xavier Bichat (1771-1802) et Guillaume Dupuytren (1777-1835) auxquels il apportera sa collaboration à leur traité d'Anatomie pathologique. Il soutint sa thèse « Propositions sur la doctrine d'Hippocrate relativement à la médecine pratique » le 11 juin 1804. Dans les années qui suivirent, et malgré une constitution fragile, Laennec acquit une réputation telle qu'une clientèle de plus en plus nombreuse se pressait dans son cabinet.

À l'époque, la seule façon d'entendre les divers bruits du poumon consistait à appliquer directement son oreille contre la cage thoracique du patient. On raconte que Laennec, très pudique, et craignant les femmes, fut appelé en 1816 alors qu'il était médecin-chef à l'hôpital Necker, auprès d'une jeune femme qui présentait les symptômes de l'angine de poitrine mais aussi des signes d'embonpoint rendant l'examen d'auscultation difficile. Ayant une décision importante à prendre concernant cette malade, il décida d'aller prendre l'air dans les jardins du Louvre. Et c'est là, qu'en voyant quatre gamins jouer à l'aide d'une planche, l'un grattant celle-ci à l'aide d'une épingle et les trois autres écoutant à l'autre extrémité le bruit amplifié, qu'il fit la grande découverte de sa vie. Retournant vers sa patiente, il confectionna avec quelques feuilles de papier, un rouleau bien serré qu'il appliqua sur la poitrine de la jeune femme en écoutant à l'autre extrémité. Très rapidement, il utilisa cette nouvelle technique pour distinguer les différentes affections pulmonaires. Chez une femme atteinte de tuberculose, Laennec eut la surprise de constater que, lorsqu'elle parlait, le son semblait sortir de sa cage thoracique. Ce phénomène dû à la caverne tuberculeuse sera baptisé du nom de « pectoriloquée », c'est-à-dire « qui parle avec sa poitrine ». Afin de perfectionner sa technique, il se fabriqua un cylindre de bois creusé en son centre sur toute la longueur. Pour que cette invention considérable puisse dépasser les limites de son hôpital, Laennec décida de rédiger « Le traité de l'auscultation médiate » qui sera vendu en 1819 accompagné d'un stéthoscope. Il fut nommé Membre de l'Académie des Sciences et en 1822, Professeur au Collège de France. La Légion d'Honneur et le titre de médecin personnel de la Duchesse du Berry vinrent achever le cycle des honneurs. Très affaibli par la tuberculose dont il souffrait depuis de longues années, il se retira à Kerlouarnec au cœur de sa « chère » Bretagne en 1826 d'où il quitta le monde le dimanche 13 août.

Laennec qui était chétif, de petite taille (1,58 m) et de constitution fragile eut au cours de sa vie à lutter contre un colosse fort bien introduit dans les milieux parisiens et qui dominait la médecine de ce début du XIXe siècle, François Joseph Victor Broussais (1772-1838). Tout les opposait. L'un, Laennec, était très pieux alors que l'autre, suivant la mode du temps, était un ennemi déclaré des congrégations. Pour Broussais, fervent défenseur de la médecine physiologique, la cause de toutes les maladies avait pour origine l'inflammation de l'intestin. Il avait l'habitude pour soigner ses patients de les soumettre à des diètes sévères et à des saignées importantes et fréquentes et de leur appliquer d'innombrables sangsues. Il est amusant, lorsqu'on consulte aujourd'hui les ouvrages de Broussais, d'avoir l'impression qu'il ne connaissait pratiquement que des succès (cette façon de procéder est encore courante de nos jours où beaucoup de scientifiques ne présentent que les résultats qui vont dans le sens de leur démonstration !). La réalité semble avoir été tout autre. Malgré cela, il fut nommé en 1831 Professeur à la Faculté de Médecine de Paris dans la chaire de Pathologie et de Thérapeutique Générales. L'un des premiers incidents qui opposa Broussais et Laennec alors âgé de 20 ans eut lieu à l'hôpital de la Charité. Il arrivait simple étudiant de sa Bretagne natale et voulut suivre l'enseignement du grand maître Jean-Nicolas Corvisart (1755-1821). Au chevet d'un malade, Broussais diagnostiqua une pneumonie alors que le jeune Laennec soutenait qu'il s'agissait d'un empyème. Finalement, Corvisart qui était entré entre-temps confirma le diagnostic de Laennec en ramenant du pus à l'aide d'une ponction de la cavité pleurale. Par la suite, jamais Broussais ne lui pardonna cet incident. En effet, il ne l'appella plus que « le petit Laennec » ou « ce petit bout de professeur ». Même 7 ans après la mort de son opposant, Broussais dénonçait encore « le très regrettable Laennec, l'homme jadis tout-puissant, qui, sous le règne octénal du jésuitisme, autorisé de sa secte médico-jésuitique, joua un rôle si malfaisant ». Il fallut attendre la mort de Broussais, en novembre 1838, pour que la mémoire de Laennec soit réhabilitée. Lors de la séance solennelle du 1er décembre 1839, Pariset, le secrétaire perpétuel, dit : « Le jugement de la postérité est plus sûr, plus impartial, plus précieux que celui des contemporains ». Effectivement, de Broussais, il ne reste pas grand-chose sinon le nom d'un personnage pittoresque et éventuellement celui d'un hôpital, alors que, celui du traditionaliste Laennec, est encore largement célébré de nos jours non pas uniquement pour sa découverte du stéthoscope mais également pour son œuvre clinique et anatomique, puisqu'il fut réellement le créateur de la méthode anatomo-pathologique qui a fondé à partir de ce moment-là, la pathologie sur la lésion.

## LANCEFIELD Rebecca Craighill (1895-1981)

La carrière de Rebecca Lancefield s'étala sur plus de soixante années, pratiquement toutes passées à l'Institut Rockefeller pour la Recherche Médicale aujourd'hui l'Université Rockefeller à New York. La plus grande partie de ses recherches a concerné l'étude des maladies à streptocoques. La classification de Lancefield introduisit en 1933 une révolution dans l'étude de ces bactéries. Ainsi un simple test sérologique permit de distinguer les streptocoques associés aux infections humaines comme le groupe A et ceux plutôt retrouvés chez les animaux (groupes B et C). Le travail de Lancefield permit également d'établir les bases des études épidémiologiques des infections à streptocoques à travers le monde.

Rebecca Craighill Lancefield est née à Fort Wadsworth, Staten Island, New York le 5 janvier 1895. Son père, le colonel William E. Craighill, était d'origine écossaise ; sa mère née Mary Wortley Byram prétendait descendre de Lady Mary Wortley Montagu qui avait introduit la variolisation contre la maladie au cours du XVIIIe siècle. Après avoir été reçue au Liberal Arts de Wellesley College (Massachusetts) à l'automne 1912 et après la mort de son père, Rebecca passa une année à enseigner pour aider ses 5 sœurs. Après cette période, elle commença à étudier la bactériologie dans le Département d'Hans Zinsser à Columbia. Après le départ de ce dernier à Harvard, elle rejoignit finalement O.T Avery et A.R. Dochez à l'Institut Rockefeller en 1918.

Une année auparavant, Avery et Dochez avaient été contactés par le ministère de la Santé des États-Unis pour entreprendre une étude sur la haute incidence des infections broncho-pulmonaires à streptocoques qui compliquaient la rougeole dans les camps militaires du Texas. Ils revinrent à l'Institut avec 120 cultures de streptocoques. En 1919 après avoir publié leurs travaux sur les streptocoques, ils durent les interrompre et se consacrer entièrement à l'étude d'un autre pathogène, le pneumocoque.

Après la guerre, Rebecca obtint un Master à l'Université de Colombia à New York. Elle se maria avec Donald Lancefield, un étudiant du Thomas H Morgan Genetics Department. À l'époque (1922), la fièvre rhumatoïde était associée dans la communauté médicale avec les infections à streptocoques et la bactérie mise en cause était *Streptococcus viridans* (qui n'est en fait pas le responsable de la maladie). Pendant deux ans, Rebecca tenta en vain de faire réagir le sérum de patients avec ce streptocoque. Elle reçut son doctorat de l'Université de Columbia en 1925.

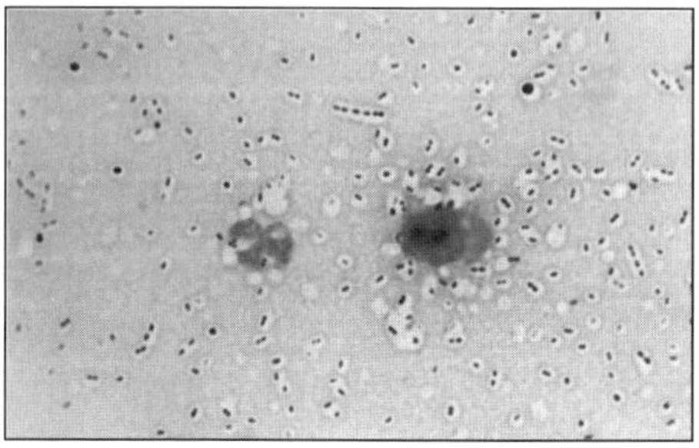

*Pneumocoque (Streptococcus pneumoniae) dans un liquide céphalorachidien. On distingue nettement la capsule qui protège la bactérie © F. Renaud*

Elle reprit l'étude des souches du Texas. En utilisant des thèses de protection de la souris à l'aide d'antisérum de lapin, Dochez, Avery, et Lancefield démontrèrent qu'au moins quatre types antigéniques étaient présents dans les camps militaires et que l'immunité qui suivait l'infection était probablement spécifique de type. Ces recherches publiées en 1933 furent à la base de la classification des streptocoques hémolytiques par détermination du polysaccharide C en groupes dits « de Lancefield ». Une vingtaine d'années plus tard Maclyn McCarty, un collègue de Rebecca, montra que ce polysaccharide C était un composant majeur de la paroi du streptocoque. Rebecca Lancefield passa ses dernières années à travailler sur le streptocoque du groupe B ou *Streptococcus agalactiae,* une bactérie particulièrement impliquée dans la méningite néonatale. Elle étudia ce groupe jusqu'à l'âge de 86 ans où une

fracture de la hanche l'empêcha de se rendre régulièrement au laboratoire. Elle quitta le monde à New York le 3 mars 1981.
Malgré ses nombreuses obligations, Rebecca trouva le temps d'assumer les fonctions de Présidente de la Society of American Bacteriologists mais aussi de l'American Association of Immunologists. Enfin, elle fut élue membre de la National Academy of Sciences en 1970. En 1977, la réunion sur les streptocoques organisée chaque année aux États-Unis prit le nom de Lancefield en reconnaissance de l'énorme travail accompli dans l'étude de ces bactéries.

## LECLAINCHE Emmanuel (1861-1953)

Vétérinaire français, né à Piney (Aube) le 29 août 1861. Après des études secondaires au Lycée de Troyes, il entra en 1878 à l'École vétérinaire de Maisons-Alfort et obtint son diplôme quatre ans plus tard.
En 1886, il était titulaire des cours de pathologie et de clinique médicale à Maisons-Alfort avant d'être nommé, en 1891, Professeur de Pathologie Infectieuse à l'École Vétérinaire de Toulouse.
Il réalisa des travaux sur l'érysipèle, le charbon, la morve, la tuberculose et la fièvre aphteuse et fut aidé dans ses investigations par Émile Roux*, et Edmond Nocard*.
Leclainche fut le fondateur, en 1924, de l'Office International des Épizooties qu'il dirigea pendant un quart de siècle. Plus tard, il fut nommé Chef des Services Vétérinaires au ministère de l'Agriculture où il montra ses réels talents d'administrateur.
Vif, mordant, autoritaire, ironique, controversiste et rustre, il n'était pas d'un abord facile. En 1917, il succéda à Jean Baptiste Auguste Chauveau* à la présidence de l'Académie des Sciences.
Emmanuel Leclainche est l'auteur d'un ouvrage intitulé « Histoire illustrée de la médecine vétérinaire » (présenté par Gaston Ramon* deux ans après la mort de Leclainche).

## LEVADITI Constantin (1874-1953)

Il naquit dans la ville de Galatzi en Roumanie le 17 juillet 1874. Son père était commissaire du port de la ville sur le Danube. Il devint orphelin à 8 ans et fut élevé par sa tante, lingère dans un hôpital de Bucarest. Il fréquenta d'abord le lycée Matei Basarab de cette ville puis s'inscrivit en 1892 à la faculté de médecine. Devenu interne en 1896, il travailla à l'hôpital Brâncovenesc où il fit la connaissance de Victor Babes*. À la suite de cette collaboration, il publia plusieurs ouvrages sur la bactériologie et l'histopathologie, dont l'un fut édité en 1898 dans le Bulletin de l'Académie de Médecine de Paris, ville qu'il rejoignit la même année. Il travailla alors pendant deux années sur la physiopathologie avec Charrin, Bouchard et Metchnikoff*. Il partit ensuite à Francfort dans le laboratoire de Paul Ehrlich* où il publia en collaboration avec Max Neisser* une étude sur l'action de la toxine staphylococcique sur le rein. Il rentra à Paris en 1900 et se destina sous la direction de Metchnikoff à l'étude de l'immunité. En 1919, il accepta la direction d'une chaire de médecine expérimentale à la faculté de médecine qui venait d'être créée à Cluj où il réalisa entre autres un des premiers films scientifiques du monde prônant l'hygiène. Il retourna à l'Institut Pasteur de Paris deux ans plus tard, accompagné d'un jeune chercheur qu'il avait remarqué à Cluj, Stefan S. Nicolau qui devint également un très grand virologiste. Il fut élu membre de l'Académie de Médecine en 1928.

Ses recherches furent dirigées dans de multiples directions, de l'étude des protozoaires aux infections virales comme la poliomyélite où, à l'occasion d'épidémies en Suède et en Alsace, il précisa en 1930 les modes de transmission du virus. Il est d'ailleurs considéré comme un des fondateurs de la virologie. En ce qui concerne la bactériologie, il s'intéressa en particulier à la syphilis en mettant au point, peu de temps après la découverte en 1905 par Schaudinn* et Hoffmann* de la bactérie responsable, une méthode d'imprégnation des spirochètes avec des sels d'argent. Avec Noguchi*, il décela la présence de spirochètes dans des coupes histologiques diverses dont celles du système nerveux. Plus tard, il simplifia le test sérologique de Wassermann*. Avec d'autres auteurs comme Alfred Fournier*, il assura le succès de la méthode de traitement de la syphilis par le bismuth ou « sel de Sauton ». Il fut après la Seconde Guerre mondiale un des premiers à tester l'action de divers antibiotiques sur *Treponema pallidum*, l'agent de la syphilis.

## LISTER Joseph (1827-1912)

Joseph Lister est né le 5 avril 1827. Il était le quatrième enfant d'un riche négociant en vins, Joseph-Jackson Lister, qui était également très intéressé par la science. Il grandit au milieu des balles de coton, mais aussi des loupes et des microscopes car son père était passionné par l'optique. Les Lister appartenaient à la secte des « Quakers » et, dès sa plus tendre enfance, le jeune Joseph grandit dans une atmosphère de sévère discipline morale. Il réussit son diplôme de médecin en 1852, alors qu'il avait déjà présenté plusieurs communications sur le rôle des micro-organismes dans la gangrène d'hôpital. En 1865, son collègue Thomas Anderson, professeur de chimie à l'Université de Glasgow, lui fit connaître les travaux de Louis Pasteur* sur la putréfaction et la fermentation qui démontraient que ces altérations étaient causées par des agents vivants microscopiques contaminant les préparations. Lister fit immédiatement la relation entre la suppuration des plaies et la contamination par les micro-organismes extérieurs. Il commença alors à chercher un moyen d'éliminer des tissus incisés les agents infectieux contenus dans l'air.

Il se rappela que l'acide phénique pur avait été utilisé avec succès pour le traitement chimique des eaux d'égouts de Carlisle et il décida d'essayer ce produit pour des applications médicales. Thomas Anderson lui procura alors un échantillon d'acide phénique qu'il utilisa pour la première fois pour prévenir l'infection à la suite d'une fracture ouverte de jambe. La plaie fut largement imprégnée d'acide phénique, puis recouverte de charpie contenant le même produit.

*Lord Joseph Lister (1827-1912)*
*© Institut Pasteur*

Lister renouvela cette expérience à maintes reprises et ne se décida à publier ses résultats qu'en 1867 quand il fit paraître dans The Lancet un article en deux parties intitulé « Nouveau mode de traitement des fractures compliquées des abcès » et « Réflexions sur les conditions qui entraînent la suppuration ». Il fit la même année une communication à la réunion annuelle de la British Medical Association sur « Le principe de l'antisepsie ». Il eut beaucoup de mal à faire accepter ce nouveau concept par certains de ses collègues. Ce n'est qu'en 1877 en acceptant la Chaire de Chirurgie clinique au King's College de Londres qu'il eut raison du conservatisme des chirurgiens de la capitale anglaise. Dans les années qui suivirent, il fut fait baronnet et devint Sir Joseph Lister, puis, en 1897, Lord Lister. La reine Victoria ne voulut jamais d'autre chirurgien que lui. Ce fut le premier membre du corps médical élevé à la pairie en Grande-Bretagne. Il s'est éteint le 10 février 1912 avec quelques notes sur la suppuration des plaies auprès de lui.

## LOEFFLER Friedrich August Johannes (1852-1915)

Friedrich August Johannes Loeffler est né le 24 juin 1852 à Frankfurt-am-Oder qu'il quitta très jeune pour Magdebourg. Sa vocation pour la médecine lui vint de son père qui était chirurgien de l'armée et qui avait atteint le rang de Général avec le titre de Professeur à l'Académie de Médecine Militaire Kaiser Wilhelm de Berlin. Friedrich débuta ses études à Magdebourg et au Collège Français Royal de Berlin et il entreprit ses études de médecine en 1870 à Würzburg. Cet enseignement fut interrompu par le conflit franco-prussien dans lequel il servit comme assistant hospitalier. Il obtint son diplôme de Docteur en Médecine en 1874 à l'Académie Kaiser Wilhelm. L'année suivante il fut affecté à Hanovre et plus tard à Postdam, où il exerça la médecine comme fonctionnaire du service sanitaire. En 1879, peu de temps après son transfert dans le nouveau Département Impérial de Santé à Berlin, il commença à collaborer avec Robert Koch*. Il rejoignit l'université de Berlin en 1886. Deux ans plus tard, il se rendit à Greifswald, et après avoir exercé la fonction de Recteur de l'Université entre 1903 et 1906, il revint à Berlin pour diriger l'Institut des Maladies Infectieuses. Avec le déclenchement de la Première Guerre mondiale, il reprit son activité comme consultant des hôpitaux militaires avec le grade de chirurgien général où il s'impliqua surtout dans les problèmes d'hygiène. Au début de l'année 1915, il fut rapatrié chez lui où il mourut en avril. Il fut inhumé à Greifswald.

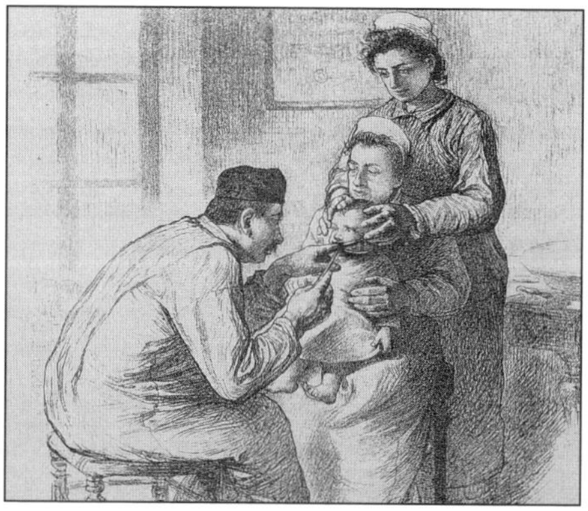

*Intubation dans la gorge d'un enfant. Traitement de la diphtérie à l'Hôpital des enfants malades. Lithographie d'après un dessin de Laurent Gsell, 1894*
*© Institut Pasteur*

Loeffler est connu pour avoir vérifié le postulat de Koch* sur le bacille de la diphtérie, déjà découvert par Edwin Klebs* une année auparavant sans avoir pu le cultiver. Loeffler émit les 3 postulats de la pathogénie. Tout abord l'organisme fut identifié sur son site caractéristique de lésion. À l'aide d'un milieu contenant du bouillon glucosé et du sérum coagulé par la chaleur, il a été capable d'obtenir des cultures pures. Ensuite l'organisme fut inoculé et survécut à la subculture. Enfin l'inoculation de la culture pure reproduisit la maladie. Il mit au point une coloration très concentrée au bleu de méthylène pour la mise en évidence de ces bacilles. Vingt-sept cas de pharyngites furent étudiés et 5 cas de pharyngites scarlatineuses furent également incorporés à l'étude. Un cas typique de diphtérie permit la mise en évidence d'une membrane épaisse dans laquelle les bactéries furent isolées et leur rôle pathogène démontré. Ces observations permirent de montrer avec les travaux de Roux* et Yersin* qu'à partir de son foyer, la bactérie était capable d'émettre une exotoxine puissante. Ces travaux ont été à la base de la découverte de l'antitoxine diphtérique par Behring* et Kitasato*.

En 1882, Loeffler et Schütz cultivèrent un bacille à partir de ganglions retrouvés dans les poumons et la rate d'un cheval qui souffrait de morve. Un mois plus tard, une petite quantité de quatrième génération d'organismes cultivés fut inoculée dans la muqueuse du nez et des épaules d'un cheval apparemment sain. Les symptômes cliniques apparurent 8 jours après l'inoculation et après le sacrifice de l'animal, les bacilles (*Loefflerella mallei*) furent isolés des nodules et des organes internes.

À la suite de ses études sur la bactérie responsable de la typhoïde de la souris, *Salmonella* Typhimurium, le gouvernement grec demanda à Loeffler de développer des stratégies d'éradication des souris dans les champs en Thessalie. Ceci représentait l'un des premiers essais de guerre microbiologique sur les animaux.

Avec l'aide de Paul Frosch , il découvrit l'agent de la fièvre aphteuse en utilisant des filtres qui retenaient des bactéries. Ceci conduisit à l'utilisation du terme aujourd'hui obsolète de « virus filtrable ». Loeffler manifesta également un intérêt pour la santé publique avec ses études sur l'hygiène du lait, la bactériologie de l'eau et l'examen de produits fécaux. Il fut également un grand technicien et proposa la fameuse coloration au bleu de méthylène dite coloration de Loeffler ainsi que celle à l'aniline. On lui doit également la première coloration de flagelles bactériens. Il participa à la mise au point de différents milieux de culture comme le milieu au sérum pour la culture du bacille diphtérique et celui au vert malachite spécifique du bacille typhique (*Salmonella* Typhi).

Loeffler exerça une grande fonction dans l'édition puisque avec Uhlworm et Leuckart en 1887, il fonda le Zentralblatt für Bakteriologie und Parasitenkunde. Il fut également l'auteur d'une histoire de la bactériologie « Vorlesungen über die geschichtliche Entwickelung der Lehre von den Bacterien », le premier ouvrage du genre qui couvrait la période des origines jusqu'aux années 1880. C'était un travailleur assez solitaire et seule une petite partie de ses projets était achevée à sa mort.

## LOUIS
## Pierre Charles Alexandre (1787-1872)*

Médecin français, né à Ay, en Champagne (Marne), membre de l'Académie de Médecine et Directeur de l'Hôtel-Dieu de Paris. Il fit ses études médicales à Paris.

De 1814 à 1820, il travailla à Odessa (Ukraine), puis s'installa à Paris. Il publia en 1825, un ouvrage sur le sujet, intitulé « Recherches anatomo-pathologiques et thérapeutiques sur la phtisie ».

Contemporain de Pierre-Fidèle Bretonneau*, il fit comme lui, des études sur la « fièvre entéromésentérique » (= fièvre typhoïde). Après avoir étudié la maladie pendant un an à Gibraltar, il publia en 1829 une importante monographie consacrée à l'affection « Recherches anatomiques sur la maladie connue sous le nom de fièvre typhoïde, putride, gastro-entérite ». Dans celle-ci, il donnait une description détaillée de la symptomatologie et décrivait pour la première fois l'éruption de taches rosées lenticulaires cutanées, survenant au cours de l'affection.

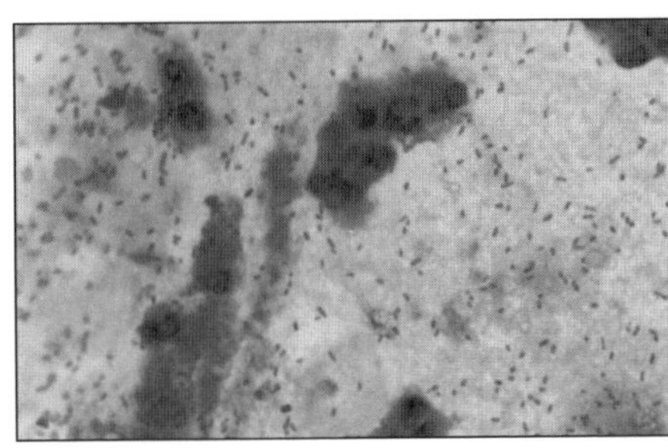

*Coloration de Gram de la selle d'un patient atteint de typhoïde. On constate que de la Salmonella Typhi a complètement remplacé la flore normale de la selle © F. Renaud*

Les lésions y sont décrites avec une telle précision que la nature très particulière de la maladie en fait, à partir de ce moment, une entité nosologique bien individualisée : « La lésion profonde et spéciale des plaques elliptiques de l'intestin grêle doit être considérée non seulement comme propre aux maladies typhoïdes mais comme en formant le caractère anatomique, ainsi que les tubercules forment celui de la phtisie ». Bien que

profondément influencé par l'enseignement de Bretonneau*, Louis ne fit cependant pas état de la contagiosité de la maladie.
C'est encore Pierre Louis qui, frappé par l'état de torpeur que présentent les malades atteints de cette « fièvre entéro-mésentérique », aurait utilisé pour la première fois le terme « fièvre typhoïde » (du grec « tuphos » = torpeur), nom qui a été rapidement adopté et qui est toujours utilisé (certains auteurs attribuent cependant à François Boissier de Sauvages de Lacroix* (1706-1767) la paternité du terme de fièvre typhoïde).
Louis était un médecin méticuleux, estimé dans son entourage pour sa probité, et réputé pour sa rigueur, sa ponctualité et sa conscience professionnelle.

* *À ne pas confondre avec LOUIS Antoine (1723-1792), chirurgien et anatomiste français, spécialiste des problèmes médico-légaux, et co-inventeur, avec Joseph Guillotin, de la « guillotine ».*

## LUGOL Jean Guillaume Auguste (1788-1851)

Jean Guillaume Auguste Lugol est né le 10 août 1788 à Montauban. Après des études secondaires au Collège des Jésuites de sa ville, il rejoignit l'École de Médecine de Paris où il fut reçu au concours d'internat des hôpitaux en 1807. Il soutint sa thèse en 1812 sur le sujet suivant « L'adolescence, considérée comme cause de plusieurs maladies, et comme époque critique de quelques autres ». Il créa un enseignement privé de médecine en 1814 qui connut un grand succès. Il y défendait l'idée que les maladies les plus courantes étaient les plus intéressantes pour apprendre la médecine, alors que les enseignements portaient souvent sur des affections beaucoup plus rares. C'est pour cette raison qu'il se spécialisa sur une infection extrêmement fréquente à cette époque, la maladie scrofuleuse qui était considérée, dans la première moitié du XIX^e siècle, comme une inflammation chronique du système lymphatique et des muqueuses (et qui en fait correspondait très souvent à la tuberculose). Il fut finalement nommé en avril 1819 troisième médecin suppléant à l'Hôpital Saint-Louis lequel, depuis l'arrêté du 4 décembre 1801, était l'hôpital des « maladies chroniques, soit contagieuses comme la gale, la teigne, les dartres, soit rebelles et cachectiques, comme le scorbut, les vieux ulcères, les écrouelles ». Il commença à s'intéresser à l'étude de la gale puis en 1820, il fut chargé du service des scrofuleux. Il effectua toute sa carrière dans cet hôpital jusqu'à sa retraite le 1^er janvier 1851. Moins de neuf mois après, il mourut à Neuilly-sur-Seine le 16 septembre 1851.
Le nom de Lugol est resté célèbre dans l'histoire de la médecine à la suite des trois mémoires qu'il publia entre 1829 et 1831 sur l'emploi de l'iode dans les maladies scrofuleuses : il remplaça la simple solution d'iode dans l'eau distillée par des solutions d'iode dans l'iodure de potassium pour l'usage externe et notamment pour les bains. De plus, Lugol qui était un très bon médecin, prescrivait à ses patients une alimentation calorique suffisante, du vin en quantité modérée ainsi qu'une bonne hygiène. Il a été très actif lors de l'épidémie de choléra qui frappa

Paris en 1832. Le colorant de Lugol, constitué d'une solution d'iode dans de l'iodure de potassium est aussi utilisé dans la coloration de Gram où elle sert de mordant.

## LWOFF André (1902-1994)

Médecin, biologiste français, André Lwoff était à la fois bactériologiste, virologiste, biochimiste et généticien.

Né en 1902 à Ainay-le-Château (Allier, France) il était le fils d'un immigré russe qui, obligé de quitter la Russie, s'était fixé en France en 1880 où il fit des études de médecine à Paris avant de devenir médecin des asiles de la Seine ; il eut une grande influence sur le parcours scientifique de son fils André.

Passionné par les sciences et particulièrement par la recherche médicale, André Lwoff entra à l'Institut Pasteur à 20 ans comme boursier. Il y travailla dans le laboratoire de Félix Mesnil, ancien collaborateur et secrétaire de Louis Pasteur. Après son passage dans cette célèbre institution, il compléta sa formation par des stages à l'étranger, notamment en Allemagne chez Otto Meyerhoff à Heidelberg, et en Angleterre chez David Keilin à Cambridge.

Après avoir soutenu son Doctorat en Médecine et un Doctorat ès Sciences, André Lwoff entra définitivement à l'Institut Pasteur en 1938 (il avait alors 36 ans) pour y occuper le poste de Chef de Service de Physiologie Microbienne, département spécialement créé pour lui. Il y resta jusqu'en 1968.

Après la Seconde Guerre mondiale, de nombreux chercheurs et étudiants, aussi bien français qu'étrangers, passèrent dans son service ; parmi eux se trouvaient des personnalités comme Jacques Monod, François Jacob, Pierre Schaeffer...

En 1959, André Lwoff fut nommé Professeur de Microbiologie à la Faculté des Sciences de Paris, une véritable innovation pour l'époque puisque ce cours n'avait jusque-là jamais été dispensé dans une Faculté des Sciences.

C'est à l'Institut Pasteur qu'André Lwoff réalisa la majorité de ses recherches. Ses travaux sont nombreux et les plus marquants concernent des domaines très divers : le rôle fonctionnel des vitamines dans le monde vivant, le cycle évolutif et la morphogenèse des ciliés, la nutrition des protozoaires, la signification et le rôle physiologique des facteurs de croissance, les facteurs de la neurovirulence des virus, les mécanismes de lutte de l'organisme contre l'infection virale...

Dès 1950, il avait étudié les bactériophages, la lysogénie et les relations entre virus et cellule ; il inaugurait ainsi les recherches qui ont conduit à la génétique moléculaire moderne.

En 1965, il partagea le Prix Nobel de Médecine et de Physiologie avec Jacques Monod et François Jacob pour l'ensemble de leurs travaux sur la génétique microbienne.

André Lwoff a également été Directeur de l'Institut de Recherches Scientifiques sur le Cancer à Villejuif. Il était depuis 1976 membre de l'Académie des Sciences et Professeur Honoraire à l'Institut Pasteur ainsi que membre étranger de la célèbre Royal

Society à Londres, membre associé de la National Academy of Sciences des États-Unis, membre étranger de l'Académie des Sciences de l'ex-URSS et membre étranger de l'Académie Indienne des Sciences.

Il s'est éteint à Paris le 30 septembre 1994, à l'âge de 92 ans.

André Lwoff était non seulement un homme pourvu d'une intelligence exceptionnelle, mais il était aussi un être extrêmement cultivé ; on le connaissait aussi comme peintre doué et estimé, défenseur passionné des droits de l'homme et écrivain talentueux. Il est l'auteur de plusieurs ouvrages parmi lesquels : « L'évolution physiologique ; étude des pertes de fonction chez les micro-organismes », « Problèmes de morphogenèse chez les ciliés », « L'ordre biologique » et « Jeux et combats ».

# M

## MacCONKEY Alfred Theodore (1861-1931)

Bactériologiste anglais, né à Liverpool.
Il fit ses études à Cambridge et au Guy's Hospital de Londres. Il se spécialisa ensuite en bactériologie à Liverpool et à Leeds. Travaillant comme assistant-bactériologiste à la Royal Commission on Sewage Disposal, c'est dans cette institution qu'il commença ses travaux sur les milieux de culture. Il mit au point le « milieu sélectif de MacConkey » (d'après le nom de son concepteur, et encore utilisé de nos jours), dont le but initial était d'isoler des bactéries coliformes ainsi que le bacille d'Eberth*, responsable de la fièvre typhoïde (*Salmonella* Typhi), tout en permettant de faire la distinction entre les entérobactéries lactose-positives et les entérobactéries lactose-négatives, et d'inhiber la croissance de nombreux saprophytes présents dans les échantillons polymicrobiens comme les selles.
En 1901, il entra à l'Institut Lister où il devint rapidement Chef du Département des Antitoxines jusqu'à sa retraite en 1926.

## MANTOUX Charles (1877-1947)

Médecin français qui a effectué ses études à l'Université de Paris où il fut un élève de Pierre Paul Broca et de Victor-Henri Hutinel. Ses travaux ont porté sur la syphilis puis sur la tuberculose puisque, pour des raisons de santé, il s'était installé à Cannes où il travaillait au sanatorium. En 1910, il publia un important travail sur le dépistage de la tuberculose au moyen de la tuberculine injectée dans le derme. Ce test a remplacé avantageusement l'ancien test de Pirquet qui consistait à appliquer de la tuberculine sur de la peau légèrement abrasée. Ensuite, Mantoux a beaucoup travaillé sur les images radiologiques pulmonaires des tuberculeux.

## MARIE Auguste-Charles (1864-1935)*

Médecin français, né à Bayeux (Calvados) le 26 juillet 1864.
Il entra à l'Institut Pasteur en 1894 et travailla rapidement sur une grande diversité de problèmes bactériologiques de l'époque : intoxication microbienne, étude de la rage, phénomène de Wassermann et Takaki et toxine tétanique dont il précise avec Victor Morax* les modes d'absorption et de propagation.
Ce sont cependant les problèmes physiopathologiques en rapport avec les infections et intoxications d'origine bactérienne qui ont la faveur de ses études ainsi que les recherches sur le virus rabique dont il poursuivit les études jusqu'à la fin de son activité à l'Institut Pasteur. Son nom est étroite-

ment associé à l'histoire de la rage expérimentale ; l'Académie des Sciences lui décerna le prix Dagnan-Bouveret pour ses travaux sur la rage. Auguste Charles Marie est mort le 29 mars 1935 à l'âge de 71 ans.

Hommes tuant un chien enragé en Espagne au XVIe siècle © Institut Pasteur

* *À ne pas confondre avec René MARIE (1868-1952), médecin cardiologue français qui donna pour la première fois, en 1896, une description clinique et anatomo-pathologie de l'infarctus du myocarde, ni avec Pierre MARIE (1853-1940), neurologue français, ni encore avec Julien Jean MARIE (1899-1987), pédiatre français et président de l'Académie de Médecine en 1984.*

## MARSTON Allen Jeffery (1831-1911)

Médecin militaire de la marine anglaise, Marston a été le premier à individualiser la « fièvre de Malte » (= brucellose) comme entité nosologique et ce, plus de 20 ans avant la découverte de l'agent étiologique (*Brucella melitensis*) par David Bruce* en 1886. Un rapport publié par Marston en 1863 dans les Army Medical Reports donne avec beaucoup de précisions et de nombreux détails, les signes cliniques caractérisant la brucellose ainsi que ses plus importantes complications.

Surveillance de la brucellose
© F. Renaud

Par les symptômes et les lésions, Marston différencie ce qu'il appelle la « fièvre rémittente méditerranéenne » (« mediterranean remittant fever », c'est-à-dire la brucellose) de la fièvre typhoïde, du typhus exanthématique, de la fièvre récurrente et du paludisme.

## MARTEN Benjamin (1690-1695 ?-1751 ?)

Benjamin Marten est né à Londres à la fin du XVIIe siècle (1690-1695 ?). Il était fils d'un tailleur. En 1717, il reçut son diplôme de Docteur en Médecine de l'Université d'Aberdeen (Ecosse). Ce diplôme était souvent attribué à l'époque, uniquement sur recommandations sans la nécessité de suivre des enseignements. On ne possède que peu d'informations sur sa vie sinon qu'il se serait marié le 13 novembre 1716 à Hannah Fisher et qu'il serait décédé en 1751.
Au début de l'année 1720, un petit ouvrage (186 pages) intitulé « A new theory of consumptions: more especially of a phthisis or consumption of

the lungs » fut publié à Londres dans lequel Marten avançait l'hypothèse que des petits animaux ou « animalcules » spécifiques affectaient les poumons et étaient responsables de la tuberculose. Cette proposition fut vérifiée expérimentalement par Robert Koch 163 années après. Dans cet ouvrage, Marten reconnaissait également la contagiosité de la tuberculose (phtisie) et qu'un certain nombre d'infections pouvaient se transmettre par contact comme la lèpre et certaines maladies vénériennes. Dans la seconde édition parue en 1722, Marten eut également cette phrase prophétique « Et je crois qu'il pourra être facilement prouvé que les animalcules sont la cause directe de la peste qui nous crée tant de frayeurs actuellement ».

## McCOY George Walter (1876-1952)

Médecin américain. qui débuta sa carrière dans le United States Public Health Service (Service National de la Santé Publique). McCoy découvrit en 1910, lors de ses recherches au cours d'une épidémie observée chez des écureuils terrestres (ground squirrels) dans le comté de Tulare (Californie) une maladie infectieuse à laquelle il donna le nom de pseudopeste des rongeurs (plague-like disease of rodents). Malgré ses différentes tentatives, il ne parvint pas à isoler le micro-organisme responsable. Une année plus tard, en 1911, McCoy fut chargé avec un autre médecin bactériologiste américain, le docteur Charles Willard Chapin, d'étudier et de combattre une épidémie de pseudopeste transmise par des écureuils (certains auteurs parlent de rongeurs de type marmotte) qui avait fait son apparition en Californie après le tremblement de terre de San Francisco. Après de nombreux déboires, ils parvinrent en 1912 à cultiver à partir du sang d'écureuils morts ou malades un coccobacille à Gram négatif en utilisant un milieu de culture à base de jaune d'œuf. Ils donnèrent le nom de *Bacterium tularense* à la bactérie, nom qui deviendra plus tard *Francisella tularensis*, l'agent étiologique de la tularémie.

George Walter McCoy fit encore des recherches sur la peste et élabora une théorie en rapport avec la relative non-transmissibilité de la lèpre dans les pays à climat tempéré. Au cours de sa carrière, McCoy, qui était un véritable expérimentateur, a contracté dans son laboratoire la fièvre typhoïde, la dengue et la tularémie, étudiant ainsi le pouvoir pathogène de ces bactéries chez l'homme.

## MÉRIEUX Charles (1907-2001)

Charles Mérieux est né à Lyon le 9 janvier 1907. Il suivit les enseignements de le Faculté des Sciences de Lyon et de l'Institut Pasteur de Paris. Il soutint sa thèse de doctorat de médecine en 1938 et a toujours suivi le principe pasteurien « d'une activité sans frontières entre les deux médecines (humaine et vétérinaire) ».

En 1927, il s'inscrivit en première année de médecine mais fut obligé d'interrompre ses études puisque la même année, à la mort de son frère aîné, son père Marcel Mérieux* lui confia les services vétérinaires. Il n'avait que 30 ans quand il succéda à son père, et se retrouva à la tête de l'Institut Mérieux.

Lors de la Seconde Guerre mondiale, c'est lui qui organisa la préparation de sérum antitétanique pour l'armée française. Après un séjour aux États-Unis en 1945, où il découvrit la biologie industrielle, il participa à la création du Centre de Transfusion Sanguine de Lyon et se spécialisa dans la production des gammaglobulines spécifiques (rage, coqueluche).

En 1947, il fondit l'Institut Français de la Fièvre Aphteuse. Plusieurs vaccins y étaient alors produits à l'échelle industrielle dont le vaccin injectable contre la poliomyélite de Jonas Salk et Pierre Lépine et celui buvable d'Albert Sabin. Plus tard, en 1989, un rapprochement avec l'Institut Pasteur permit la création du groupe Pasteur-Mérieux Sérums et Vaccins, puis Pasteur Mérieux Connaught qui devint alors le premier producteur mondial de vaccins à usage humain.

Au cours des années 1970, l'Institut Mérieux a développé, en collaboration avec le Médecin Général Lapeyssonnie et l'OMS, une vaccination efficace contre le méningocoque de groupe « A » pour lutter contre les épidémies de méningites dans le Sahel, où l'incidence pouvait dépasser 500 à 1 000 cas pour 100 000 habitants. Lorsqu'éclata une grave épidémie de méningites au Brésil en 1974, les Américains qui ne possédaient qu'un vaccin contre le groupe « C », ont vu d'un mauvais œil les Français intervenir sur leur continent mais ils n'avaient pas d'alternative à proposer. Il y avait déjà eu 4 000 morts à Sao Paulo. « À Sao Paulo durant l'été 1974 », écrivait Charles Mérieux, « éclate une épidémie de méningite. La maladie se propage à une vitesse effrayante... Chaque jour, on annonce des cas nouveaux. Les autorités s'inquiètent. Le carnaval a lieu dans 6 mois. Ce carnaval, qui brasse des millions de personnes, risque, dans ces conditions, de provoquer une véritable hécatombe. Si on n'intervient pas rapidement, les malades vont envahir les hôpitaux, les morts se succéder... il faut fabriquer des millions de doses de vaccin dans des délais record. En 24 heures, avec mon fils Alain et le ministre brésilien de la Santé, la décision est prise. La plupart des cadres et des employés sont en vacances. Alain rappelle tout le monde, et quelques jours plus tard, nous sommes au rendez-vous. En 3 mois, nous faisons édifier un nouveau bâtiment, indispensable pour atteindre la production prévue. Bientôt, l'usine tourne à plein rendement. En janvier 1975, le pari est tenu. Nous avons établi un pont aérien avec le Brésil, tandis que les autorités lançaient la campagne de vaccination. Elle se terminera de façon spectaculaire : avec l'aide de volontaires, en 5 jours, nous vaccinons 10 millions de personnes à Sao Paulo, et, en 9 mois, 90 millions de personnes. Dès lors l'épidémie est enrayée. Le Brésil est sauvé ».

Les activités de Charles Mérieux ont été multiples : création de l'Association de Standardisation Biologique pour le contrôle des vaccins (1955), de l'Association de Médecine Préventive destinée à l'Afrique (1972), création de l'école Bioforce-développement pour la formation des logisticiens et

du cours annuel d'épidémiologie de terrain en collaboration avec le Center for Diseases Control (CDC) d'Atlanta (1983). Le 21 avril 1997, il est élevé à la dignité de la Grand-croix de la Légion d'Honneur.
Il a conservé toute sa vie et jusqu'au bout un enthousiasme intact avec pour but principal, d'aider les pays du tiers-monde, en particulier l'Afrique. Il s'est éteint à Lyon le 19 janvier 2001.

## MÉRIEUX Marcel (1870-1937)

Marcel Mérieux, chimiste et bactériologiste français, est né à Lyon le 16 janvier 1870.
Il fit ses études dans sa ville natale et réalisa sa thèse sur les colorants chez Fresenius, à Wiesbaden (Allemagne) en 1893. Un an plus tard il fut engagé à l'Institut Pasteur de Paris comme assistant d'Émile Roux*, mais il n'y restera qu'un an.
Il retourna ensuite à Lyon et créa en 1895 avec le vétérinaire Henri Carré un Institut Sérothérapique à Vaise. Ils y produisaient le sérum contre la fièvre puerpérale.
En 1897, l'Institut Mérieux fut créé ; simple laboratoire au départ, établi au-dessus de l'Hôtel-Dieu à Lyon, qui produisait la tuberculine.
Toujours en étroite collaboration, Marcel Mérieux et Henri Carré réalisèrent des essais de protection contre la fièvre typhoïde à l'Institut Bactériologique de Lyon (créé en 1899 par Saturnin Arloing* et Jules Coumont* ; il deviendra plus tard l'Institut Pasteur de Lyon).
Un élevage de bœufs et de chevaux fut installé après la Première Guerre mondiale à Marcy-l'Étoile afin de produire les sérums antitétanique et antiaphteux. La méthode de préparation industrielle du vaccin antiaphteux fut améliorée par Charles Mérieux* son fils qui avait rencontré en 1934 le vétérinaire hollandais Herman Salomon Frenkel (1891-1968), inventeur de la première méthode de préparation du vaccin et ayant mis au point une technique de culture du virus.
C'est à partir de ce moment que l'Institut Mérieux prit son véritable essor ; avec les développements réalisés par Charles Mérieux et par les petit-fils de Marcel Mérieux, Jean et Alain Mérieux. Plus tard, en 1989, un rapprochement avec l'Institut Pasteur permit la création du groupe Pasteur-Mérieux Sérums et Vaccins, puis Pasteur Mérieux Connaught qui devint alors le premier producteur mondial de vaccins à usage humain.
Passionné par la musique, Marcel Mérieux a composé lui-même 3 opéras. Il est mort le 13 août 1937 à Collonges-au-Mont-d'Or (Rhône).

## MIGULA Walter (1863-1938)

Bactériologiste et botaniste allemand.
Il était Professeur de Botanique à l'Ecole Technique de Karlsruhe, en Allemagne.
À côté de nombreuses études sur les bactéries, il a écrit, de 1897 à 1900, un important ouvrage sur la systématique bactérienne, intitulé « System der Bakterien (Handbuch der Bakterien. Handbuch der Morphologie. Entwickelungsgeschichte und Systematik der Bakterien) ».

## MILLER Willougby Dayton (1853-1907)

Stomatologiste américain, né dans l'Ohio.

Il fit ses études à l'Université du Michigan à Ann Arbor (États-Unis), puis à Édimbourg (Écosse), et enfin à Berlin (Allemagne). C'est dans la capitale allemande qu'il s'installa et où il devint Professeur à la Faculté de Chirurgie Dentaire. Après vingt-trois années de carrière en Allemagne, il retourna en 1907 dans son pays natal pour y prendre ses nouvelles fonctions de superintendant au département de stomatologie de l'Université du Michigan (1907). Malheureusement, il mourut à la suite d'une appendicectomie à Newark dans l'Ohio avant d'avoir pu prendre possession de sa nouvelle affectation.

*Infection dentaire. Dictionnaire de médecine et de pharmacie, Pharmacie du Progrès, St Etienne.*

Dès 1889, Miller démontra que la carie dentaire était d'origine bactérienne. Il publia de nombreux articles dans le domaine de l'infection dentaire ; pionnier de la bactériologie buccale, il écrivit un ouvrage sur le sujet qui fut considéré comme très innovant dans cette discipline : « The Micro-organisms of the Human Mouth ».

## MORAX Victor (1866-1935)

Médecin ophtalmologiste français d'origine suisse, né le 16 mars 1866 à Morgues (Canton de Vaud), la même localité où Alexandre Yersin* vit le jour et dont il fut l'ancien condisciple au collège de cette localité.

Après son baccalauréat, obtenu en 1886 en Suisse, et un stage de biologie clinique chez le Professeur Baumann à Fribourg-en-Brisgau (Suisse), il fit des études de médecine à Paris où il retrouva son compatriote, Alexandre Yersin*. En même temps, il suivit un des premiers cours de Microbiologie à l'Institut Pasteur dont Émile Roux* était alors le directeur.

Avec Maurice Nicolle* qui le prépara à l'internat, ils mirent au point, en 1893, une coloration des cils microbiens appelée par la suite méthode de Nicolle-Morax.

Il soutint sa thèse de doctorat en 1894, consacrée à l'étiologie bactérienne des conjonctivites aiguës et, en 1896, il découvrit une nouvelle bactérie qui s'était révélée être un agent pathogène spécifique de la blépharo-conjonctivite subaiguë. Cette bactérie fut découverte au même moment par l'ophtalmologiste allemand Theodor Axenfeld*. C'est la raison pour laquelle ce diplo-bacille à Gram négatif (nommé *Bacillus lacunatus* par Morax) fut désigné par « Bacille de Morax-Axenfeld ». Plus tard la bactérie prendra le nom de *Moraxella lacunata*.

Toutes les études que Morax allait réaliser par la suite ont été consacrées à la flore microbienne de la sphère oculaire et à l'étiologie bactérienne des infections de l'œil. Il démontra l'action irritante et inflammatoire des toxines bactériennes et reproduisit certaines pathologies oculaires à l'aide de ces toxines dont l'action de la toxine diphtérique sur la conjonctive.
Les travaux fondamentaux et innovants sur la pathologie infectieuse de l'œil, à une époque où la bactériologie commençait seulement à se développer, font de Victor Morax le père de la microbiologie oculaire et l'un des plus éminents spécialistes des affections de l'œil.
Avec Auguste-Charles Marie*, il réalisa en 1902 et 1903 à l'Institut Pasteur des recherches sur le bacille tétanique et sa toxine.
Nommé ophtalmologiste des hôpitaux en 1900 (le titre venait d'être créé), il prit la direction du service d'ophtalmologie de l'hôpital Lariboisière en 1903.
En 1910 il fonda avec Charles Nicolle* la Ligue Internationale contre le Trachome. Avec P.J. Petit, il publia en 1929 un monumental ouvrage sur le trachome.
Nommé membre de l'Assemblée de l'Institut Pasteur en 1929, Morax entra à l'Académie de Médecine en 1930 et en 1931 il reçut de l'Académie des Sciences le Prix Chaussier.
Après sa mise à la retraite, il travailla encore dans le service de la tuberculose de Calmette* sur les tuberculoses oculaires.

# N

## NÄGELI Carl Wilhelm von (1817-1891)

Botaniste suisse, né dans les environs de Zürich en 1817, il fit des études universitaires dans sa ville natale. Il devint Professeur de Botanique à l'Université de Zürich, poste qu'il occupa de 1841 à 1857 ; il fut ensuite nommé Professeur à Munich, de 1857 jusqu'en 1880.

Opposant à la doctrine immobiliste et uniformiste de Cohn, il a soutenu la théorie du polymorphisme bactérien de Wilhelm Zopf. Von Nägeli était un scientifique aux facettes multiples.

## NEEDHAM John Turberville (1713-1781)*

Naturaliste anglais, considéré par beaucoup de biologistes actuels comme un imposteur et un « chercheur absolument dépourvu de tout génie, mais ayant l'art d'en imposer ». Fervent défenseur et prédicateur du catholicisme, il se fit ordonner prêtre, en France, en 1738.

Né à Londres, il reçut son éducation à Douai, en France, pays qu'il adopta ensuite et où il fit ses études.

Pendant de nombreuses années, il vécut à Paris où il fut le collaborateur de Buffon. Il y développa ses idées concernant la génération spontanée, théorie qu'il voulut faire revivre et dont il était un défenseur inconditionnel. Il se montra un farouche opposant aux conceptions de Spallanzani* pendant que Buffon, très curieusement, accepta et partagea les théories de Needham sans les vérifier.

Needham est l'auteur d'expériences (publiées entre 1745 et 1750) restées « célèbres » et qui consistaient à enfermer des bouillons dans des bouteilles qui furent ensuite chauffées (sans atteindre le point d'ébullition) puis fermées. Les examens microscopiques de ces bouillons - lorsque des troubles apparaissaient - révélaient la présence « d'animalcules » permettant à son auteur d'avancer la thèse selon laquelle ceux-ci ne pouvaient provenir que du bouillon. De ces expériences naîtra l'idée de « force végétative », de « force productrice » et de « force fertile », pouvant expliquer la naissance d'animalcules à partir de bouillons = « génération spontanée ».

Les théories sur la genèse des animalcules microscopiques de Needham et de Buffon furent réfutées et combattues par le père Lazare Spallanzani (qui parla avec une extrême courtoisie du « Système de la génération spontanée de Messieurs Needham et Buffon ») ; de même, les conceptions et études métaphysiques de Needham sur la nature et la religion furent à l'origine de vives polémiques avec Voltaire (1694-1778) qui, anticlérical libéral et « prince de l'esprit », se montrait un adversaire particulièrement virulent vis-à-vis de l'Anglais.

Needham retourna en Angleterre puis, après un séjour au Portugal, fut nommé à la fin de sa vie, en 1781,

Directeur de l'Académie Impériale à Bruxelles. C'est dans cette ville qu'il mourut (un demi-siècle avant que le Royaume de Belgique ne fût proclamé en 1830). Il obtint en Belgique le canonicat de Seignies et fonda l'Académie des Sciences de Bruxelles.
** À ne pas confondre avec NEEDHAM Walter (1631-1691), médecin anglais qui fit des études sur le rôle de placenta dans la nutrition du fœtus.*

## NEELSEN Friedrich Karl Adolph (1854-1894)

Friedrich Karl Adolph Neelsen est né le 29 mars 1854 à Uetersen dans le Holstein. Il était le fils d'un pasteur. Il réalisa ses études de médecine à Leipzig et obtint son diplôme en 1876, études au cours desquelles il fut l'élève de Ernst Wagner. De 1876 à 1878, il fut assistant à l'Institut de Pathologie de Leipzig et de 1878 à 1885 il occupa une position comparable à Rostock où, en 1884, il devint Professeur. Neelsen est surtout connu pour avoir participé à l'amélioration de la technique de coloration des mycobactéries et en particulier de *Mycobacterium tuberculosis*, l'agent de la tuberculose. Alors que Franz Ziehl*, un médecin de Heidelberg avait découvert que le phénol ou la résorcine agissaient mieux que l'aniline utilisée jusqu'alors par Paul Ehrlich* pour colorer la bactérie, Friedrich Neelsen introduisit l'usage de la fuchsine basique avec le bleu de méthylène comme contre-colorant. La coloration dite de « Ziehl-Neelsen » fut alors très largement et rapidement utilisée comme le montre son emploi seulement une année après la description de l'agent de la tuberculose par Robert Koch* en 1882. Il s'agit encore de nos jours de la méthode de coloration de base utilisée par la très grande majorité des laboratoires de par le monde. En 1885, Friedrich Neelsen emménagea à Dresde où il suivit Birch-Hirschfeld à l'Hôpital d'État. Sa vie fut courte puisque à la fin de l'année 1893 une dégradation de son état général fut constatée et un cancer du poumon fut mis en évidence lors de l'hiver 1893-1894. Il s'agissait d'une affection très fréquente à l'époque à Dresde car cette ville était le centre de fabrication des cigarettes. Il décéda à l'âge de 40 ans le 11 avril 1894 laissant une veuve et un enfant de 3 ans.

## NEISSER Albert Ludwig Sigismond (1855-1916)*

Dermatologiste allemand, fils de médecin, né à Schweinitz dans le sud de l'Allemagne, non loin de la frontière tchèque.
À peine terminées ses études médicales à l'Université de Breslau (= Wroclaw, en basse Silésie, dans l'actuelle Pologne), il se rendit en Norvège en 1879 pour y étudier l'épidémie de lèpre, maladie très répandue à cette époque dans ce pays. Plus tard, il étudiera encore cette affection en Espagne.
Il revint cependant assez rapidement dans son pays et devint l'assistant d'Oscar Simon à la clinique dermatologique de l'Université de Breslau. C'est dans cette institution qu'il découvrit en 1879, à peine âgé de 24 ans, l'agent étiologique de la blennorragie auquel il donna le nom de *Micrococcus gonorrhoeae* (qui

deviendra plus tard *Neisseria gonorrhoeae*). Ce sont les examens microscopiques de 35 prélèvements obtenus par écouvillonnage urétral chez les hommes atteints de blennorragie, et montrant une même image microscopique avec la même forme morphologique caractéristique de la bactérie, qui lui ont permis d'incriminer ce micro-organisme dans l'affection gonococcique. C'est cependant 3 ans plus tard, en 1882, que Leistikow et Loeffler* réalisèrent la première culture du gonocoque.
Albert Neisser est également l'inventeur d'une seringue urétrale avec un embout en caoutchouc assez dur, appelée par la suite « seringue de Neisser », permettant au malade de se soigner lui-même.
Il devint Chef de Service de Dermatologie à Breslau ainsi que Professeur à l'Université de cette ville. Lors d'un voyage à Java, il parvint à identifier, très peu de temps après Fritz Schaudinn* et Erich Hoffmann*, l'agent étiologique de la syphilis (*Treponema pallidum*). C'est à Java qu'il réalisa d'importants travaux sur la syphilis en utilisant des singes comme animaux d'expérimentation. Plus tard, il devint une autorité en matière de maladies syphilitiques. Il était associé en 1916 à August von Wassermann* dans la réaction mettant en évidence des anticorps dans le sérum de singes rendus syphilitiques par Neisser.
Albert Neisser fonda en 1902 à Berlin la Société Allemande pour l'Éradication des Maladies Vénériennes. Il était également l'éditeur d'un journal, le « Lepra » dont l'objectif était de présenter des articles en rapport avec les dernières nouveautés dans les traitements anti-infectieux, particulièrement ceux concernant la lèpre, la blennorragie et la syphilis.
Le genre microbien *Neisseria* fut créé en 1885 par Vittore Trevisan afin de rendre hommage à celui qui découvrit l'agent étiologique de la blennorragie : Albert Neisser.
* *À ne pas confondre avec NEISSER Max (1869-1938), également bactériologiste et hygiéniste allemand.*

## NEISSER Max (1869-1938)*

Bactériologiste et hygiéniste allemand qui fit ses études (tout comme son homonyme Albert Neisser) à l'Université de Breslau. Il fut nommé Directeur de l'Institut Municipal d'Hygiène de Francfort-sur-le-Main.
Max Neisser publia de nombreux travaux dans le domaine de la bactériologie et a été le promoteur de nombreux procédés et techniques relatifs aux colorations des bactéries et aux cultures microbiennes.
Il développa également certaines techniques (notamment la détection de sang) utilisées en médecine légale.
* *À ne pas confondre avec NEISSER Albert (1869-1938), bactériologiste et dermatologiste allemand qui découvrit le gonocoque.*

## NÉVOT Armand (1891-1960)

Médecin et vétérinaire français, né le 15 décembre 1891 à Paimpont, en forêt de Brocéliande. Après des études secondaires brillantes à Dinan (il y obtint le prix de la ville de Dinan), il fit des études vétérinaires à l'École de Toulouse et

obtint son diplôme en 1913, à la tête de sa promotion.
Engagé dans l'armée, il organisa en Afrique la lutte contre la peste bovine et la péripneumonie contagieuse.
Après 1924, il quitta l'armée et entra dans les services vétérinaires de la ville de Paris et du département de la Seine.
Il s'inscrivit alors à la Faculté de Médecine et parvint à allier ses fonctions d'externe à l'hôpital et de chef de laboratoire au laboratoire vétérinaire.
Il soutint sa thèse de Docteur en Médecine en 1930 et son Doctorat en Médecine Vétérinaire en 1937.
Névot réalisa alors des travaux sur le botulisme, les toxi-infections bactériennes (staphylococciques, à *Salmonella*, streptococciques...). En 1947, il publia un livre sur le contrôle bactériologique pratique des denrées alimentaires.
Enseignant au laboratoire de bactériologie de la Faculté de Médecine, il écrivit le Manuel de « Travaux pratiques de bactériologie » qui connut beaucoup de succès et de multiples rééditions.
Il était également l'auteur d'un autre ouvrage intitulé « Le diagnostic bactériologique en pratique médicale ».
Névot était un bactériologiste intelligent, pourvu d'un grand sens pratique et un enseignant doué d'un esprit pédagogique aigu ; ses cours étaient toujours présentés avec une grande simplicité.
Il est mort à la suite d'un accident d'automobile.

## NICOLAIER Arthur (1862-1942)

Médecin germano-russe, né à Kosel, en Haute Silésie.
C'est lorsqu'il était assistant à Berlin qu'il découvrit, en 1884, le bacille tétanique (*Clostridium tetani*) dans le pus d'une plaie chez un soldat en caserne à Berlin et mort du tétanos. C'est le Japonais Shibasaburo Kitasato* qui parviendra en 1889 à réaliser la première culture de cette bactérie anaérobie.
Arthur Nicolaier a ensuite été nommé Professeur de Clinique Médicale à Göttingen avant d'être nommé Professeur de Médecine Interne à Berlin.

## NICOLLE Charles (1866-1936)

Charles Nicolle est né à Rouen en 1866. C'est sous la pression de son père, Eugène, qu'il se tourna vers les sciences physiques et naturelles. Son frère aîné, Maurice, fera lui-même une belle carrière dans les sciences biologiques.

*Scène d'épouillage à Madras en Inde*
*© Institut Pasteur*

Il avait entrepris des études médicales lorsqu'il constata qu'il était atteint de surdité et c'est ce qui détermina sa vocation à la recherche. La ville de Rouen ne lui offrant aucune opportunité dans ce domaine, il se rendit en 1903 à Tunis pour y diriger l'Institut Pasteur fondé trois ans auparavant. Il y resta jusqu'à la fin de ses jours.

On doit à Charles Nicolle, outre les recherches subtiles dans le domaine des maladies infectieuses et la notion fondamentale de « maladies inapparentes », les études sur la transmission du typhus. Les connaissances d'ordre expérimental sur le typhus exanthématique étaient inexistantes avant que Nicolle n'ait commencé ses recherches en juin 1903. En fait, dès son arrivée à Tunis, en janvier 1903, il avait été frappé par trois phénomènes :
– les manifestations saisonnières de la maladie qui se déclarait particulièrement pendant la période d'hiver, et recul de l'infection en juin ;
– la maladie était surtout observée dans les populations pauvres, miséreuses, sans hygiène, vivant en surpeuplement ;
– la maladie se manifestait par l'apparition brutale de fièvre et de frissons, de céphalées violentes, de maux de gorge et parfois de conjonctivite, mais aussi de douleurs musculaires ; après survenaient des périodes de stupeur, de prostration et de confusion mentale, associées à une éruption cutanée d'innombrables taches rouges sur toute la surface de la peau excepté les paumes des mains et la plante des pieds, avec persistance de la fièvre. La guérison intervenant après 2 à 3 semaines, était tout aussi soudaine que le déclenchement de la maladie ; la mortalité pouvait atteindre 15 à 20 %, parfois plus, par suite de complications cardiaques, artérielles et nerveuses.

En se rendant à l'hôpital indigène de Tunis, Charles Nicolle assista à des événements curieux ; jusqu'à la porte des admissions à l'hôpital, les malades atteints de typhus semaient la contagion dans leur entourage et leurs familles mais également parmi le personnel d'accueil : administratifs, médecins réalisant les premières auscultations, employés s'occupant des vêtements, et blanchisseuses. Et cependant, une fois le malade admis en salle commune après avoir été débarrassé de ses vêtements et de son linge, et après avoir été lavé et rasé, il ne contaminait plus personne, ni le personnel médical ou infirmier, ni les autres malades. Pour Nicolle, homme d'intuition et de déduction logique, la perte de capacité de contagion était liée au déshabillage du malade et à sa toilette rigoureuse, ces deux actions entraînant la privation de « quelque chose responsable de la transmission de la maladie » ; avec sa perspicacité, il incrimina sans hésitation le pou. Et à ce propos, il écrira plus tard que c'est « Un parasite qui accompagne l'homme dans ses déplacements, campe aux relais où il couche, ne s'arrête qu'au seuil de l'hôpital, là où le malade rencontre du savon, de l'eau et du linge propre ».

Afin de vérifier son hypothèse et bien qu'il eût cependant la certitude de son assertion, Nicolle voulut reproduire expérimentalement la maladie chez les animaux. Après les échecs observés avec des singes inférieurs, il tenta un essai de transmission de la maladie sur un chimpanzé (*Pan troglodytes*) que lui avait procuré Émile Roux*, en lui injectant le sang d'un malade du lazaret de la Rabta atteint de typhus. L'animal devint malade et au seizième jour de l'inoculation, Nicolle lui fit un prélèvement sanguin qu'il inocula à un macaque (*Macacus sinicus*) qui, à son tour présenta les signes cliniques de typhus. Sur ce macaque, il plaça ensuite 29 poux, récupérés sur l'homme, qu'il reporta le lendemain et les jours suivants, sur deux autres macaques sains. L'un d'eux mourut du typhus avec toute la symptomatologie classique de la maladie tandis que l'autre, après un passage caractérisé par une poussée de fièvre, guérit.

Le 6 octobre 1909, Charles Nicolle fit connaître les résultats de ses travaux et de sa découverte dans une communication présentée à l'Académie des Sciences.

Poursuivant ses études sur la maladie typhique, il constata qu'à côté de l'ensemble des singes supérieurs, tous sensibles mais fort onéreux, le cobaye se montrait également très sensible au typhus. Ceci lui permit, à moindre frais et avec plus d'aisance, de faire de nouvelles investigations et de démontrer, notamment avec G. Blanc, que les piqûres et déjections du pou ne sont infectantes qu'à partir du 7$^{e}$ jour qui suit l'absorption de sang de typhiques par l'insecte ectoparasite, temps nécessaire à la multiplication au niveau des cellules de l'épithélium du micro-organisme responsable. Cette découverte faite juste avant la Guerre de 1914 expliquera les grandes différences observées entre l'Europe Orientale où le typhus fit des ravages dans les camps de prisonniers alors qu'il a été beaucoup mieux contrôlé dans les camps occidentaux. En 1928, le Prix Nobel décerné à Charles Nicolle viendra récompenser ses observations.

À côté du typhus, ses pôles d'intérêt portèrent également sur le Kala-Azar, le Bouton d'Orient, la fièvre méditerranéenne et le trachome. Il mit également en évidence les propriétés préventives du sérum de convalescents dans la rougeole ce qui permit de sauver de nombreux enfants.

Charles Nicolle a été également l'auteur de romans, de récits, de nouvelles mais aussi de deux ouvrages essentiels : « Naissance, vie et mort des maladies infectieuses » et du « Destin des maladies infectieuses ».

## NOCARD Edmond Isidore Étienne (1850-1903)

Vétérinaire français, né le 20 janvier 1850 à Provins (Seine-et-Marne). Il entra à l'École Vétérinaire de Maisons-Alfort en 1868 puis s'engagea dans le Régiment des Lanciers lors de la guerre franco-allemande de 1870-1871. Il retourna ensuite aux études et fut nommé vétérinaire en 1875.

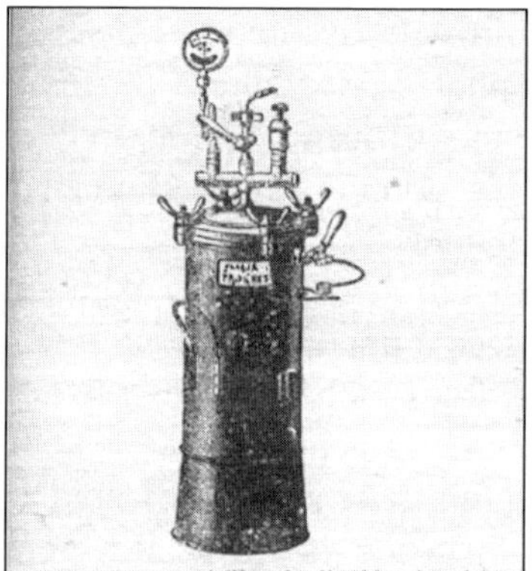

Appareil pour stériliser les liquides, les objets de pansement, etc., fonctionnant journellement au service des ordonnances.

*L'autoclave permet de réaliser des stérilisations à des températures supérieures à 100°C. Dictionnaire de médecine et de pharmacie, Pharmacie du Progrès, St Etienne.*

Chef de Clinique à l'école de Maisons-Alfort, il fut nommé en 1878 Professeur de Pathologie et de Chirurgie Clinique, Directeur en 1887, puis finalement Professeur de Pathologie Infectieuse. À partir de

1891, il se consacra exclusivement à la recherche.
Nommé Chef de Service à l'Institut Pasteur, il travailla avec Émile Roux* sur la rage, le tétanos, la morve, la pleuropneumonie, la tuberculose et la fièvre aphteuse. Il publia en 1894 un ouvrage intitulé « Les tuberculoses animales ». Avec E. Roux, il démontra l'intérêt des milieux glycérinés pour la culture du bacille tuberculeux. Il a été le promoteur du test à la tuberculine.
Nocard fit partie de l'équipe française de la mission en Alexandrie (dirigée par E. Roux) qui partit étudier le choléra lors d'une épidémie en Égypte et au cours de laquelle le jeune Louis Thuillier, ayant contracté la maladie, décéda.
Nocard découvrit en 1892 un microorganisme (un Actinomycète) qu'il croyait être responsable de la psittacose, et qui portera ensuite son nom : *Nocardia asteroides*. Avec Émile Roux, il découvrit en 1898 les mycoplasmes (*Mycoplasma mycoides* ssp. *mycoides*, agent de la péripneumonie contagieuse des bovidés).
Edmond Nocard introduisit l'anesthésie générale en médecine vétérinaire.
Après avoir été honoré, Edmond Nocard mourut à 53 ans dans la pauvreté. Une statue fut érigée en son honneur à Paris.

## NOGUCHI Hideyo (1876-1928)

Hideyo Noguchi, bactériologiste japonais, découvrit avec Simon Flexner l'agent de la syphilis *Treponema pallidum* confirmant ainsi la découverte réalisée par Fritz Schaudinn*. Noguchi est né à Inawashiro le 24 novembre 1876. Diplômé de l'École Médicale de Tokyo en 1897, il devint assistant de recherche de Simon Flexner à l'Université de Pennsylvanie en 1900 où il travailla sur des venins de serpents. En 1904, Noguchi suivit Flexner au Rockefeller Institute pour la recherche médicale de New York. Lors de son travail sur la syphilis, Noguchi modifia le test de Wassermann* qui avait pour but de mettre en évidence la détection de l'agent pathogène ainsi que de prouver que la paralysie générale et le tabès correspondaient aux dernières étapes de la syphilis. Il fit cette découverte en 1913 en examinant des échantillons *post-mortem* de cerveaux et de moelle épinière. Noguchi découvrit également qu'il y avait aussi des effets retardés sur le système nerveux qui pouvaient apparaître 10 à 20 ans après l'infection originale.

*Précautions prises contre la fièvre jaune à l'Hôpital militaire de Léganes, près de Madrid en 1878. Fumigation des soldats revenus de Cuba à l'aide d'un mélange de cuivre et d'acide nitrique © Institut Pasteur*

En 1918, Noguchi commença à s'intéresser à la fièvre jaune en Amérique du Sud afin de développer un sérum et un vaccin pour prévenir cette infection. C'est lors de cette étude qu'il crut avoir trouvé le spirochète responsable de la fièvre jaune (ce qui était une erreur puisque la fièvre jaune est causée par un virus). Lors des années 1925 à 1927, il travailla sur la fièvre d'Oroya qui était importante au Pérou et en Équateur ainsi que sur la maladie appelée Verrugua peruana : il a montré que les deux infections étaient dues à la même espèce bactérienne, *Bartonella bacilliformis* (voir Barton*). En 1927 ayant appris qu'un autre bactériologiste Adrien Stokes avait transmis avec succès la fièvre jaune à l'aide d'un virus filtrable, Noguchi se rendit en Afrique pour réaliser ses propres recherches. C'est lors de ce séjour qu'il fut accidentellement infecté par le virus de la fièvre jaune et qu'il mourut au Ghana le 21 mai 1928.

# O-P

## OBERMEIER Otto Hugo Franz (1843-1873)

Médecin et microbiologiste allemand. Il fit ses études médicales à Berlin et fut ensuite engagé comme assistant à l'Hôpital de la Charité de cette ville.
Obermeier découvrit l'année de sa disparition prématurée en 1873, la bactérie nommée actuellement *Borrelia recurrentis* (appartenant à la Famille des *Spirochaetaceae*), l'agent étiologique de la fièvre récurrente, transmise par le pou (*Pediculus humanus*). Il découvrit ce micro-organisme dans le sang des malades au cours de la phase fébrile de la maladie. Afin de rendre hommage à ce jeune bactériologiste talentueux, la bactérie a été longtemps appelée *Spirochaeta obermeieri*.
Bactériologiste aux aptitudes prometteuses, Otto Obermeier est mort en pleine activité à Berlin le 20 août 1873 à l'âge de 30 ans. Pour certains auteurs, Obermeier serait mort des suites d'une infection par la bactérie qu'il venait de découvrir et qu'il expérimenta sur lui-même ; pour d'autres, il serait mort du choléra, victime du fléau lors de la quatrième pandémie.

## OGSTON Alexander (1844-1929)

Médecin écossais qui naquit à Aberdeen en 1844 et qui resta dans sa ville natale toute sa vie. Brillant chirurgien, il resta titulaire de sa chaire de 1882 jusqu'à sa retraite en 1909. Il eut un intérêt majeur pour l'étude des suppurations. La lecture de la monographie de Robert Koch*, publiée en allemand en 1878 puis en anglais en 1880, sur « L'étiologie des maladies infectieuses après traumatisme » l'intéressa au plus haut point. Il possédait un laboratoire construit derrière sa maison et avait obtenu une autorisation pour manipuler les animaux ainsi qu'une aide financière de 60 £ pour ses travaux de recherche de la part de la British Medical Association. Il disposait d'un microscope Zeiss acheté sur ses propres deniers. À partir d'une suppuration de jambe, il évacua un peu de matériel qu'il colora sur une lame d'observation microscopique à l'aide de violet d'aniline. L'examen lui permit d'apercevoir parmi les débris de cellules, des amas et des petites chaînettes de bactéries mais aussi des bactéries arrondies. Il présenta ses résultats au Congrès des Chirurgiens Allemands à Berlin le 9 avril 1880 et l'année suivante son article intitulé « Report upon micro-organisms in surgical diseases » parut dans le British Medical Journal du 12 mars 1881. Ogston y décrivait l'analyse de 82 abcès dont 65 abcès aigus dans lesquels il mit en évidence des microcoques quelquefois en chaînettes ou en amas et parfois avec un mélange des deux formes. La culture de ces bactéries fut possible sur milieu à l'œuf de poule. L'injection de pus à des souris produisait des abcès et quelquefois la mort de l'animal. Dans son article « Micrococcus poisoning » paru en 1883, Ogston faisait la distinction entre les microcoques disposés en chaînettes et déjà désignés sous le nom de streptocoques par Billroth*, de ceux qui sont disposés en amas. Ces derniers furent appelés « Staphylocoques » sur la proposition d'un professeur de grec d'Aberdeen, W. D. Geddes. Ogston fut fait Chevalier en 1912 et en 1914-1915 devint Président de la British Medical Association. Il mourut à Aberdeen le 1er février 1929.

## OSLER William (1849-1919)

Médecin anglo-américano-canadien, né dans l'Ontario au Canada et mort en Angleterre après avoir passé une grande partie de sa vie aux États-Unis. Jeune, il quitta son Canada natal et émigra aux États-Unis où il fit ses études de médecine.
Clinicien exceptionnel, homme d'une grande intégrité et d'une extraordinaire culture, enseignant doué d'un sens pédagogique remarquable, il fut nommé Professeur dans son pays d'origine à l'Université MacGill à Montréal. Il retourna ensuite aux États-Unis comme Professeur à Philadelphie, puis à l'Université John Hopkins à Baltimore. En 1905 il quitta les États-Unis pour s'installer en Angleterre où il avait été demandé par la célèbre Université d'Oxford ; il y resta jusqu'à sa mort en 1919.
En 1892, il publia un livre à New York intitulé « The principles and practice of medicine » .
En clinique médicale, on lui doit : la description du syndrome de la veine cave inférieure, la description de l'angiomatose hémorragique familiale ou « maladie de Rendu-Osler », la description de la pneumonie lupique, la description ainsi que l'individualisation de la polycythermie mégalosphérique = « maladie d'Osler ».
Au cours de ses recherches en bactériologie, William Osler individualisa, en 1901, associé à Sigismond Jaccoub (1830-1913), l'endocardite bactérienne ou « maladie de Jaccoub-Osler » dont Hugo Schottmüller* mit en évidence le rôle important joué par les streptocoques du « groupe viridans ».
William Osler fut anobli en Angleterre.

## PACINI Filippo (1812-1883)

Anatomiste et histologiste italien, précurseur dans le domaine de la bactériologie, né à Pistoja.
Il fit ses études de médecine à l'Université de Florence où il s'établit par la suite.
En 1834 (il avait alors 23 ans), il découvrit les corpuscules tactiles de la peau dont Abram Vater (1684-1751), anatomiste allemand, avait fait une première approche descriptive, et qu'il décrivit extensivement en 1840 dans un ouvrage intitulé « Nuovi organi scoperti nel corpo umane » ; ces corpuscules porteront ensuite le nom de « corpuscules de Vater-Pacini ».
C'est en 1854 à Florence, au cours de la troisième pandémie européenne de choléra, que ce grand anatomiste toscan établit une corrélation entre le choléra, dit « choléra asiatique », et les germes mobiles observés dans le

contenu intestinal de cadavres victimes du fléau. Pacini eut effectivement l'occasion d'autopsier de nombreux sujets et observa des « vibrions en très grand nombre ».

« Le choléra : l'appel des condamnés », caricature par Alfred Le Petit représentant la Mort appelant les cholériques in « Le Grelot » © Institut Pasteur

Il donna une description et une illustration très précises du vibrion cholérique. Ayant ensuite détecté, microscopiquement, dans les matières fécales de malades atteints de choléra des bactéries morphologiquement identiques à celles vues dans le contenu intestinal des cadavres, Pacini incrimina ces vibrions comme étant responsables du choléra. En 1884 (un an après la mort de Pacini), la revue médicale anglaise The Lancet attribua officiellement la découverte du vibrion cholérique à Pacini, décision qui fut ratifiée et validée par la commission allemande pour le choléra, présidée par Robert Koch*.

## PARROT Jules Joseph (1829-1883)*

Pédiatre français qui, bien que n'étant pas bactériologiste, est néanmoins connu en matière de maladies infectieuses pour ses travaux et contributions dans le domaine clinique de la tuberculose et de la syphilis chez l'enfant.

Il a établi la loi des adénopathies similaires (loi de Parrot) et individualisa, en 1876, le complexe tuberculeux primaire chez l'enfant.

Il a décrit deux maladies qui portent son nom : l'achondroplasie (maladie de Parrot et Marie : affection héréditaire du développement osseux entraînant un nanisme), et la pseudoparalysie de la syphilis congénitale.

* *À ne pas confondre avec PARROT André (1901-1980), célèbre archéologue français, ou PARROT Jean Louis (1908), physiologiste français qui contribua en tant que collaborateur d'EDMOND et de SERGENT à démontrer la transmission des* Leishmania *par les phlébotomes.*

## PASTEUR Louis (1822-1895)

Chimiste et microbiologiste français, né à Dôle dans le Jura le 27 décembre 1822.

Il avait trois sœurs et la famille était modeste puisque le père, ancien soldat de Napoléon, n'était qu'un simple tanneur à Arbois. Pasteur quitta sa famille pour aller étudier au collège de Besançon où il semblait beaucoup plus intéressé par la peinture que par les autres matières ; il excellait, en particulier dans les portraits réalisés au pastel. Cependant, son père, qu'il respectait particulièrement, le poussa à préparer le concours de l'École Normale afin qu'il réussisse les études qu'il n'avait pas pu faire lui-même. En 1842 il obtint un double baccalauréat de sciences et de lettres et il a été aussi reçu à l'École Normale. Mais acceptant mal son classement moyen, il démissionna pour s'inscrire en classe préparatoire afin de repasser le concours. Il étudia cette année scolaire au lycée St Louis de Paris tout en allant assister au cours de chimie de la Sorbonne. Il put alors assouvir sa passion pour la physique et la chimie. Il fut reçu 4e à l'École Normale Supérieure et il obtint l'agrégation 3 années après, tout en passant son temps libre au laboratoire, l'œil rivé à son microscope. C'est alors que commença réellement sa carrière de chercheur.

*Louis Pasteur au Congrès de Londres en 1881*
*© Institut Pasteur*

Dans un premier temps, il démontra grâce à son microscope, que l'acide paratartrique qui ne dévie pas la lumière, était en fait composé de deux sortes de cristaux dont les symétries étaient inverses, l'un déviant la lumière vers la gauche et l'autre vers la droite. Ces résultats ont été publiés en 1848. En 1853, il est amené à penser que la dissymétrie de l'acide tartrique serait due en fait à la consommation par de petits organismes d'une seule des deux formes du mélange original.

Ses études sur l'acide tartrique lui ont donné le goût de la collaboration avec les industries et c'est pourquoi les producteurs d'alcool de la région de Lille lui demandèrent de les aider car il arrivait parfois que la fermentation des betteraves était défectueuse. Il était connu à l'époque que la présence des ferments était obligatoire pour la fabrication du pain et du vin mais personne ne connaissait leur mode d'action. Pasteur, toujours dans la droite ligne de ses recherches sur l'acide tartrique, montra que l'alcool isoamylique produit au cours des fermentations pouvait exister sous 2 formes : l'une déviant la lumière et l'autre non. Comme il pensait que seule la vie pouvait fabriquer des substances actives sur la lumière, il émit alors l'idée que que les ferments pouvaient être des micro-organismes. Il le démontra brillamment en isolant 2 types de micro-organismes capables de se multiplier dans des solutions sucrées et responsables, pour l'une d'elles de la formation de l'alcool et pour l'autre de la formation d'acide lactique ; seules les conditions de culture permettaient à l'une ou à l'autre de se développer en plus grande quantité en donnant, soit un bon produit (plus d'alcool) ou un mauvais produit (plus d'acide). Cette idée était révolutionnaire car, les chimistes de l'époque pensaient que les fermentations ne se produisaient que par transformation des produits chimiques existants.

À l'École Normale Supérieure de Paris où il venait d'être nommé, il poursuivit ses recherches sur les fermentations et vint se heurter à la théorie de l'hétérogénie appelée aussi théorie de la génération spontanée dont l'un des plus farouches partisans était Félix Archimède Pouchet. Cette théorie, généralement admise à l'époque, était basée sur le fait que les êtres vivants quels qu'ils soient, ne provenaient que du réarrangement des molécules en surplus. Dans le même ordre d'idée, les maladies infectieuses étaient préexistantes dans le corps, et ne s'exprimaient que de temps en temps.

Pasteur tenait absolument à démontrer que ses détracteurs se trompaient. Ayant constaté que les ferments chauffés ne se développaient plus dans un ballon hermétiquement fermé, mais se développaient à nouveau avec un contact de l'air, il en déduisit que c'était l'air qui contenait des micro-organismes. On le vit alors ouvrant des milieux de culture stériles dans différents lieux comme à Arbois ou à Chamonix, pour montrer que plus l'air était pur, moins ses flacons étaient contaminés.

En étudiant le ferment butyrique qui donne un goût au beurre, il montra qu'il existait aussi des micro-organismes qui n'avaient pas besoin d'oxygène pour se développer.

En 1862, il fut admis à l'Académie des Sciences. En cultivant les micro-organismes dans différents milieux appropriés à certains et pas à d'autres, il réalisa des cultures pures ce qui constitue encore à l'heure actuelle, un des concepts fondamentaux de la microbiologie.

Il travailla ensuite sur le vin et constata qu'en le chauffant pendant une minute à 55°C, il détruisait les micro-organismes indésirables responsables de l'altération du précieux nectar. Ce principe a été appelé : pasteurisation.

Heureusement que les travaux scientifiques obtenus à Paris pendant cette période étaient impressionnants car il ne laissa pas un souvenir impérissable aux 10 générations d'élèves de l'École Normale tellement sa gestion était maladroite, voire autoritaire ! En 1867, il dut quitter ses fonctions et fut nommé Professeur de Chimie Organique à la Sorbonne.

Il aborda alors, tout à fait par hasard, le domaine des maladies infectieuses en travaillant sur une maladie qui détruisait les vers à soie des magnaneries du midi de la France.

Il découvrit en fait que les vers à soie étaient atteints de 2 maladies, la pébrine et la flacherie dont on pouvait observer au microscope sur des femelles broyées, des organites ronds identiques à ceux de leurs œufs : en éliminant les œufs de ces femelles malades on obtenait des élevages sains.

Il imagina donc que les maladies infectieuses pouvaient avoir pour origine un micro-organisme. C'est dans le même temps qu'il observa la division des bactéries au microscope et, lorsque les conditions de culture étaient mauvaises, leur transformation en spores résistantes.

Ayant besoin de connaissances médicales, il s'appliqua alors à suivre au Collège de France les cours du physiologiste Claude Bernard.

En 1868, il fut atteint d'une hémorragie cérébrale qui le paralysera définitivement du côté gauche.

En 1871, Arbois et Paris étant occupés par l'armée allemande, c'est à Clermont-Ferrand qu'il se réfugia chez son ami Émile Duclaux. C'est là qu'il mit au point un nouveau procédé de pasteurisation de la bière. En 1878, il présenta la « Théorie des germes et ses applications à la médecine et à la chirurgie ». Il soutenait que les maladies infectieuses étaient dues à des germes et que ceux-ci pouvaient être véhiculés dans l'air, l'eau ou les mains des médecins ou des chirurgiens. Il fallait donc que les chirurgiens opèrent dans des conditions d'asepsie. Cette notion était pratiquement impossible à admettre à l'époque et sa formation de chimiste n'arrangeait rien vis-à-vis de la profession médicale ! Il fut alors soumis à de violentes attaques.

*Médaillon d'une jeune fille, élève de 4e au collège d'Arbois. Fusain ou mine de plomb exécuté par Louis Pasteur © Institut Pasteur*

Ses études sur la virulence des germes l'ont amené à analyser les résultats obtenus par Edward Jenner. Celui-ci en 1796 avait inoculé à ses patients le germe responsable de la vaccine qui touchait préférentiellement les chevaux et il avait constaté que ce germe, peu virulent pour l'homme, le protégeait contre un germe autrement plus redoutable : celui de la variole. Pasteur se mit donc à travailler sur l'atténuation du pouvoir pathogène des différents microbes afin de préparer des injections capables de protéger l'homme de la maladie donnée par le germe virulent.

En 1879, à son retour de vacances, il injecta à des poules une vieille culture de choléra des poules qu'il avait oubliée pendant son absence (cette souche lui avait été fournie par Henri Toussaint*). Les poules ne moururent pas et, bien au contraire, elles résistèrent à une autre injection d'une culture fraîche : Pasteur venait de mettre en évidence que le vieillissement de la culture avait diminué le pouvoir pathogène du germe et avait protégé l'individu contre une culture hautement pathogène ! Il venait de mettre au point ce qui fut longtemps appelé un « virus-vaccin » (par référence à la vaccine de Jenner). L'oxygène qui avait réduit la pathogénicité du germe n'avait pas la même efficacité sur le bacille du charbon car la spore y est insensible. C'est encore Henri Toussaint qui lui viendra bien involontairement en aide, en communiquant à l'Académie de Médecine sa façon de préparer par chauffage le vaccin contre le charbon. C'est en 1881 qu'eut lieu la grande expérience publique du Pouilly-le-Fort au cours de laquelle Pasteur immunisa des moutons, des vaches et même une chèvre avec un vaccin atténué par la chaleur et additionné de bichromate de potassium. Vingt jours après, il leur inocula une culture virulente. Après 2 jours, les animaux protégés survivaient encore alors que les animaux non protégés étaient morts. Pasteur connut donc la gloire car, du même coup il montrait que sa théorie des germes était valable et que la protection par les cultures atténuées était possible.

Il travailla ensuite sur la rage, bien que ne voyant pas le germe dans l'objectif de son microscope. Il atténua ses effets dangereux en laissant vieillir de la moelle infectée pendant une quinzaine de jours dans un flacon. Il a ainsi été capable de vacciner des animaux sans oser expérimenter son procédé sur l'homme. C'est sur le petit Joseph Meister, un petit garçon âgé d'une dizaine d'années, qu'il tenta l'expérience après que ce dernier se fit mordre gravement par un chien. Les docteurs Alfred Vulpian et Jacques Grancher (n'oublions pas que Pasteur n'était pas médecin !) injectèrent de la moelle vieillie et quelque temps après de la moelle de plus en plus jeune. L'incubation de la rage ayant une période longue de plus de 30 jours, le vaccin qui est efficace en une quinzaine de jours est une bonne solution de protection. Un peu plus tard, c'est Jupille un jeune berger qui sera vacciné à son tour avec succès.

*Salle des travaux pratiques du cours de microbiologie à l'Institut Pasteur. Préparation des lamelles avant observations au microscope. Gravure d'après dessin d'Alexis Lemaistre © Institut Pasteur*

Afin de développer et donner accès à la vaccination pour le plus grand nombre, il fut décidé de créer un établissement pour le traitement prophylactique de la rage à Paris, auquel des laboratoires de recherche seraient annexés et qui serait appelé Institut Pasteur. Une souscription fut lancée et l'Institut fut inauguré le 14 novembre 1888 en ayant reçu des dons du monde entier.

À partir de ce moment, sa santé déclina et il mourut le 28 septembre 1895 : il est enterré à l'intérieur même de l'Institut qui porte son nom.

Ses nominations scientifiques témoignent de la grande activité de ce savant : en 1854, il a été nommé Doyen de la Faculté des Sciences de Lille ; en 1873, c'est l'Académie de Médecine qui l'accueillit et en 1882, il fit son entrée à l'Académie Française au siège de Littré.

*L'homme*

Nommé à la faculté de Strasbourg, il devint amoureux fou de la fille du recteur de l'Université, Marie Laurent, qu'il épousa et qui lui donna 3 enfants. Ils restèrent ensemble 45 ans.

Comme pour beaucoup de grands savants, on retrouve chez cet homme la dualité à la fois artistique et scientifique. N'oublions pas que Pasteur a produit de très belles œuvres pastelles. Enfant, il était réfléchi et réservé. Travailleur acharné, il passait son temps au laboratoire ou en déplacement afin d'apprendre sur le terrain. En revanche il ne brillait guère dans ses rapports avec les élèves ; son passage en tant qu'enseignant à la faculté de Strasbourg ne fut guère apprécié des étudiants car il s'exprimait très difficilement. De plus, sa gestion trop rigide de l'École Normale Supérieure était parfois intolérante.

Le transfert de la recherche fondamentale aux applications pratiques était chez lui une constante. On le vit travailler sur les fermentations et appliquer ses recherches à la pasteurisation du vin ou de la bière. Ses études des maladies du vers à soie lui ont permis de sauver un grand nombre de magnaneries. En édictant des mesures d'hygiène simple, il a permis d'éviter la transmission de la maladie du charbon à des animaux sains (il avait démontré que les vers de terre remontaient les spores du bacille du charbon des animaux morts enfouis dans la terre). L'application de sa théorie des germes a magnifiquement abouti à la vaccination.

Patriote, il a été très marqué par l'entrée des Allemands sur le territoire national en 1870 et a même demandé qu'on raye son nom des membres honoraires de la faculté de Bonn en 1871. Il aimait le vin mais pas la bière tout en ayant beaucoup travaillé sur les procédés de fermentation et de sélection des ferments afin de créer « la bière de la revanche » ! En 1874, il laissa dans le domaine public tous ses procédés de fabrication qui ne lui rapporteront donc rien contre une rente en sa faveur, votée par l'Assemblée Nationale.

Paradoxalement, il se méfiait des microbes et se lavait les mains de très nombreuses fois par jour. Il ne serrait jamais les mains des personnes qu'il rencontrait afin de ne pas se contaminer. Il prenait soin de bien rincer le savon avant de le replacer et c'est lui qui, dit-on, institua la pratique que certains boulangers ont encore aujourd'hui et qui consiste à présenter le pain dans une feuille de papier.

On le considère, à juste titre, comme l'un des plus grands scientifiques ayant su lier l'observation à l'expérimentation. Un travail immense lui permit d'être à l'origine de la plupart des concepts qui fondent notre science actuelle.

## PERTIK Otto (1852-1913)

Pathologiste hongrois, né à Budapest.

Après des études de médecine dans son pays, Otto Pertik compléta sa formation à Paris où il fut l'élève de Louis Antoine Ranvier (1835-1922), histologiste et anatomiste français bien connu, puis se perfectionna en bactériologie chez Robert Koch* à Berlin.

Il fut l'assistant de Friedrich Daniel von Recklinghausen* avant d'être nommé Professeur d'Anatomo-pathologie à l'Université de Budapest. Otto Pertik a publié un certain nombre de travaux d'un haut niveau en rapport avec la bactériologie et la pathologie.

## PETRI Richard Julius (1852-1921)

Bactériologiste allemand né à Barmen dans les environs de Wuppertal dans la Ruhr.

Il fut conservateur du Musée de l'Hygiène à Berlin en 1886. Stagiaire, élève et assistant de Robert Koch* avec qui il travailla au célèbre Institut des Maladies Infectieuses à Berlin, c'est dans cette institution qu'il inventa en 1887 sa célèbre boîte, dite « Boîte de Petri ». C'est une boîte circulaire en verre avec couvercle destinée à recevoir un milieu nutritif pour la culture des bactéries. La boîte de Petri était destinée à remplacer la technique de culture en « plaques de Koch ». Actuellement le verre a été remplacé par du plastique et les boîtes sont à usage unique.

*Boîtes de Petri en verre destinées à contenir du milieu de culture gélosé. À l'heure actuelle, ces boîtes sont constituées de matière plastique et sont jetées après usage © F. Renaud*

Petri avait le caractère et la mentalité du Prussien, c'est-à-dire discipline, rigueur et autoritarisme.
Ayant un goût prononcé pour les uniformes militaires et dirigeant un sanatorium de tuberculeux (bien que n'étant pas médecin), il aimait à se montrer revêtu d'un uniforme de médecin militaire de grade élevé pour imposer le respect aussi bien à son équipe médicale qu'aux malades.
Plus tard, il fut nommé membre de la « Reichsgesundheitsamt » = Service d'État de la santé = Ministère de la Santé publique, mais il fut rapidement atteint de sénilité précoce.

## PFEIFFER August (1848-1919)*

Hygiéniste allemand beaucoup moins connu que son homonyme Richard Peiffer* avec lequel il n'y a aucun lien de parenté. Il fut l'élève de Robert Koch* et de Carl Flügge. Pendant de nombreuses années, il occupa le poste d'officier de la santé à Wiesbaden. Il fut l'auteur de plusieurs observations sur le bacille tuberculeux et la tuberculose cutanée ainsi que sur le bacille typhoïdique dans les selles (1885). C'est à August Pfeiffer que l'on doit la découverte en 1889 du « *Bacillus (Corynebacterium) pseudo-tuberculosis rodentium* ».
** À ne pas confondre avec Richard Pfeiffer* ni avec Franz Pfeiffer (1815-1868), médecin autrichien qui se consacra à l'étude de la littérature et des langues germaniques.*

## PFEIFFER Richard Friedrich Johanes (1858-1945)*

Médecin allemand né à Zduny (Posnanie).
Après des études médicales à Berlin il obtint son diplôme en 1880. Il passa les 9 années qui suivirent à servir comme médecin dans l'armée à Berlin. Assistant de Robert Koch* à l'Institut d'Hygiène de Berlin, il entra en 1891 à l'Institut des Maladies Infectieuses de Berlin comme responsable du département scientifique. Il devint Professeur titulaire au sein de cet organisme en 1894.
En 1892, lors de l'épidémie de grippe de 1889-1892, il isola de la gorge d'un malade, un bacille qu'il considérait comme étant l'agent responsable de la maladie et qu'il nomma *Bacillus Haemophilus influenzae.* Ce n'est qu'en 1933 que Ch. Andrewes démontra que la grippe était en fait due à un virus.
En 1894, il mit en évidence que des bacilles du choléra injectés par la voie intrapéritonéale chez les cobayes immunisés, non seulement ne tuaient

pas l'animal mais que le plasma de ces animaux mis en présence des bacilles vivants les agglutinaient avant de les immobiliser puis de les lyser. Ce phénomène dit « de Pfeiffer » disparaissait après le chauffage du plasma. En 1896 il isola *Micrococcus catarrhalis*.

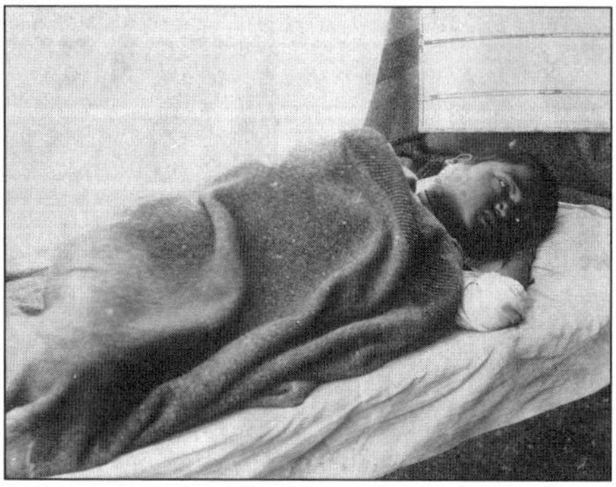

*Indien pestiféré vers 1900 © Institut Pasteur*

En 1897 il rejoignit l'expédition allemande de Robert Koch en Indes pour l'étude de la peste puis, l'année suivante, il orienta ses recherches sur le paludisme. D'autres de ses recherches portèrent sur les méthodes d'immunisation contre le typhus, la peste et le choléra. C'est lui qui mit en évidence les endotoxines bactériennes. Il travailla ensuite comme Professeur à l'Université de Königsberg puis à celle de Breslau. Parti en retraite en 1925 comme Professeur émérite, il mourut en 1945.
** À ne pas confondre avec August Pfeiffer* ni avec Franz Pfeiffer (1815-1868), médecin autrichien qui se consacra à l'étude de la littérature et des langues germaniques.*

## PRINGLE John (Sir) (1707-1782)

John Pringle est né à Stichill (ou Stichel) House dans le Roxburghshire en 1707. Il était le plus jeune fils d'un petit baron et il fréquenta tout d'abord l'Université de St Andrews. Il fut éduqué par un cousin qui était professeur de grec et, après avoir étudié les lettres classiques et la philosophie quelques années, à l'âge de 20 ans il se rendit à Edimbourg pour y étudier la médecine. Il resta à Edimbourg une année seulement et, en 1728 il se rendit à Leyden certainement pour bénéficier de l'enseignement de Boerhaave, le grand médecin hollandais alors dans la dernière partie de sa vie. Il demeura 2 ans à Leyden au cours desquels il acquit son diplôme médical et rédigea une dissertation intitulée « De marcoresenini » dans laquelle il décrivait les changements pathologiques qui accompagnaient le vieillissement des vaisseaux sanguins et autres structures. Après un bref séjour à Paris, il s'établit à Edimbourg comme médecin praticien. Néanmoins, quelques années après, en 1734, il devint Professeur à l'Université d'Edimbourg. Il continua d'exercer la médecine et la philosophie morale jusqu'en 1742 lorsqu'il devint médecin de l'armée britannique sous le commandement de lord Stair. Bien qu'il fût absent d'Edimbourg pour une longue période, on lui accorda le bénéfice de sa chaire et d'autres personnes furent placées à sa place. Trois années plus tard, il devint Médecin Général de l'Armée et à ce moment quitta complètement l'université. La plupart des travaux importants de Pringle furent accomplis lors de ses 6 années de service actif à la fois dans les Flandres et au pays. En 1750, 2 ans après son retour à la vie civile, fut publiée la première étude de Pringle sur les observations faites lors de son séjour à l'armée. 1752 fut une année favorable pour Pringle. Il se maria avec la seconde fille de William Oliver un médecin de Bath dont la mémoire est toujours célébrée sous la forme du biscuit « bath-oliver ». La même année il publia « Observations on the diseases of the army ». C'est pour ce traité qu'il est encore considéré comme le père de la médecine militaire moderne. Y figurent également les premières observations scientifiques des infections croisées à l'hôpital tant au point de vue de l'épidémiologie, de la pathogenèse que de la prévention. De plus, la première description des antiseptiques est contenue dans son annexe. Huit éditions de cet ouvrage furent réalisées et il fut largement traduit en langues étrangères. Dans la quatrième édition, il écrivait « à l'intérieur du camp, la contagion (de dysenterie) passe de l'un à l'autre, c'est-à-dire d'un soldat malade à ses compagnons dans la même tente et de l'un à l'ensemble des autres ».

Dès les années 1740, il fit les premières observations sur les infections acquises à l'hôpital. Il introduisit de grandes réformes sanitaires dans les hôpitaux militaires. Il mit en évidence la relation entre les excréments et un certain nombre de fièvres chez l'homme. Il créa alors des fosses septiques éloignées des baraques où logeaient les soldats. Il soulignait déjà les dangers de la surpopulation et de la mauvaise aération, ce dernier point revenant constamment au cours du siècle.

Lors d'une épidémie de typhus ou fièvre des prisons, plusieurs notables (juges, jurés) de la Cour de Londres décédèrent. Pringle mit alors en cause le rôle des vêtements dans la transmission et recommanda que ceux qui sont portés par les condamnés, même après leur libération ou leur exécution soient brûlés. Il faudra attendre Charles Nicolle*, 150 ans plus tard, pour qu'on découvre le rôle du pou dans la transmission du typhus. Pringle fut également le premier à utiliser le terme « antiseptique » dans son ouvrage « Observations on the Diseases of an Army, in Camp and in Garnison » publié en 1752 et qui traite des maladies des troupes comme la dysenterie épidémique et de l'hygiène des campements. Enfin, Pringle semble avoir pressenti le rôle des « animalcules » (en fait les bactéries), dans le processus infectieux.

Sir John Pringle décéda le 18 janvier 1782 à Londres.

## PROCOPE (de Césarée ; fin V^e^ siècle) (PROCOPUS)

Procope était un historien byzantin, né à la fin du V^e^ - début du VI^e^ siècle à Césarée (Palestine). Ses écritures constituent une source d'informations sur le règne de l'empereur Justinien I^er^.

Ayant terminé des études de droit, il s'était établi dans la capitale de l'empire Byzantin (Constantinople) et y devint le secrétaire de Belisarius, général de Justinien, qu'il accompagna lors de la guerre contre les Perses (527-531), dans les campagnes en Afrique contre les Vandales (533-534) et contre les Ostrogoths (536). De retour à Constantinople en 542, il assista à une épidémie jusque-là « inconnue » (il s'agissait de la peste de 542-543) et dont il donna une description très élaborée qui servit pendant des siècles comme référence.

Procope décrivit également le contexte entourant la maladie à cette époque : cadre de vie, conséquences sur le commerce, influences sur la vie économique et sociale, impuissance et perplexité des médecins.

Comme quelques autres contemporains parmi lesquels Evagre*, Procope décrivit (toujours en grec) la symptomatologie de la maladie : fièvre, apparition de bubons dans l'aine ou l'aisselle, délire, coma et mort en quelques jours.

Procope est décédé vers 562 à Constantinople. Il est l'auteur du « Livre des Guerres » (545-554) et du « Traité des Édifices » (553-555). L'authenticité de son livre « Histoire secrète » est contestée ; il y présente une critique peu flatteuse sur la vie de Justinien I$^{er}$ et de son épouse Theodora à la cour byzantine.

## PROSKAUER Bernhard (1851-1915)

Chimiste allemand né en 1851. À partir de 1877 il fut l'un des collaborateurs de Robert Koch* à la Kaiserlischen Gesunheitssamt (Office Impérial de la Santé) et à l'Institut für Infektionskrankheiten (Institut des Maladies Infectieuses) à Berlin. En 1907, il fut nommé directeur de l'Untersucherngsamt (Office des recherches) de la ville de Berlin. Proskauer publia de nombreux travaux dans le domaine de la bactériologie pure et de l'hygiène. Ses résultats obtenus dans le domaine de la désinfection étaient remarquables pour l'époque : c'est lui qui a instauré le procédé utilisant le formaldéhyde pour la désinfection des maisons. Il a également contribué à résoudre certains problèmes en rapport avec la qualité chimique et bactériologique des eaux potables et l'élimination des eaux usées.

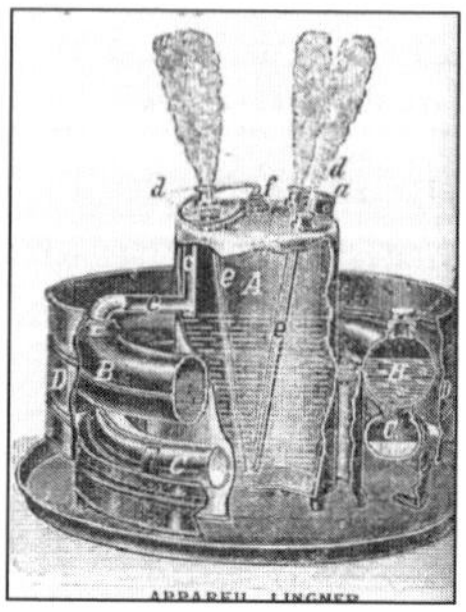

*Stérilisation de l'air par le formol : appareil de Lingner. Dictionnaire de médecine et de pharmacie, Pharmacie du Progrès, St Etienne.*

Il est bien connu des bactériologistes puisqu'il a mis au point avec son collègue Voges une réaction (dite réaction de VP) permettant de mettre en évidence la production d'acétyl-méthyl-carbinol lors des réactions de fermentation. Proskauer mourut en 1915 à l'âge de 64 ans.

## PROWAZEK Stanislas Joseph Mathias von (1875-1915)

Microbiologiste autrichien, originaire de Bohême, il fit ses études à Prague puis à Vienne. Il travailla ensuite avec Paul Ehrlich* à Francfort, puis avec Oscar Hertwig (1849-1922), célèbre naturaliste et embryologiste allemand à Munich avant de s'installer à Leipzig.

En 1907, il succéda à Fritz Schaudinn* (disparu prématurément) à l'Institut de Médecine Tropicale à Hambourg.

Lors d'un séjour à Java en 1907, il mit en évidence (avec L. Halberstaeder), dans les cellules épithéliales obtenues par grattage de conjonctives chez des malades atteints de trachome, des inclusions de microcolonies (« Einschlüssen » selon Prowazek). Elles sont à la base de la découverte des Chlamydiales et, dans le cas précis du trachome, de *Chlamydia trachomatis*, bactérie de très petite taille ; Prowazek proposa le nom de *Chlamydozoa*.

En 1913, il réalisa des études sur les épidémies de typhus exanthématique en Serbie (Belgrade) et en Turquie (Constantinople). Il isola l'agent étiologique de la maladie (découvert par Howard Ricketts* en 1910) à partir de poux prélevés chez des malades atteints de typhus et donna pour la première fois les caractéristiques de cette bactérie intracellulaire.

Tout comme Ricketts en 1910, von Prowazek se contamina en 1915 au cours de ses études sur la maladie typhique et en mourut à l'âge de 40 ans.

Afin de rendre hommage à Stanislas von Prowazek qui, avec Howard Ricketts, est à l'origine de la découverte et de la caractérisation du bacille du typhus, le nom de *Rickettsia prowazekii* a été donné à cette bactérie pathogène par Henrique Da Rocha-Lima, rickettsiologue brésilien.

# R

## RABINOWITSCH Lydia (1871-1935)

Médecin lituanienne, née le 22 août 1871 à Kaunas (Kovno). Après avoir terminé l'enseignement secondaire dans son pays natal, elle fit des études de sciences naturelles en Suisse où elle jouissait en tant que sujet d'origine juive, contrairement au régime tsariste, de droits civiques. Elle débuta ses études à l'Université de Zürich et obtint son Doctorat en Sciences Médicales en 1894 à l'Université de Berne. Elle partit ensuite à Berlin où elle fut la seule étudiante féminine de Robert Koch* à l'Institut des Maladies Infectieuses.

Invitée outre-Atlantique en 1894, elle enseigna pendant 3 ans la bactériologie au Woman's Medical College de Philadelphie. Revenue à Berlin, elle épousa en 1898 le bactériologiste allemand Walter Kempner. C'est le couple Kempner-Rabinowitsch qui reconnut les différents stades du parasite *Trypanosoma lewisi* décrit auparavant par Timothy Lewis en 1877.

Pour avancer ses recherches sur la peste, elle séjourna à Odessa en 1902 et accompagna plus tard R. Koch* en Afrique de l'Est pour étudier la maladie du sommeil. À son retour, elle concentra ses recherches sur la tuberculose.

En 1903, on la retrouve à l'Institut de Pathologie de l'Hôpital de la Charité à Berlin. L'honneur suprême pour cette femme originaire de Lituanie et faisant sa carrière en Allemagne se présenta en 1912 lorsqu'elle reçut le titre de Professeur d'Université : en fait, elle fut la première femme en Allemagne à accéder à ce grade. Nommée Directeur à l'Institut Bactériologique de l'Hôpital Moabit à Berlin-Lichterfeld, elle y fut chassée en 1933 par le nazisme qui montait en Allemagne.

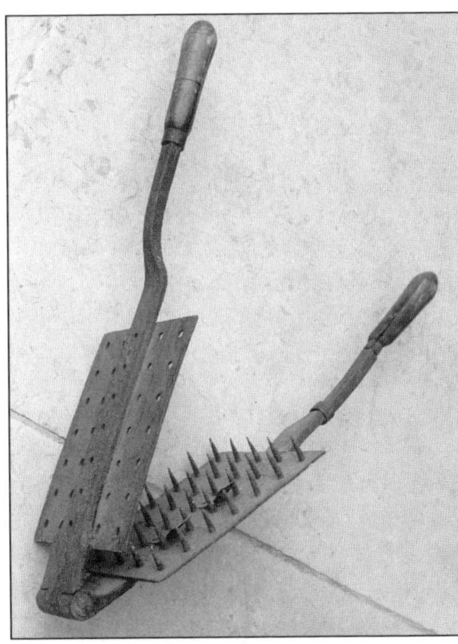

*Pince à désinfecter le courrier pendant les épidémies de la peste au XIXe siècle (Musée Pasteur) © Institut Pasteur*

Les travaux de Lydia Rabinowitsch ont porté sur la bactériologie, la sérologie et la pathogénie de la tuberculose. De 1914 à 1933 elle fut l'éditeur du Zeischrift für Tuberkulose et de la Tuberkulose-Bibliothek. À la suite de

la dramatique contamination accidentelle due à une méprise invraisemblable survenue à Lübeck (Allemagne) en 1930 (voir Albert Calmette*) lorsque 240 sur 252 enfants vaccinés par le BCG développèrent la tuberculose, (72 en décédèrent), elle collabora avec les autorités de l'Institut Pasteur de Paris pour résoudre l'énigme.
Elle est décédée brutalement à Berlin le 3 août 1935 à l'âge de 64 ans.

## RAMON Gaston Léon (1886-1963)

Vétérinaire français, né en 1886 à Bellechaume (Yonne) et mort en 1963 à Paris. Après des études secondaires au Lycée de Sens, il s'est inscrit à l'École Vétérinaire d'Alfort où il obtint le diplôme en 1911. Ramon entra comme auxiliaire du vétérinaire Prévot à l'Annexe de l'Institut Pasteur à Garches (Hauts-de-Seine) où il s'est occupé pendant 15 ans de l'hyperimmunisation des chevaux.

*Récolte des milieux de culture du bacille de la diphtérie dans les boîtes de Roux. Préparation du vaccin antidiphtérique ou antitétanique au service des vaccins de l'Institut Pasteur, vers 1940-1950 © Institut Pasteur*

En 1922, il fut l'auteur d'une méthode dite « réaction de floculation » pour le titrage immunologique des toxines (et plus tard des anatoxines) dans les sérums des chevaux.
Ramon fit une découverte tout à fait étonnante qui allait avoir une grande répercussion dans la pratique vaccinale en découvrant la transformation de la toxine en anatoxine (nom donné par Ramon lui-même) sous l'effet de la formolisation et de la chaleur. Il découvrit effectivement que le formol privait une toxine (toxine diphtérique, toxine tétanique) de son pouvoir toxique tout en lui conservant son pouvoir immunogène. Cette toxine est à la base du vaccin utilisant l'anatoxine. Après une période de recherches, d'expériences et de mises au point, le vaccin à l'anatoxine diphtérique vit le jour en 1923. D'autres anatoxines furent ensuite élaborées par (ou sous l'impulsion de) Gaston Ramon : anatoxine tétanique, anatoxine streptococcique, anatoxine staphylococcique, anatoxine botulinique, anavenins... Il réalisa à l'aide de l'anatoxine la première vaccination antitétanique en 1927.
Ramon a encore été parmi les premiers à préconiser l'emploi de sérums purifiés et ses travaux ont permis d'imposer les vaccinations associées (antidiphtérique-antitétanique-antityphoparatyphoïdique). C'est grâce aux travaux de Ramon et à son anatoxine diphtérique que la diphtérie a presque totalement disparu en France et que le tétanos (utilisant le même principe de vaccination) est devenu une maladie très rare.
En 1926, il fit la découverte de l'immunostimulation, c'est-à-dire la manière d'activer le système immunitaire.

De 1926 à 1944, Gaston Ramon dirigea l'Institut Pasteur de Garches et pratiquement en même temps, de 1934 à 1940, il fut Sous-Directeur, puis Directeur (en juin 1940) de l'Institut Pasteur de Paris. De 1949 à 1958, il assura la direction de l'Office des Épizooties de Paris.

Après sa mise à la retraite, Gaston Ramon fut nommé « Directeur Honoraire de l'Institut Pasteur » dans ses dernières années. Grand-croix de la Légion d'honneur, il a été membre de nombreuses Académies.

## RATTONE Giorgio (1857-1930)

Médecin italien, né à Moncalieri près de Turin dans le Piémont. En 1885, il occupa un poste d'enseignant à Sassari (Sardaigne) et en 1886, il fut nommé Professeur de Pathologie Générale à l'Université de Parme (Émilie).

En tant que bactériologiste, il étudia le tétanos et le pneumocoque.

Avec Antonio Carle*, il mit en évidence en 1884 la nature infectieuse du tétanos et sa transmissibilité de l'homme à l'animal en injectant l'extrait d'une pustule - porte d'entrée de l'infection - d'un sujet mort de tétanos à des lapins qui moururent ensuite, présentant tous les symptômes du tétanos. Ils réalisèrent ensuite la transmission de la maladie de lapin à lapin.

## RAYER Pierre François Olive (1793-1867)

Médecin français, épidémiologiste et précurseur direct des grands bactériologistes, Pierre Rayer est né le 7 mars 1793 à Saint-Sylvain, près de Caen (Calvados).

Il fit ses études médicales à Paris, soutint sa thèse en 1818 mais ne put obtenir l'agrégation à cause de son mariage avec une protestante. Médecin des hôpitaux, il n'eut au cours de sa carrière aucune facilité, aucun soutien, et pas même de laboratoire officiel. C'est à 69 ans qu'il devint célèbre en étant nommé en 1862 (5 ans avant sa mort) Professeur de Médecine Comparée et Doyen de la Faculté de Médecine de Paris.

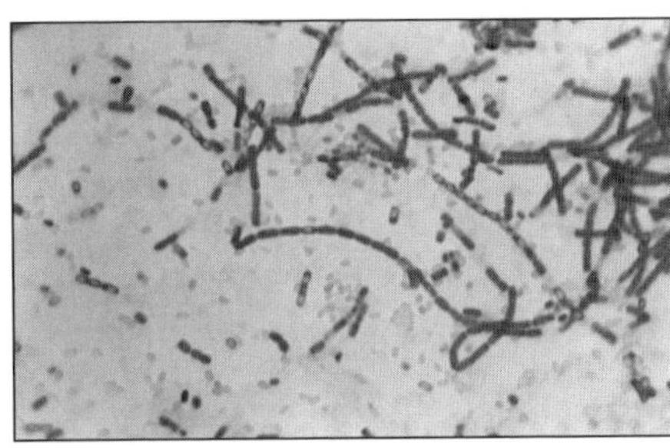

Bacillus anthracis. *La spore du bacille du charbon est bien visible car elle n'est pas colorée par la méthode de Gram et apparaît donc comme une structure grisâtre à l'intérieur ou à l'extérieur du bacille © F. Renaud*

Il est l'un des pionniers de la pathologie comparée et de la pathologie infectieuse. L'étude des zoonoses et ses travaux dans le domaine des épizooties constituent une part importante de l'œuvre de Rayer. Il réalisa des recherches fondamentales sur le charbon bactéridien, la morve, la tuberculose et la fièvre aphteuse.

Premier Président de la Société de Biologie, créée en mai 1848, il en assuma la présidence jusqu'à sa mort en 1867.

C'est Rayer qui émit l'idée que la variole aviaire, la clavelée du mouton et la variole humaine pouvaient avoir une origine commune ; un siècle plus tard, ces maladies furent reconnues comme étant à attribuer à des Poxvirus.

Il publia des articles dans une multitude de domaines parmi lesquels figurent les infestations parasitaires et les cas tératologiques non seulement chez l'homme, mais aussi chez une grande diversité d'espèces du règne animal (poissons, mollusques, crustacés, reptiles, oiseaux, mammifères...).

Rayer fut, en 1850, le premier à transmettre expérimentalement le charbon bactéridien en inoculant le sang de la rate d'un mouton mort de ce que l'on appelait alors la maladie du « sang de rate » à un mouton sain qui mourut de l'affection après quatre jours. Avec Casimir Davaine*, Rayer reproduisit en 1851, en Beauce, l'expérience en inoculant le sang de moutons morts du charbon à des moutons sains qui moururent ensuite en deux à trois jours avec les symptômes caractéristiques de l'affection. Dans le sang des bêtes mortes, examiné au microscope, Rayer observa « de petits corps filiformes ayant environ le double en longueur d'un globule sanguin. Les petits corps n'offraient point de mouvements spontanés ». En fait, Rayer venait d'observer pour la première fois le germe appelé maintenant *Bacillus anthracis* et dont Davaine révéla le rôle étiologique dans l'infection.

Rayer démontra aussi, dès 1838, que la morve aiguë des solipèdes (et du cheval en particulier) et la morve observée chez l'homme étaient bien des maladies identiques et uniques, malgré les aspects cliniques différents, et que cette infection était transmissible de l'homme à l'animal et inversement. Il publia encore un important ouvrage, consacré particulièrement aux statistiques et à l'épidémiologie de la suette miliaire, maladie aujourd'hui disparue (on suppose que c'est cette maladie qui emporta Mozart).

Parmi les nombreux élèves de Rayer qui ont marqué la médecine française, il faut citer : Berthelot, Bouchard, Charcot, Davaine, Littré, Ricord, Villemin et surtout Claude Bernard.

## RECKLINGHAUSEN Friedrich Daniel von (1833-1910)

Médecin allemand, von Recklinghausen est considéré comme un des grands anatomopathologistes du XIX^e siècle. Après avoir été l'assistant de Virchow, puis de Julius Cohnheim avec qui il travailla sur le processus cellulaire de l'inflammation vers 1865, il fut nommé plus tard Professeur d'Anatomie Pathologique à Königsberg, ensuite à Würzburg, puis à Strasbourg. Parmi ses élèves, il eut en 1889 l'Anglais Almroth Wright*.

En 1882, il donna une description de la neurofibromatose et, en 1891, il décrivit l'ostéite fibreuse déformante qui sera rattachée plus tard (en 1904) à une hypertrophie adénomateuse des paratyroïdes par Askanasy.

En bactériologie, von Recklinghausen publia d'importants travaux sur le rôle des bactéries dans les processus morbides ; il mit notamment en évidence des bactéries dans le sang des malades atteints de fièvre typhoïde (identifiées et décrites plus tard comme *Salmonella* Typhi par C.J. Eberth* et G. Gaffky*).

## REITER Hans Conrad (1881-1969)

Hans Conrad Reiter est né à Leipzig en 1881. Il était le fils d'un industriel. Il débuta sa médecine à l'âge de 20 ans à Leipzig puis à Breslau et à Tübingen. Il obtint son diplôme de Docteur en Médecine avec une dissertation sur « Néphrites et tuberculose ». Ensuite il se déplaça à Paris, Londres et Berlin. Il travailla sous la direction de Sir Almroth Wright* au St Mary Hospital pendant 2 ans. En 1913 il rentra à l'Institut d'Hygiène de Konigsberg et pendant les quelques mois qui précédèrent la guerre de 1914-1918, il fut directeur de département à l'Institut d'Hygiène de l'Université de Berlin. Alors qu'il servait sur le front Ouest lors de la guerre 1914-1918, il identifia l'agent causal de la maladie de Weil (une leptospire). Un peu plus tard, toujours pendant la guerre, il observa chez un jeune lieutenant qui souffrait d'une triade de symptômes - urétrite, conjonctivite et arthrite -, un symptôme qui fut appelé maladie de Reiter. Enfin il isola un variant non pathogène mais cultivable de *Treponema pallidum* qui devint plus tard un antigène pour une réaction très spécifique de la syphilis : le test du complément de Reiter.

Après la guerre, il devint Professeur d'Hygiène à l'Université de Rostock et en 1923 directeur de section à l'Institut Kaiser Wilhelm de thérapie expérimentale à Berlin-Dahlem. Trois années plus tard, il prit le poste de Directeur du Département de la Santé de l'État de Mecklenburg. Il était politiquement très actif et devint un supporter d'Adolf Hitler, en partie du fait de son intérêt pour l'eugénisme. Il signa une allégeance à Hitler en 1932 et, en échange, il devint Président du Département de la Santé de Berlin et Professeur Honoraire. Après la guerre, Reiter continua à s'investir énormément dans l'hygiène. Il reçut la médaille Robert Koch et la grande médaille d'honneur de la Croix Rouge. Il se retira de la vie active très tard et il est décédé le 25 novembre 1969 à l'âge de 88 ans.

## RICKETTS Howard Taylor (1871-1910)

Microbiologiste et anatomopathologiste américain né dans l'Ohio. Il fit ses études à l'Université de Chicago et commença dans cette ville sa carrière comme praticien hospitalier au Cook County Hospital. Il se spécialisa ensuite en anatomopathologie et devint Professeur associé de Pathologie à l'Université de Chicago. En 1906, il démontra que la fièvre pourprée des Montagnes Rocheuses (Rocky Mountain spotted fever décrite en 1899 par K.F. Maxey) était véhiculée par une tique (*Dermacentor*). Il montra aussi que la maladie pouvait être transmise au singe et au cobaye par les morsures de tiques et par injection de sang prélevé chez un sujet atteint de la fièvre des Montagnes Rocheuses. En 1910, Ricketts partit au Mexique pour y étudier le « typhus mexicain » (Mexican Typhus ou Tabardillo). Il y découvrit que la maladie était transmise par les poux, et que dans le sang des singes infectés, on pouvait mettre en évidence des micro-organismes morphologiquement identiques à ceux qui sont observés dans le sang d'animaux infectés avec l'agent de la fièvre pourprée des Montagnes Rocheuses. Il a été le premier à avoir identifié l'agent causal du typhus exanthématique. Cette bactérie nommée plus tard « rickettsie » en son honneur, a été décrite en 1913 par Stanislas von Prowazek*. Afin de rendre hommage à Ricketts qui découvrit ce micro-organisme ainsi qu'à von Prowazek qui le caractérisa, Henrique da Rocha-Lima donna le nom de *Rickettsia prowazekii* à cette bactérie. C'est lors de ces études que Ricketts se contamina et mourut du typhus exanthématique en 1910 à l'âge de 39 ans.

## RICORD Philippe (1800-1889)

Ce Français, fils d'une riche famille d'origine provençale installée à Baltimore, fit ses études de médecine à Paris. En 1831, il fut nommé chirurgien à l'Hôpital du Midi. Intelligent, doué, spirituel, toujours de bonne humeur et bon vivant (ce qui agaçait profondément l'intolérant et despotique Guillaume Dupuytren, professeur de Ricord mais aussi chirurgien des rois Louis XVIII et Charles X), Ricord devint le médecin de Napoléon III (officiellement « Chirurgien de la Maison de l'Empereur ») qui le nomma responsable des hôpitaux militaires et du contrôle sanitaire. Les jeunes militaires constituèrent pour Ricord une magnifique population d'études sur les maladies vénériennes. Après de nombreuses années d'observations et d'expériences qu'il réalisa lui-même, il put établir la spécificité nosologique des différentes maladies vénériennes dont il publia les résultats en 1863 dans son « Traité pratique des maladies vénériennes». C'est lui qui a décrit les différents stades de la syphilis et différencié nettement la blennorragie, le chancre mou et la syphilis. Il a été dit de lui « qu'il s'était trompé toute sa vie » ! Cette affirmation péremptoire est inexacte mais contient quand même une part de vérité. En effet, il affirmait en 1860, que « les femmes pouvaient donner la blennorragie sans l'avoir ». Il n'était d'ailleurs pas le seul à avancer cette allégation puisque Alfred Jean Fournier* (1832-1914), célèbre dermatologue et syphiligraphe français, Professeur à la Faculté de Paris, était du même avis que lui affirmant même que c'était le cas le plus fréquent ! En fait, on sait maintenant que la femme contaminée par la bactérie de la blennorragie (*Neisseria gonorrhoeae*) est très souvent asymptomatique.

On connaît peu de choses sur la vie sentimentale de Ricord qui resta célibataire. Il ne fut pas marqué par le matérialisme comme le montre cet épitaphe qu'il composa à la fin de sa vie :

*Aux portes de l'éternité*
*Quand j'aurai fini ma carrière,*
*S'il me reste un peu de poussière*
*De cette triste humanité,*
*Que le tombeau seul s'en empare,*
*Que de mon âme se sépare*
*Cette cause de mes douleurs*
*Car l'âme pure et sans matière*
*Doit être un rayon de lumière*
*Que ne troubleront plus les pleurs.*

## ROEDERER Johann Georg (1727-1763)

Médecin allemand et Professeur à la Faculté de Médecine de Göttingen, en Basse-Saxe.

Roederer est surtout connu comme gynécologue et obstétricien. En 1765, deux ans après sa mort, un ouvrage posthume parut sur les accouchements et sur la circulation fœtale. En dehors de l'obstétrique, il s'intéressa également à la parasitologie et à la microbiologie générale.

En 1761, Roederer découvrit le trichocéphale, un ver parasite qu'il crut, de bonne foi, découvrir pour la première fois mais qui avait déjà été mis en évidence en 1740 par Jean-Baptiste Morgagni dans le caecum de l'homme. C'est toutefois Roederer qui donna le nom latin de *Trichuris* à ce ver.

Au cours d'une épidémie de fièvre typhoïde à Göttingen, en 1762, Roederer, associé à Wagler, décrivit la maladie sous le nom de *morbus mucosus* « maladie muqueuse ». Dans un ouvrage (*De morbo mucoso*), publié à Göttingen en 1762, il donna une description anatomopathologique du « typhus abdominal » et présenta les arguments incriminant l'eau dans la transmission de la maladie. Il mourut d'ailleurs à l'âge de 36 ans des suites de cette maladie qu'il avait probablement contractée en l'étudiant.

## ROSENBACH Anton Julius Friedrich (1842-1923)

Chirurgien allemand, né à Grohnde-am-Werra dans l'électorat de Hanovre (Basse-Saxe).

Il fit ses études médicales à Heidelberg, Göttingen, Vienne et Paris.

Il fut nommé Professeur extraordinaire de Chirurgie à l'Université de Göttingen.

Rosenbach s'intéressa tout particulièrement à la bactériologie chirurgicale et aux infections traumatiques ; il publia à ce sujet une remarquable monographie sur les micro-organismes isolés des plaies traumatiques infectées.

En 1884, Rosenbach isola en cultures pures les staphylocoques et les streptocoques ; sur la base de la pigmentation des colonies sur milieux de culture solides, il fit la distinction entre trois entités de staphylocoques : *Staphylococcus aureus* (*S. pyogenes aureus*#), *S. albus*# (*S. pyogenes albus*#) et *S. citreus*# (# : dénominations de l'époque).

Il confirma la séparation taxonomique entre staphylocoques et streptocoques établie par Alexander Ogston* et confirma également la découverte de Louis Pasteur* en affirmant que l'ostéomyélite et le furoncle étaient des infections dues à la même bactérie. Toujours en 1884, Rosenbach donna le nom de *Streptococcus pyogenes* (= Streptocoque du groupe A) à des coques groupés en chaînettes et isolés de lésions suppuratives chez l'homme.

Ne disposant pas de laboratoire à l'université, Rosenbach fit toutes ses recherches bactériologiques chez lui en ayant installé dans sa maison un laboratoire personnel et en utilisant les procédures préconisées par Robert Koch*.

C'est encore Rosenbach qui fit connaître les travaux de Georg Meissner (1829-1905), physiologiste à l'Université de Göttingen, qui effectua de remarquables travaux sur la conservation de pièces anatomiques.

## ROUX Émile (1853-1933)

Médecin et biologiste français né à Confolens (France) le 17 décembre 1853 dans une famille de 9 enfants. En 1862, à la mort de son père, il fut recueilli et élevé par sa sœur aînée. Après des études secondaires à Aurillac, il obtint son baccalauréat en 1871 et commença des études médicales à l'école de médecine de Clermont-Ferrand. C'est là qu'il fit la connaissance de Emile Duclaux alors Professeur de chimie. En 1874 il partit poursuivre ses études à Paris en tant qu'élève boursier à l'École militaire du Val-de-Grâce tout en étant employé comme aide de clinique à l'Hôtel-Dieu. Il refusa de présenter sa thèse en temps voulu et quitta l'école militaire du champ de mars en 1877. Émile Duclaux nouvellement nommé à Paris le présenta alors à Louis Pasteur* qui venait de se séparer de Joubert, et qui avait besoin d'un médecin pour l'assister dans ses recherches sur les maladies microbiennes. Il fit donc son entrée au laboratoire de Pasteur à l'École Normale Supérieure de la rue d'Ulm en tant que préparateur. Il participa alors à l'ensemble des travaux de Pasteur portant sur l'atténuation du choléra des poules et la maladie du charbon. Il prit aussi une part très active à l'expérience de Pouilly-le-Fort entreprise pour démontrer l'efficacité de la vaccination anticharbonneuse (1881). En 1883, il publia une note à l'Académie des Sciences qui signalait qu'il avait obtenu des bactéridies du charbon ayant perdu de façon définitive la faculté de donner des spores en cultivant le germe en présence de bichromate de potasse, avec de surcroît une diminution de la virulence. C'est seulement en 1883 qu'il soutint sa thèse de doctorat en médecine intitulée « Des nouvelles acquisitions sur la rage ». Il était alors âgé de 30 ans.

En 1883, il partit en Égypte accompagné de Thuillier, Nocard et Strauss pour étudier l'épidémie de choléra qui y sévissait à cette époque. Malheureusement, la mission tourna mal avec la mort de Thuillier qui contracta la maladie. Cette histoire a beaucoup marqué les esprits puisque, même Robert Koch qui était lui aussi sur place avec son équipe est venu aider à porter le cercueil.

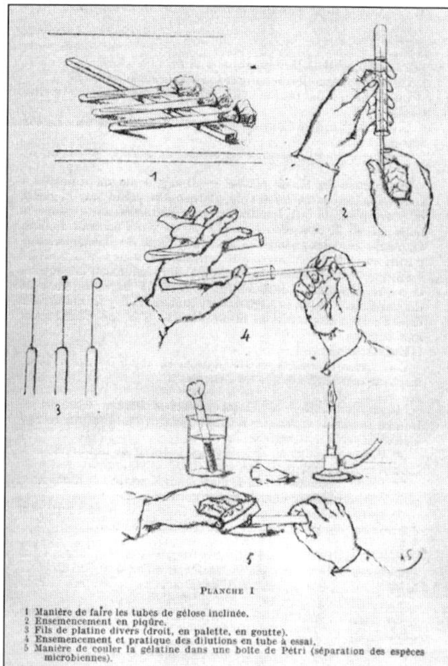


*Schéma de manipulations de microbiologie. Guide pratique des principales manipulations bactériologiques à l'usage des pharmaciens. A Sartory, Nancy*

À partir de cette année-là, nommé Directeur-adjoint du laboratoire de Pasteur de la rue d'Ulm, il commença à organiser la construction du futur Institut Pasteur. Il surveilla la construction et installa les laboratoires en collaboration avec

Yersin*. L'Institut sera inauguré le 14 novembre 1888 et Roux deviendra l'un des chefs de laboratoire. Pasteur en fut le premier Directeur et Duclaux* le Sous-Directeur.

Dès 1880, Pasteur avait eu l'intuition que le bacille du choléra des poules pouvait agir en produisant un poison appelé « toxine ». Roux montra alors que cette toxine, injectée à faible dose, pouvait avoir un pouvoir immunisant lorsqu'on l'avait séparée des bactéries par la chaleur par exemple. Il vint ainsi compléter les travaux de Toussaint*, et Chauveau* sur la mise au point d'une vaccination « chimique » différente de la vaccination microbienne par l'injection de « virus vaccin ». C'est plus tard que Gaston Ramon* fut capable de supprimer le pouvoir toxique des toxines tout en lui conservant son pouvoir immunogène afin de rendre le vaccin inoffensif : ce nouveau produit fut appelé « anatoxine ».

À l'ouverture de l'Institut Pasteur en 1888, il créa le premier « Cours de Microbie Technique ». C'était la première fois que cette science était enseignée. Ces cours furent les premiers d'une longue série dont les thèmes se sont largement diversifiés. Ces cours existent toujours et sont suivis par les médecins et scientifiques du monde entier. C'est aussi cette année-là qu'a été créée une revue scientifique internationale appelée les « Annales de L'Institut Pasteur » dont Roux fut un des premiers membres du comité de rédaction.

De 1888 à 1890, Roux et Yersin ont publié plusieurs fois sur la diphtérie : ils montrèrent que le bacille agissait par l'intermédiaire d'une toxine capable de reproduire les symptômes de la maladie chez l'animal. Puis, reprenant les travaux de Richet et Héricourt qui avaient immunisé des lapins avec le sérum d'un chien à qui l'on avait inoculé du staphylocoque, puis ceux de Behring* et Kitasato* qui avaient montré que le sang de cobayes auxquels on avait injecté de la toxine diphtérique contenait une antitoxine capable de neutraliser la toxine. Roux et Yersin associés à Louis Martin eurent l'idée de faire produire par des chevaux un sérum antidiphtérique utilisable chez l'homme : la sérothérapie était née ! Le sérum des chevaux immunisés par la toxine diphtérique permettait de guérir de la maladie. À l'Hôpital des Enfants Malades, la mortalité fut diminuée de moitié grâce à ce traitement qui fut présenté au Congrès d'Hygiène de Budapest en 1894.

En 1895, à la mort de Pasteur, Duclaux devint Directeur de l'Institut et Roux le Sous-Directeur. Dans le prolongement des travaux sur les toxines, il travailla la sérothérapie antitétanique en compagnie de Vaillard, avec Metchnikoff et Salimbeni sur la toxine cholérique, avec Borrel sur les effets de la toxine tétanique sur le système nerveux, avec Nocard sur le virus filtrable de la péripneumonie des bovidés et avec Metchnikoff sur la syphilis.

En 1904, à la mort du Duclaux, il prit la direction de l'Institut Pasteur jusqu'à sa mort en 1933. Il se consacra alors entièrement à faire marcher la lourde machine administrative abandonnant toute recherche personnelle.

C'est aussi lui qui est à l'origine de la création des laboratoires des armées composés de bactériologistes et de chimistes, pendant la Guerre de 1914-1918.

Cet homme de grand génie n'a jamais quitté le domaine de la technique microbiologique : c'est à lui qu'on doit, avec Nocard les premières cultures du bacille tuberculeux sur les milieux glycérinés, les premiers procédés de culture des bactéries anaérobies, les techniques de microphotographie des microbes, la mise au point d'un système de régulateur de la température des étuves et avec Trillat la désinfection de l'air par les vapeurs de formol !

Emile Roux est mort le 3 novembre 1933 dans le « pigeonnier », une petite chambre située sous les toits de l'Institut Pasteur, accablé par la mort de son élève et ami Calmette* décédé 5 jours auparavant.

## RUFFER Marc Armand (1859-1917)

Ce Lyonnais, fils d'aristocrate fut éduqué à Oxford et il obtint son diplôme de médecin à l'Université de Londres. Il retourna alors travailler à l'Institut Pasteur sous la direction du Maître lui-même. Il tentait de mettre au point un vaccin contre la diphtérie lorsqu'il contracta la maladie et alla, sur les conseils de son ami Daniel Fouquet passer sa convalescence en Égypte.

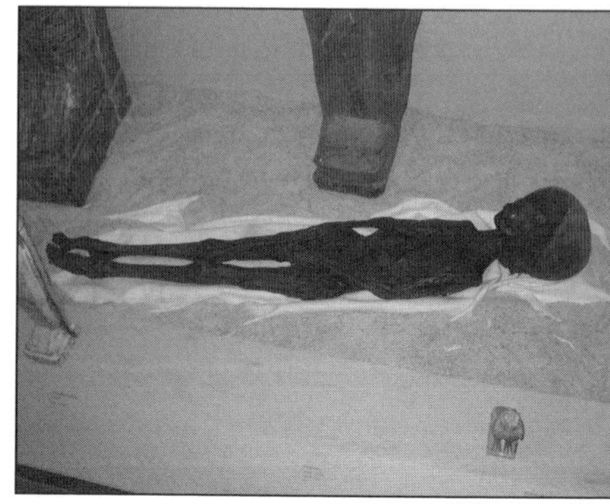

*Momie d'un enfant conservée au musée de Chicago (USA) © F. Renaud*

En 1896, il devint même Professeur de Bactériologie à l'Université médicale du Caire. Il travailla alors en compagnie de Grafton Eliot Smith sur un grand nombre de momies nubiennes et égyptiennes. Mettant en pratique ses connaissances microscopiques, c'est lui qui décrivit le premier chez ces corps conservés, des maladies infectieuses comme la schistosomiase et la tuberculose, des abcès, des splénomégalies (paludisme ?) et diverses maladies osseuses. Il mourut tragiquement lorsque son bateau, de retour d'une mission en Grèce pour la Croix-rouge, fut torpillé et coula en 1917.

# S

## SALICET Guillaume de (1210-1277), (SALICETI Guglielmi), (SALICETO ; SALICETTI ; SALICETUS)

Médecin et chirurgien italien du Moyen-Âge, né à Piacenza (= Plaisance) en Émilie. Avant de devenir Professeur de Pratique Chirurgicale à Bologne, il travaillait à Vérone.
Salicet était avant tout un chirurgien très habile et parmi ses élèves, on compte Guido Lanfranchi lequel, chassé de Milan pour des raisons politiques, s'exila en France où il devint Professeur de Chirurgie à Paris, et Henri de Mondeville (1260-1320), enseignant à Montpellier et médecin personnel de Philippe IV le Bel, puis de Louis X le Hutin.
En 1250, Salicet écrivit un ouvrage en italien, intitulé « Chirurgia », édité à Venise deux siècles après sa mort ; c'était en 1474.
La parasitologie constituait un autre domaine d'intérêt pour Salicet. En parlant des poux, il avait soutenu que ces arthropodes pouvaient passer d'un individu à l'autre. Parmi les vers intestinaux, il distinguait trois espèces : *parvi* (celles de l'anus), *lati* (celles du côlon), et *alii longi* (celles de l'intestin grêle).
En bactériologie-infectiologie, Salicet a été le premier auteur à avoir écrit que la blennorragie était une maladie sexuellement transmissible et que l'affection se transmettait par des rapports sexuels « avec une femme sale ou une prostituée ». Comme mesure prophylactique, Salicet donna la recommandation suivante, signalée dans un ouvrage posthume intitulé « *De Apostemate inguinibus* », édité à Lyon en 1492 (plus de 200 ans après sa mort) : « que celui qui veut sauver son membre de toute corruption doit le laver avec de l'eau vinaigrée quand il vient de voir une femme qu'il soupçonne infectée d'impudicité ».

## SALMON Daniel Elmer (1850-1914)

Daniel Elmer Salmon est né à Mount Olive dans le New Jersey le 23 juillet 1850. Il entra à la Cornell University l'année de sa création en 1868 et reçut son diplôme de vétérinaire en 1872. Comme à l'époque, les possibilités de l'Université Cornell étaient limitées, il passa les 6 derniers mois de sa formation en France à l'École Vétérinaire de Maisons-Alfort près de Paris et fit un court séjour à celle de Lyon. Il devint Docteur Vétérinaire en 1876.
Il pratiqua tout d'abord à Newark dans le New Jersey puis, en 1875, à Asherville en Caroline du Nord. En 1877, il donna des conférences à l'Université de Georgie puis, l'année suivante, il enquêta pendant deux mois pour le compte du United States Commissioner of Agriculture sur les maladies des porcs. En 1879, il rejoignit l'équipe du professeur Law à New York où il devint inspecteur de

l'état afin d'éradiquer la pleuropneumonie contagieuse du bétail et, à la fin de l'année, il fut dépêché dans les états du Sud en particulier au Texas pour étudier les maladies du bétail.

En 1883, il fut appelé à Washington afin de mettre au point une division vétérinaire au sein du ministère de l'Agriculture et devint responsable l'année suivante du tout nouveau Bureau of Animal Industry, fonction qu'il exerça jusqu'au 1er décembre 1905. C'est en 1885 qu'avec Theobald Smith*, ils isolèrent, à partir d'animaux atteints du choléra du porc, un bacille à Gram négatif mobile facilement cultivable qui fut appelé le bacille du choléra du porc ou *Bacillus cholerae suis* (aujourd'hui *Salmonella* Choleraesuis).

Au cours de l'été 1906, Daniel Salmon accepta un contrat de 5 ans à Montevideo en Uruguay pour organiser un département vétérinaire au sein de l'université. Après cette période, il retourna dans les états de l'Ouest des États-Unis. En 1914, il participa à la mise au point d'un sérum contre le choléra du porc dans le Montana.

Le Docteur Salmon a exercé de nombreuses fonctions administratives de premier plan comme, par exemple, President of the United States Veterinary Medical Association, en 1897.

Les 21 années au cours desquelles il a été à la tête du Bureau of Animal Industry ont été marquées par un grand nombre de réalisations. La pleuropneumonie du bétail a été éradiquée et de nombreux cas de fièvre aphteuse résolus. Un système fédéral de contrôle de la viande a été mis au point. Le mode de transmission de la fièvre du Texas mis en évidence, des mesures pour son contrôle furent proposées comme la mise en route d'une quarantaine pour les animaux importés.

Au point de vue personnel, le Docteur Salmon ne fut pas très apprécié de ses collègues. Il était caractériel, dogmatique et eut de nombreux démêlés avec ses pairs. Bien qu'il ne fût pas en cause, une campagne de presse se déchaîna contre le service d'inspection de la viande et finalement Salmon fut démis de ses fonctions. Ceci l'atteignit au plus haut point. Il décéda très peu de temps après, à Butte dans le Montana, le 30 août 1914.

## SALOMONSEN Carl Julius (1847-1924)

Médecin danois, élève de Robert Koch*, Professeur de Bactériologie Médicale par proclamation royale en avril 1883 à Copenhague.

Salomonsen s'est particulièrement attaché aux techniques et méthodes de coloration des bactéries afin de mieux les visualiser lors de l'observation microscopique. C'est ainsi qu'il employa en 1877 la fuchsine pour colorer les germes. La coloration des bactéries, et notamment celle du bacille tuberculeux, constituait une part importante de son cours de bactériologie. Entre 1870 et 1880, Salomonsen confirmait le caractère transmissible de la tuberculose, énoncé et démontré par Jean Antoine Villemin* entre 1865 et 1868.

Parmi ses élèves qui se sont particulièrement illustrés dans le domaine de la bactériologie figurent Christian Gram* (1853-1938), auteur en 1884 de la célèbre coloration qui porte son nom « Coloration de Gram » et Knud

Faber* (1862-1956) qui découvrit en 1890 la toxine tétanique.

## SCHAUDINN Fritz Richard (1871-1906)

Zoologiste et microbiologiste allemand, né à Hambourg en Prusse Orientale où il fit ses études et où il travailla avant d'être nommé, encore très jeune, Directeur de l'Institut Impérial de la Santé à Berlin.

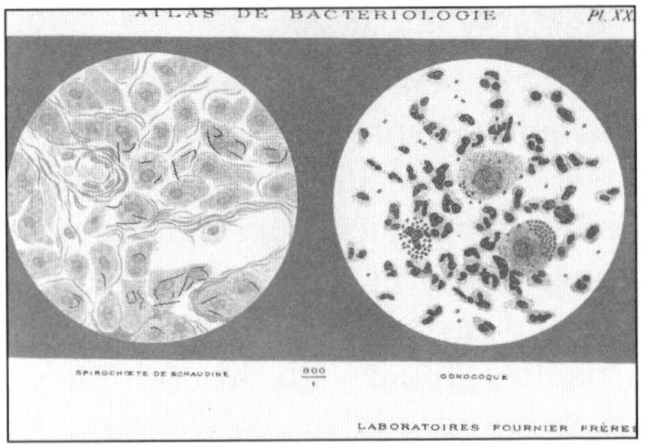


*Le tréponème pêle* « Treponema pallidum » *est l'agent de la syphilis et le gonocoque* « Neisseria gonorrhoeae » *celui de la gonorrhée. Laboratoires Fournier-Frères.*

Schaudinn s'est fortement intéressé à la parasitologie et c'est lui qui a établi la distinction entre les deux espèces amibiennes : *Entamoeba coli* et *Entamoeba histolytica*. On lui attribue généralement la découverte en 1903 de la nouvelle entité *Entamoeba histolytica*, l'amibe dysentérique, et à Giovanni Battista Grassi, médecin et biologiste italien, la découverte en 1879 d'*Entamoeba coli.*
Avec Paul Erich Hoffmann*, il découvrit en mars 1905 l'agent étiologique de la syphilis, un spirochète appelé le tréponème pâle ou *Treponema pallidum*, et il classa ce micro-organisme dans le monde animal et non bactérien.
Insouciant et méconnaissant les dangers, il fit des essais sur lui-même en réalisant des auto-inoculations ; il expérimenta ensuite des traitements désinfectants toxiques et nocifs : lavements à base de chlorure mercurique (= sublimé) et injections de bleu de méthylène. Il est mort à l'âge de 35 ans, en 1906, à la suite de ses « expériences » un peu audacieuses et intrépides.
En 1907, Stanislas Prowazek* succéda à Schaudinn à l'Institut de Médecine Tropicale à Hambourg.

## SCHICK Béla (1877-1967)

Pédiatre hongrois, né en 1877 à Boglár (actuellement Balatonboglár) sur les bords du lac Balaton. Il fit ses études médicales à la Karl Franz Universität de Graz (Autriche). De 1902 à 1923, il exerça sa profession au département de pédiatrie de l'hôpital universitaire de Vienne, et y fut nommé, en 1918, Professeur de Pédiatrie. En 1923, il émigra aux États-Unis et fut nommé Médecin-Chef du département pédiatrique au Mount Sinai Hospital à New York, poste qu'il occupa de 1923 à 1942, et Professeur de Pathologie Infantile de 1936 jusque 1942 à la Columbia University de cette même ville.
Schick publia d'importants travaux sur la tuberculose, la scarlatine et sur les problèmes nutritionnels du nouveau-né. Associé à Clemens von Pirquet*, pathologiste autrichien, il fut l'auteur de quelques publications sur les maladies hématologiques.
En bactériologie, Schick est surtout connu pour la réaction qui porte son

nom, l'intradermoréaction ou test de Schick, dont il publia la procédure et les résultats en 1913. Ce test permet de déterminer l'immunité d'un sujet vis-à-vis de la diphtérie ou de déceler la sensibilité et la réceptivité à cette maladie.

## SCHOEN Moïse (1884-1938)

Né à Jaun-Jelgava, en Lettonie, le 4 septembre 1884, Moïse Schoen fit des études d'ingénieur agronome à Berlin et à Giessen (Allemagne). Il eut comme professeurs Zunz, Fischer* et Buchner.

Se présentant à l'Institut Pasteur (Paris) en 1908, il y fut admis au laboratoire des fermentations, dirigé par Auguste Fernbach (1860-1939).

Avec Fernbach, Schoen réalisa une multitude d'études en rapport avec les particularités de la macération du malt et l'activité des enzymes protéolytiques (1910), la production du lévulose par voie biochimique (1912) et la fermentation alcoolique.

Toujours avec Auguste Fernbach, il étudia la fermentation des hexoses par les bactéries, et particulièrement les métabolites intermédiaires. C'est ainsi que Schoen mit pour la première fois en évidence, en 1913, la production d'acide pyruvique comme métabolite intermédiaire dans le processus de fermentation par les bactéries du glucose jusqu'au stade final d'alcool éthylique.

Avec Ramon* et Legroux, il étudia la dissociation du complexe anatoxine-antitoxine diphtérique.

Avec P. Béraud et P. Bréchot, il réalisa des recherches sur l'hydrolyse des sciures de bois et la fermentation de leurs produits d'hydrolyse. Moïse Schoen publia deux monographies sur ses recherches sur la fermentation : « Le problème des fermentations » (1926) et « Faits nouveaux et nouvelles hypothèses dans la chimie des fermentations » (1938).

Succédant en 1934 à Auguste Fernbach à la direction du Service de Fermentations de l'Institut Pasteur, Moïse Schoen dirigea à partir de 1935 les « Annales des Fermentations et de la Distillerie », publication fondée en 1898 par A. Fernbach.

Moïse Schoen termina sa carrière en tant qu'enseignant à l'Institut Pasteur (cours de Biochimie et de Microbiologie appliquées aux industries de fermentation) et à l'Institut National des Industries de Fermentation à Bruxelles (cours de Microbiologie générale).

## SCHÖNLEIN Louis Lucas (1793-1864)

Clinicien et pathologiste allemand, né à Bamberg, en Bavière. Il enseigna à Würzburg, à Zürich (de 1833 à 1839) et ensuite à Berlin (de 1839 à 1859).

Il publia en 1837 un ouvrage intitulé « Allgemeine und specielle Pathologie und Therapie » (Pathologie et thérapeutique générale et spéciale). Il y donna une première mais incomplète description du purpura rhumatoïde qu'il appela « *peliosis rheumatica* » et dont le tableau clinique fut complété en 1869 par le pédiatre allemand Edouard Heinrich Henoch (1820-1901) ; le nom de « maladie de Henoch-Schönlein » a même été utilisé pour désigner cette affection. Dans ce travail, il est également ques-

tion de la contagion de certaines maladies dues à des « schädliche Potenzen » (puissances nuisibles = agents nuisibles = micro-organismes).
En 1839, Schönlein publia un travail sur l'impétigo, « Zur Pathogenie der Impetigenes » (Sur la pathogénie de l'impétigo) ; dans cet ouvrage, il exposait les résultats d'une étude qu'il fit sur le favisme et donna une description de l'agent étiologique de cette maladie mycotique. Afin de rendre hommage à ce pathologiste qui découvrit l'agent causal du favus du cuir chevelu (mais aussi parfois de la peau glabre), le nom d'*Achorion schoenleini* fut proposé par R. Remak en 1840 (une année après sa découverte) pour désigner le champignon. C'est Remak qui mit en évidence la contagiosité de cette mycose. Dans la classification actuelle, ce champignon a été classé dans le genre *Trichophyton* comme *Trichophyton schoenleinii*.
Schönlein semble avoir été le premier pathologiste à avoir utilisé, en 1834, le terme « tuberculose » pour désigner la maladie « phtysie » due à *Mycobacterium tuberculosis*.
Schönlein est encore l'auteur d'une classification d'inspiration naturaliste des maladies qui est assez rapidement tombée en désuétude. C'est ainsi qu'il classa la fièvre typhoïde (dont l'agent étiologique n'était pas encore connu) dans différentes « familles ».

## SCHOTTELIUS Max (1849-1919)

Hygiéniste allemand né à Brunswick (Braunschweig) en Basse-Saxe.
Après avoir débuté sa carrière comme anatomo-pathologiste sous la direction de Walter Rindfleisch (1872-1928), il s'orienta ensuite vers la bactériologie et perfectionna ses connaissances dans ce domaine à Berlin, Munich et Paris.
Il fut Professeur de Bactériologie et d'Hygiène à l'Université de Fribourg-en-Brisgau (Freiburg im Breisgau ; Bade-Wurtemberg).
Par la publication de ses travaux, Schottelius apporta sa contribution à la connaissance du choléra, du *Bacillus prodigiosus* (= *Serratia marcescens*) et de bien d'autres bactéries.

## SCHOTTMÜLLER Hugo Adolf Alfred Louis Georg (1867-1936)

Médecin allemand, né à Trebbin, dans le Brandebourg.
Professeur à la polyclinique de Hambourg-Eppendorf dont il était le directeur, Schottmüller écrivit de nombreux travaux relatifs à la bactériologie et à ses applications en médecine clinique.
Schottmüller fut le premier en 1900, à mettre en évidence, par hémoculture, le bacille typhoïdique (*Salmonella* Typhi) dans le sang de malades atteints de fièvre typhoïde. Parmi les souches de bacilles "para"-typhoïdiques qu'il isola par hémoculture dans le sang de 7 malades, il observa des différences de caractères biochimiques et sérologiques : il décida alors de classer ces souches antigéniquement différentes mais proches du bacille d'Eberth* (*Salmonella* Typhi) comme « types » distincts. Ils seront appelés plus tard *Salmonella* Paratyphi A et *Salmonella* Paratyphi B. Il fit ensuite des études sur l'étiologie de ces bactéries.

Schottmüller isola en 1910 un streptocoque du groupe « *viridans* » (désignation de l'époque) et attira l'attention sur le rôle de cette bactérie dans l'endocardite bactérienne décrite par William Osler*, appelée aussi « endocardite d'Osler » ou « endocardite de Jaccoud-Osler ».

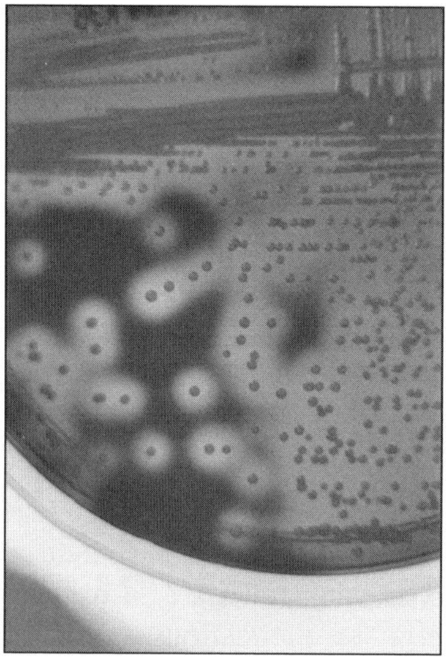

*Colonies bactériennes hémolytiques sur gélose au sang @ F. Renaud*

En fait, Schottmüller avait introduit en 1897 une technique de culture des streptocoques sur des milieux contenant du sang et une classification basée sur les hémolyses observées. Il désignait les souches produisant une hémolyse complète (ß-hémolyse) *Streptococcus longus pathogenis*, et les streptocoques produisant un « verdissement » du milieu autour des colonies (α-hémolyse) *Streptococcus mitior viridans*.
En 1914, Schottmüller découvrit, au cours d'une septicémie après morsure de rat, l'agent étiologique de la streptobacillose : *Streptobacillus moniliformis*. Il lui avait donné le nom de *Streptothrix muris ratti*.

## SCHROETER Joseph (1835-1894)

Médecin militaire et botaniste allemand, enseignant à l'université de Breslau où il fut le collaborateur du célèbre Ferdinand Cohn* avec qui il travailla sur les cryptogames.
Il décrivit, en 1872, l'observation qu'il fit d'une coloration d'un beau bleu intense sur une tranche de pomme de terre cuite, et l'attribua à une bactérie à laquelle il donna le nom de *Bacteridium aeruginosum*. En 1882, le Français Carle Gessard* donna une description complète (la première) du bacille pyocyanique (actuellement *Pseudomonas aeruginosa*).
S'inspirant de la technique d'Hermann Hoffmann*, Schroeter utilisa non seulement la pomme de terre mais également la pâte d'amidon, la farine, le pain, l'albumine d'œuf coagulé et d'autres milieux solides pour la culture des germes pigmentés. Robert Koch* qui était un ami de F. Cohn, s'est très certainement inspiré de la technique préconisée par Schroeter, mais n'en a jamais fait référence. Schroeter a été le premier à faire la distinction et la différenciation de bactéries chromogènes par la culture sur milieux solides. Il constata qu'au sein des colonies ayant le même aspect et le même pigment, les bactéries étaient microscopiquement identiques mais différentes par rapport aux colonies présentant un autre pigment et/ou une autre texture. Ses observations le conduisirent à élaborer une systématique des bactéries chromogènes.

## SCHÜTZ Johann Wilhelm (1839-1921)

Vétérinaire allemand né à Berlin le 15 septembre 1839, son père était maréchal-ferrant.

Après avoir obtenu son diplôme en 1860, il pratiqua la médecine vétérinaire pendant deux ans puis étudia pendant deux autres années la médecine à Berlin. Il s'engagea ensuite, en 1866, dans l'armée et reprit ensuite ses études médicales obtenant en 1868 son diplôme de médecin.

Schütz est surtout connu comme pathologiste. À partir de 1877 et jusqu'à sa mort, il fut Professeur d'Anatomie Pathologique et d'Histologie à l'École Supérieure Royale de Médecine Vétérinaire (Königliche Tierärztliche Hochschule) à Berlin.

Il a été élève de Robert Koch* et collaborateur de Friedrich Loeffler*. Avec ce dernier, Wilhelm Schütz cultiva en 1882 pour la première fois l'agent étiologique de la morve *Pseudomonas* (= *Malleomyces* = *Loefflerella* = *Pfeifferella*) *mallei.*

Avec R. Koch, il fut associé aux travaux que celui-ci réalisa sur la tuberculose.

Wilhelm Schütz apporta d'importantes contributions dans le domaine de la pathologie des maladies animales.

Solitaire, sans amis (qu'il ne cherchait d'ailleurs pas), travailleur infatigable et débordant d'énergie, il avait un sens aigu du devoir et de la science. Il est mort le 7 novembre 1921.

## SCLAVO Achille (1861-1930)

Achille Sclavo est né le 21 mars 1861, dans la gare d'Alessandria (Piémont) où son père était chef de gare. À cette naissance « ferroviaire », il attribuait souvent sa passion pour les trains et son infatigable vocation à voyager à travers l'Italie et l'Europe. Sa famille était originaire de Lesegno (Cuneo) où ce nom est très répandu. Par la suite, son père fut muté à la gare de Savona. C'est dans cette ville que le jeune Achille fréquenta le lycée des frères Scopoli et qu'il y connut sa future femme Eugenia. Les deux adolescents étaient alors âgés d'une quinzaine d'années mais ils restèrent fiancés plus ou moins officiellement, compte tenu des restrictions de l'époque, presque quinze ans. Ils se marièrent lorsque Achille Sclavo atteignit une position sociale stable. Il obtint son diplôme de médecin à Turin en 1886 avant de devenir l'élève de L. Pagliani, de P. Canalis et de A. di Vestea. Il enseigna la bactériologie à l'Ecole Spéciale d'Hygiène auprès de la Direction Générale de la Santé créée par Francesco Crispi. Au cours des mouvements politiques de 1896, l'école fut supprimée. Il devint alors professeur chargé des cours d'hygiène à Sienne, puis à Sassari. Il retourna bientôt à Sienne où il resta de façon définitive à l'exception d'une période de trois ans (1918-1921) passée à l'Université de Florence. C'est à Sienne qu'il développa son vif intérêt pour la recherche scientifique et pour l'hygiène. Pendant plusieurs années (1914-19 et 1924-26), il fut le Recteur de l'Université de la ville. Il mourut à Gènes où il fut hospitalisé pour une intervention d'un cancer de la gorge le 2 juin 1930.

Son activité scientifique a été multiple aussi bien en bactériologie, qu'en immunologie, sérologie ou en biologie générale. Il travailla sur l'épuration biologique des eaux et sur l'alimentation humaine. Il découvrit le sérum anticharbonneux et transforma alors sa propre maison en laboratoire en 1904 afin de produire du sérum en grande quantité pour le commercialiser. La société Slavo a été enregistrée en 1910. Après la mort de son fondateur, la vaccin antipoliomyélitique mis au point par Albert Sabin fut aussi produit dans cet Institut. Dans le domaine de l'hygiène, il participa en 1910 à la campagne antimalarique en Sardaigne. Cette campagne fut un modèle pour l'éradication du virus dans d'autres régions. Il entreprit d'autres actions contre le choléra à Alessandria et à Campobasso en 1893 puis en Sardaigne et en Puglia en 1910-1911. Il lutta contre la variole à Palerme en 1911 puis contre la tuberculose. Il demeure une des références italiennes dans le domaine de la santé publique.

## SEDALLIAN Paul (1894-1960)

Médecin français né le 5 septembre 1894 à Lussan (Gard). Agrégé d'Hygiène en 1933, il fut nommé Professeur de Clinique des Maladies Infectieuses (de 1943 à 1945) à Lyon, puis Professeur de Bactériologie de 1945 à 1960 et enfin Directeur de l'Institut Pasteur de Lyon (de 1951 à 1960). Paul Sedallian était le fondateur et vice-président de la Société Internationale pour l'Étude des Maladies Infectieuses et Parasitaires.

En clinique, Paul Sedallian se fit surtout remarquer par ses interventions dans les problèmes respiratoires, notamment dans les atteintes de poliomyélite antérieure aiguë nécessitant l'utilisation de respirateurs, mais aussi la réanimation respiratoire dont il dirigea le service à l'hôpital de la Croix-Rousse (Lyon).

En tant que bactériologiste, Sedallian a beaucoup travaillé sur les streptocoques qui constituèrent l'objet de ses principales études ; il a d'ailleurs réalisé sa thèse sur la classification de ce groupe bactérien. Il a ensuite consacré de nombreux travaux à la virulence de ces streptocoques, la fermentation des glucides, leur implication dans les pneumonies, les broncho-pneumonies et les endocardites et enfin à l'étiologie du streptocoque dans la scarlatine. C'est en tant que directeur de l'Institut Pasteur et de l'Institut Bactériologique de Lyon que Sedallian donna à ces institutions un rayonnement et un essor très importants.

Associé à J. Charlier, Paul Sedallian a publié peu de temps après la Seconde Guerre mondiale un ouvrage qui eut beaucoup de succès en France, intitulé « Traité de Médecine ». Polyvalent, il s'intéressa également à la virologie et à l'immunologie et publia, en rapport avec cette dernière discipline et en association avec Le Bourdellès, un « Précis d'Immunologie ». Il est également l'auteur d'un « Traité d'Hygiène » réalisé en collaboration avec le Professeur Rochaix et le Professeur Sohier, et d'un « Précis d'Hygiène et d'Épidémiologie », écrit en collaboration avec le Professeur Sohier.

Il est mort le 5 février 1960 à Saint-Rambert-l'Ile-Barbe (Rhône) dans sa 66e année.

## SÉDILLOT Charles Emmanuel (1804-1883)

Chirurgien militaire français né à Paris et Professeur de Chirurgie à l'Hôpital militaire du Val-de-Grâce.
Il introduisit en 1878 le terme « microbe » (du grec *micros* = petit, et *bios* = vie), proposition présentée à l'Académie des Sciences qui reçut l'approbation de Louis Pasteur* et d'Émile Littré. Le terme fut plus tard accepté par l'Académie de Médecine et est à l'origine du nom de la science des micro-organismes : la Microbiologie.
Sédillot s'intéressa beaucoup aux infections suppurantes des plaies (chirurgicales et plaies de guerre) et à la « formation de pus » par les microbes dits pyogènes, notamment le « pus bleu » produit par le bacille pyocyanique (*Pseudomonas aeruginosa*).
Il écrivit en 1849 un livre de 518 pages à ce sujet, édité à Paris, et intitulé « De l'infection purulente ou pyoémie ».
Sédillot effectua en 1846 la première gastrostomie, restée presque ignorée, et que 30 ans plus tard, en 1876, un autre chirurgien français, Léon Labbé, réalisa en récoltant les honneurs.
Il termina sa carrière avec le grade de Général.

## SELMI Francesco (1817-1881)

Chimiste et toxicologue italien, Professeur de Chimie Pharmaceutique à l'Université de Bologne.
Il découvrit dans les viandes avariées et putréfiées par l'activité bactérienne certains diamino-alcanes (= diamines) appelés ptomaïnes, comme la putrescine et la cadavérine. Il démontra l'action létale des liquides (contenant les ptomaïnes) résultant du processus de putréfaction lorsqu'ils étaient injectés à des animaux. Il mit en évidence le fait que de nombreuses substances classées comme des ptomaïnes donnaient des réactions similaires à celles qui étaient observées avec les alcaloïdes d'origine végétale.

## SEMMELWEIS Ignác Fülöp (1818-1865)

Ignác Fülöp Semmelweis est né à Buda en 1818. Il débuta son droit à Vienne en 1837 et, c'est après avoir écouté une conférence du Professeur Joseph Skoda (1805-1881), médecin à l'Hôpital Général de Vienne, qu'il choisit de se diriger vers la médecine. Devenu médecin en 1844, il fut l'élève de Skoda et de Karl von Rokitansky (1804-1878) en 1846 et devint assistant à la maternité (Allgemeines Krankenhaus) de Vienne. Cet hôpital avait la triste réputation de présenter une très forte mortalité due à la fièvre puerpérale chez les femmes qui accouchaient. C'était tellement vrai que celles-ci imploraient de ne pas être accouchées dans ce lieu. La maternité comprenait deux services : l'un où l'accouchement était confié aux sages-femmes qui prenaient beaucoup d'attentions au sujet de la propreté et où la mortalité était faible et le second sous la responsabilité des médecins internistes et qui présentait des chiffres alarmants. Dans ce dernier, les étudiants qui venaient directement de la salle de dissection pour leur enseignement pratiquaient l'accouchement avec des mains et des blouses non lavées.

*Publicité pour la rape à savon Léoni et son usage dans les hôpitaux et les lieux de santé publique dans « L'art de se laver les mains » vers 1925 © Institut Pasteur*

À partir de ce moment, Semmelweis réalisa une étude précise des autopsies des cas de fièvre puerpérale. En 1847, Jacob Kolletschka, qui était l'assistant de Rokitansky, mourut lors d'une dissection et Semmelweis pratiqua l'examen *post-mortem*. Alors qu'il se tenait près du corps de son collègue, il nota que les troubles pathologiques étaient les mêmes que ceux qui apparaissaient chez les femmes présentant la fièvre puerpérale. Ce fut à ce moment-là une évidence « Ce n'est pas la blessure du scalpel qui a tué Kolletscha, mais l'infection provoquée par les miasmes des matières cadavériques décomposées qui sont entrés par la plaie de sa main ». Il confirma alors à Johan Klein qui était le directeur de la maternité (et qui ne l'appréciait pas) son impression que « la fièvre puerpérale était causée par des particules cadavériques qui adhèrent aux mains des médecins qui examinent les femmes en couches, et qu'il était de la plus haute importance de se laver les mains avant d'examiner ces patientes » et que « le lavage au savon ne suffisait pas et qu'il fallait employer une solution au chlorure de chaux qui, seule, pouvait combattre les miasmes délétères ». Il institua immédiatement des précautions dans le lavage des mains qui fit chuter la mortalité de 9,9 à 3,8 %. L'année suivante la mortalité tomba à 1,2 % et ceci par le simple fait d'obliger les médecins à se laver les mains avec une solution de chlorure de calcium avant d'assister les femmes lors de leur accouchement.

Semmelweis apparaît ainsi comme le vrai précurseur de l'antisepsie en obstétrique et bien que Holmes* ait présenté ses analyses 5 années auparavant, c'est réellement la démonstration de Semmelweis qui fut à la base des progrès considérables accomplis dans les décennies qui suivirent. Comme Holmes, il rencontra une féroce opposition et tandis que Rokitansky, Ferdinand von Hebra, Michaelis et Skoda le défendirent, il fut persécuté par Scanzoni, Carl Braun et les obstétriciens orthodoxes de l'époque comme son supérieur le Professeur Klein. Complètement dégoûté, il quitta soudainement Vienne pour Budapest, en 1855, où il devint Professeur d'Obstétrique à l'Université. Il publia son immortel traité sur « La cause, concept et prophylaxie de la fièvre puerpérale » en 1861 et la même année sa caustique « Lettre ouverte aux professeurs d'obstétrique ». À la maternité de Pest, la mortalité par fièvre puerpérale tomba à

0,85 %. Il fut cependant toujours contesté et vécut des périodes de dénuement. Il perdit peu à peu la raison et fut interné à l'asile d'aliénés de Vienne où il mourut le 13 août 1865 dans sa 47e année. Une des causes évidentes du fait que Semmelweis n'ait pas réussi à convaincre ses contemporains fut qu'il manquait de cordialité et d'éloquence pour défendre ses théories, qu'il était étranger et maîtrisait mal l'allemand et qu'enfin, la méthode d'antisepsie préconisée à l'origine, par l'emploi de l'eau de chaux était, faut-il l'avouer, très agressive pour la peau.

## SHIGA Kiyoshi (1871-1957)

Il est né le 5 février 1871 à Sendai au nord de Japon et il était le 5e fils de Shin et Chiyo Sato. Ses premières années furent difficiles car cette période correspondait à l'entrée du Japon dans l'ère industrielle. Le père de Kiyoshi, qui avait eu de grandes responsabilités au sein de la classe des Samouraïs lors de l'ancien régime, perdit cette position lors de la restauration ce qui obligea la famille à vivre de façon beaucoup plus modeste. Le jeune Kiyoshi fut alors élevé dans sa famille maternelle et plus tard il adopta le nom de sa mère nourricière, Shiga. En 1886, sa famille emménagea à Tokyo où Shiga se perfectionna entre autres en mathématiques et en allemand. Il rejoignit l'École de Médecine de l'Université Impériale de Tokyo en 1892.

C'est là qu'il reçut l'enseignement du Docteur Shibasaburo Kitasato*, le scientifique japonais le plus prestigieux de l'époque, qui avait travaillé avec Robert Koch*. Le jeune Shiga fut très impressionné par la personnalité très forte de Kitasato et rejoignit l'Institut des Maladies Infectieuses comme assistant.

Au début, il travailla sur la tuberculose et la diphtérie mais, à la fin de l'année 1897, sur les conseils de Kitasato il étudia une épidémie de dysenterie. Cette épidémie fut dramatique puisque plus de 91 000 personnes furent atteintes avec un taux de mortalité supérieur à 20 %. Shiga étudia 36 patients et réussit à isoler de leurs selles un bacille à Gram négatif. Les subcultures de cet organisme étaient capables de provoquer des diarrhées lorsqu'on les faisait ingérer à des chiens. Shiga montra également que la bactérie était agglutinée par le sérum de patients convalescents. Cette bactérie fut dénommée *Bacillus dysenteriae* qui devint en 1930 *Shigella dysenteriae*.

Shiga développa également une recherche pour la mise au point d'un vaccin adapté aux infections causées par les *Shigella*. Il prépara une suspension de cellules inactivées par la chaleur et se l'injecta à lui-même. Il en résulta une réaction locale sévère qui nécessita une incision puis un drainage. Il développa plus tard un vaccin oral qui fut administré à des milliers de sujets japonais.

En 1900, Shiga se maria avec Ishiko et ils eurent le premier de leur huit enfants l'année suivante. Il rejoignit alors l'Allemagne où il devint assistant de recherche dans le laboratoire de Paul Ehrlich* à Francfort. Il travailla alors sur des sujets variés dont la chimiothérapie de la trypanosomiase. Il retourna au Japon dans le laboratoire de Kitasato en 1905. En 1914, il

participa avec ce dernier à la création de l'Institut Kitasato, une institution toujours active de nos jours. Il devint directeur de division de l'Institut et fut désigné Professeur à la Faculté Médicale de l'Université Keio de Tokyo en avril 1920. La même année, à la demande du gouvernement japonais, il se rendit en Corée, alors une colonie japonaise, où il prit la fonction de Directeur de l'Hôpital National de Séoul. En 1926, l'université Keijo (université de Séoul) fut fondée et Shiga devint Doyen de l'école de médecine. Il fut Président de l'Université en 1929 et ceci jusqu'en 1931 quand il retourna au Japon pour poursuivre ses recherches à l'Institut Kitasato. Shiga continua son activité au laboratoire pour y étudier les dysenteries et la tuberculose, et ceci jusqu'en 1945.
Les années de guerre furent une période tragique pour Shiga. Sa femme décéda d'un cancer de l'estomac en 1944. Son fils aîné, Naoshi, Professeur d'Université à Taipei, fut tué en mer alors qu'il retournait à la maison pour assister aux funérailles de sa mère. Un autre fils, Akira, contracta la tuberculose lors de conflits en Chine et mourut après la guerre. La maison de Shiga à Tokyo fut détruite par une attaque aérienne et il retourna à Sendai pour vivre avec l'un de ses fils Makoto. C'est chez lui qu'il décéda à l'âge de 85 ans, le 25 janvier 1957. Dans une calligraphie, il écrivit : « Suis l'esprit du Mentor mais ne suis pas le même chemin » qui faisait référence à l'attitude qu'il eut toute sa vie par rapport à Kitasato.

## SIMOND Paul-Louis (1858-1947)

Médecin français né à Beaufort-sur-Gervanne, près de Valence (Drôme) le 30 juillet 1858.
Après des études médicales à Bordeaux, il passa le concours de médecine navale et devint en 1882 aide-médecin de la marine. Embarqué pour la Guyane, il y passa 4 ans, en particulier à la léproserie d'Acarouany, près de Saint-Laurent-du-Maroni. C'est là qu'il contracta la fièvre jaune. Rentré en France, il a soutenu sa thèse de doctorat sur la lèpre le 5 novembre 1887.
Nommé médecin de deuxième classe des troupes coloniales, il participa entre 1890 et 1894 aux campagnes de recherches océanographiques dans le golfe du Tonkin et en Chine. Il arriva en 1893 à Long-Tchéou (Chine) lorsque la peste - venue du Yunnan - venait de déclarer. Il fut vivement impressionné par certains aspects de la maladie à laquelle il allait - plus tard - apporter une importante contribution.
Ayant suivi de 1895 à 1897 le cours de Microbiologie du Dr. Roux* à l'Institut Pasteur, et travaillé avec Laveran sur le paludisme, puis avec Metchnikoff* sur les sporozoaires, Simond fut envoyé à Bombay (Inde) en 1897, par Roux pour relayer Alexandre Yersin* et poursuivre ses essais de vaccination contre la peste. C'est à cette période qu'il contracta le paludisme.
Après avoir pris (en février 1898) pour deux mois la direction de l'Institut Pasteur de Saigon, il se rendit à Karachi où il fit une observation fondamentale en découvrant le mode de transmission de la peste par un insecte

vecteur : il mit effectivement en évidence le rôle de la puce dans la transmission de la peste, du rat au rat et du rat à l'homme. Cette découverte a été publiée en octobre 1898 dans les Annales de l'Institut Pasteur. Ce mémoire de 60 pages lui vaudra le Prix Barbier de l'Académie de Médecine.

En parasitologie, on doit à Simond l'identification du rôle de l'exflagellation de l'hématozoaire du paludisme dans le processus de reproduction sexuée du parasite. En virologie, Simond a mis en évidence la transmission verticale du virus de la fièvre jaune.

*Tentes où séjournèrent Paul-Louis Simond et son équipe à Mundra (Inde) en 1897 afin d'effectuer des travaux sur la peste. Dessin de Paul-Louis Simond signé et daté (le 10.11.1897) © Institut Pasteur*

Lorsqu'il revint en France en 1901, il repartit presque aussitôt à Rio de Janeiro (de 1901 à 1905) afin d'y étudier la fièvre jaune. De 1905 à 1911, Simond enseigna à Marseille puis prit la direction de l'Institut Impérial de Bactériologie de Constantinople.

Directeur du Service de Santé des Troupes du Groupe de l'Indonésie lors de la Grande Guerre 1914-1918, il entra en conflit avec les autorités et se retira, en 1917, comme médecin-général de l'Armée. Il abandonna également la recherche scientifique.

Élu adjoint au maire de Valence en 1919, il s'occupa alors activement du dispensaire antituberculeux.

Paul-Louis Simond, qui était également botaniste, collectionneur et spécialiste des orchidées, peintre, photographe et poète, est mort à Valence le 18 mars 1947 à l'âge de 89 ans.

## SMITH Theobald (1859-1934)

Theobald Smith est né à Albany, New-York, le 31 juillet 1859. Il fut diplômé de l'Université Cornell en 1881 et reçut son diplôme médical au collège médical d'Albany en 1883. De 1884 à 1895, il fut Directeur du Laboratoire Pathologique du « Bureau of Animal Industry » du département de l'agriculture des États-Unis à Washington, avec mission de reconnaître les maladies infectieuses chez les animaux. Lors de cette période, il établit un département de bactériologie à Columbia (maintenant la Georges Washington University) puis se rendit dans le New-Jersey en 1915 pour prendre le poste de Directeur du Département de Pathologies Animales de l'Institut Rockefeller pour la Recherche Médicale à Princeton où il demeura jusqu'en 1929.

Au cours de sa carrière, il identifia différentes maladies animales et dans le cadre de son action sur l'hygiène démontra la contamination de la rivière Hudson par des bactéries fécales. Il déclina la proposition de devenir Directeur du Rockefeller Institute au moment de sa création en 1901.

En 1891, il fut nommé Chef de la Division de Pathologies Animales du Bureau of Animal Industry, ce que Daniel Elmer Salmon* vit d'un mauvais œil.

Les réalisations de Theobald Smith dans le domaine scientifique furent très nombreuses puisqu'il participa à plus de 300 publications. Il travailla sur des sujets extrêmement variés et décrivit avec Salmon la bactérie appelée depuis *Salmonella*. Il fut également le premier à démontrer le phénomène de l'anaphylaxie par injection d'un extrait de bacille diphtérique. Cette observation fut baptisée « le phénomène de Theobald Smith » par Paul Erlich*. Il découvrit le protozoaire responsable de la fièvre du bétail au Texas et son mode de transmission par une tique. Cette observation fut à la base des grandes découvertes sur la transmission de la fièvre jaune, du paludisme, etc. Il établit également la première distinction entre les tuberculoses bovines et humaines en 1898.

## SNOW John (1813-1859)

Chirurgien et anesthésiste anglais né à York.

C'est à Londres que Snow introduisit l'usage de l'éther dans l'anesthésie. Il publia, en 1847, un livre sur le sujet. Pionnier dans ce domaine, Snow avait, au fil des ans, acquis une grande réputation et il écrivit plusieurs ouvrages sur les techniques anesthésiques et sur les drogues utilisées. Il développa en particulier l'utilisation des vapeurs d'éther et du chloroforme. À deux reprises (en 1853 et en 1857) il fut désigné comme anesthésiste lors des accouchements de la reine Victoria. John Snow était également un épidémiologiste perspicace. Il a réalisé des études élaborées sur la dissémination du choléra lorsque la troisième pandémie (1852-1859) déferla sur l'Europe.

*Dessin satirique illustrant la diffusion du choléra par l'eau de fontaine et par la poignée de la pompe à eau © Institut Pasteur*

Il démontra, au moyen d'études épidémiologiques basées sur la distribution et la contamination des eaux potables à Londres, (bien que la nature de l'agent épidémiologique - *Vibrio cholerae* - ne soit pas encore connue), que le choléra « était avalé, se multipliait dans les intestins, apparaissait dans les matières fécales des sujets atteints et touchait finalement le tube digestif de sujets sains qui avalaient de l'eau contaminée ». Il put apporter la preuve et démontrer en 1854 que les cas de choléra étaient étroitement liés aux pompes d'alimentation et à la qualité de l'eau de distribution. De plus, il montra que cette qualité était différente d'un quartier à l'autre et d'une

compagnie à une autre dans le sud de Londres.
Dans un rapport élaboré en 1854 par le Royal College of Physicians, les observations de Snow furent rejetées.

## SPALLANZANI Lazzaro (1729-1789)

Prêtre, physiologiste et naturaliste italien né à Scandiano dans la province de Reggio-Emilia. Élevé dans un collège jésuite, il reçut une éducation classique avant de rejoindre l'université pour travailler un doctorat en droit et finalement devenir Docteur en Philosophie en 1753. Il fut ordonné prêtre en 1757. En 1761, il prit connaissance des travaux de Georges Comte de Buffon et de ceux de son collègue prêtre John Tuberville Needham* qui étaient tous les deux partisans de la théorie de la génération spontanée. Pour eux, la matière inerte était en fait animée par des « atomes vitaux » qui s'échappaient du corps après la mort pour être repris par les plantes. Ces atomes vitaux seraient visibles au microscope dans les eaux des mares et dans les infusions de plantes et d'animaux. Un siècle auparavant Francesco Redi avait déjà montré que des flacons contenant de la viande en macération ne contenaient des vers de mouches que lorsque ces dernières avaient pu pénétrer dans le flacon ouvert : en revanche, les flacons protégés par de la gaze ne contenaient pas de vers. Il démontrait ainsi que la théorie de la génération spontanée était erronée. Spallanzani contribua à son tour à infirmer cette théorie dans une publication intitulée « *Opuscoli di fisca, e vegetabile* » datée de 1776. Dans une série d'expériences, il montra que des infusions bouillies et maintenues à l'abri de l'air par fusion de l'orifice des flacons dans lesquels elles ont été placées ne permettent plus de voir des formes vivantes au microscope. Il en déduisit donc que ce qu'on voit dans les mares provient d'organismes vivants contenus dans l'air, la théorie de Buffon était donc fausse. Il fut soutenu dans sa démarche par Voltaire (François Marie Arouet).
Après Anthonie Van Leeuwenhoek*, et F. Redi, les travaux de Spallanzani ouvraient la voie à ceux de Pasteur* qui, un siècle plus tard, démontra d'une manière formelle que la théorie de la génération spontanée n'était pas correcte.
Spallanzani fit un grand nombre d'autres travaux, sur la régénération des organes des amphibiens, sur la circulation du sang, sur le rôle des sucs digestifs (il se faisait lui-même vomir pour récupérer le suc gastrique), sur le rôle des spermatozoïdes dans la reproduction.
Infatigable travailleur, son dernier article est signé en 1798 et à trait à la photosynthèse des plantes. Il mourut d'une crise d'urémie dans la nuit du 11 février 1799.

## STRONG Robert Pearson (1872-1949)

Médecin américain né en 1872. En parasitologie, Strong est bien connu pour ses travaux sur la transmission de l'onchocercose (à *Ochocerca coecutiens*) par les simulies (moustiques piqueurs nématocères). Après la description, en 1898, de l'agent étiologique de la dysenterie bactérienne (*Shigella dysenteriae*) par

Kiyoshi Shiga*, d'autres bacilles, qualifiés de « paradysenteriques » ont été mis en évidence dont une « variété » qui avait été isolée et caractérisée par Strong à Manille (Philippines). Strong a pu transmettre expérimentalement la dysenterie bacillaire à un Indien condamné à mort en lui faisant ingérer une culture de bacilles dysentériques âgée de deux jours. Après avoir manifesté les symptômes classiques de la dysenterie, le sujet s'était assez rapidement rétabli et fut ensuite exécuté ! Son cas a constitué à l'époque un argument en faveur de la pathogénicité de la bactérie. Avec L. Musgrave, un autre médecin américain, Strong donna en 1900 un excellent aperçu de la dysenterie des troupes américaines stationnées à Manille. Ils établirent une très nette distinction entre la forme endémique souvent associée à des abcès du foie et la présence d'amibes dans les selles (= dysenterie amibienne), et la forme épidémique, saisonnière, sans pathologie hépatique associée, et la présence dans les matières fécales d'un bacille agglutiné par le sérum des malades, et non pathogène pour les animaux (= dysenterie bactérienne).

Les deux auteurs américains ont été les premiers à établir la possible coexistence des deux types de dysenterie, notamment aux Philippines.

# T-U

## TIZZONI Guido (1853-1932)

Pathologiste italien, né à Pise, en Toscane.

Il fit des études médicales dans sa ville natale, puis à Naples et ensuite à Berlin et à Turin.

En 1878, Tizzoni fut nommé Professeur de Pathologie à Catane (Catania, en Sicile) et à partir de 1880, il enseigna la pathologie à l'Université de Bologne (Émilie).

Il publia des travaux sur une grande diversité de sujets, mais Tizzoni est particulièrement connu pour ses recherches sur le tétanos, sa toxine, l'antitoxine, et le germe responsable, *Clostridium tetani*, isolé pour la première fois en 1889 par Shibasaburo Kitasato*.

Avec sa collaboratrice Giuseppina Cattani*, il donna en 1890 les propriétés fondamentales de la toxine tétanique : composé soluble, non dialysable, dont le précipité alcoolique est inactif.

## TOUSSAINT Joseph Jean Henry (1847-1890)

Vétérinaire né en 1847 à Rouvres-la-Chétive dans les Vosges françaises.

À 18 ans, il fut admis à l'École Vétérinaire de Lyon dont il sortit diplômé en 1869. Dans la même année, il a été reçu au concours de chef de service d'anatomie dans cette même école. Mais il réalisa la plus grande partie de sa carrière à l'école vétérinaire de Toulouse où il fut nommé Professeur d'Anatomie, de Physiologie et de Zoologie Élémentaire en 1876. C'est alors qu'il s'intéressa à la microbiologie et qu'il réalisa de brillantes recherches sur le charbon, sa nature, ses cultures et sa physiopathologie.

*Lapins morts du choléra des poules en Champagne. Dessin de Gilbert, 1888 © Institut Pasteur*

Il fut le premier à isoler et à cultiver l'agent du choléra des poules (*Pasteurella multocida*) dont il fournit la souche à Louis Pasteur* qui s'en servit de modèle pour ses études sur l'atténuation de la virulence. Contrairement à ce qui est généralement admis, c'est aussi lui qui mit au point et expérimenta le premier vaccin atténué contre la maladie du charbon en 1880. Après avoir récupéré des bactéridies charbonneuses du sang d'animaux malades afin qu'il n'y ait pas de spores dans la préparation, il en chauffa le filtrat à 55°C pendant 10 minutes. Par la suite, il perfectionna ce

vaccin en ajoutant de l'acide phénique. Il poursuivait des études sur la contagiosité et l'agent de la tuberculose quand une maladie neurologique le priva précocement de toute activité intellectuelle. Il survécut pendant 8 années de lente dégradation et mourut à Toulouse dans sa quarante-troisième année en 1890.
Les travaux d'Henry Toussaint n'ont pas toujours été reconnus à leur juste valeur à cause de la très forte concurrence de Pasteur qui dominait la microbiologie de l'époque.

## TRAUBE Moritz (1826-1894)*

Naturaliste et chimiste allemand né à Ratibor en Silésie, Moritz Traube était le frère cadet de Ludwig Traube, clinicien, physiologiste et physiopathologiste berlinois de grande réputation.
Moritz Traube fit ses études et prépara sa thèse de Doctorat ès sciences chimiques sous la direction du chimiste allemand Justus von Liebig (1803-1873).
En 1858, Traube mit en évidence l'existence d'enzymes extracellulaires. En 1865, il découvrit et décrivit la membrane cellulaire en y associant ses fonctionnalités.
Opposant à la théorie de la génération spontanée, Moritz Traube publia des travaux sur le processus de la putréfaction... Il succéda à son père dans le commerce des vins et spiritueux et réalisa alors des travaux hautement intéressants sur la chimie des fermentations.

* *Ne pas confondre avec Isidor TRAUBE (1860-1943), physicien et chimiste allemand qui appliqua à la biologie les principes de l'osmose des colloïdes et des cristalloïdes.*

## TWORT Frederick William (1877-1950)

Médecin anglais, fils d'un médecin pratiquant à Camberley.
Comme presque tous les membres de sa famille, il fit des études de médecine à la St. Thomas'Hospital Medical School et obtint son diplôme de Docteur en Médecine en 1900.

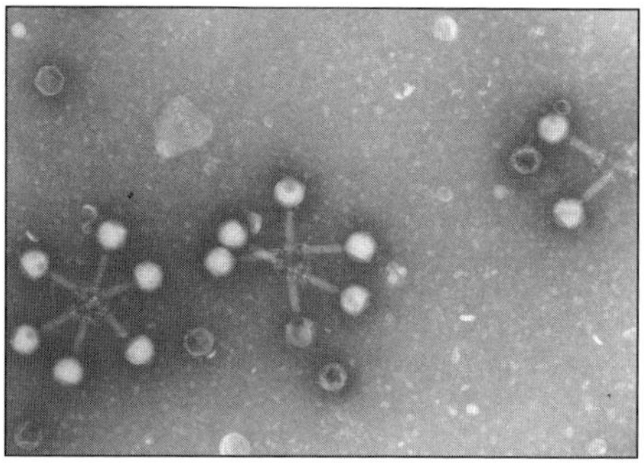

*Bactériophage Twort. Les bactériophages sont mis en évidence indépendamment en 1915 par l'Anglais Frederick Twort et le Franco-Canadien Felix d'Hérelle © Institut Pasteur*

Il commença sa carrière comme assistant de Louis Jenner (à ne pas confondre avec l'immunologiste Edward Jenner), directeur du laboratoire de biologie clinique de l'hôpital de Londres. En 1902 il devint l'assistant, jusqu'en 1909, de William Bulloch, Professeur de Bactériologie à l'Université de Londres, et était chargé par ce dernier des démonstrations et travaux pratiques des étudiants.
En 1909, il fut nommé superintendant à la Brown Institution de l'Université de Londres et y resta jusqu'en 1944 lorsqu'une bombe détruisit le bâtiment.

Twort avait 38 ans lorsqu'il publia un article dans le the The Lancet intitulé « An investigation on the nature of ultra-microscopis viruses ». Cet article fit connaître au monde scientifique l'existence des bactériophages (= agents ultra-filtrables, s'attaquant aux bactéries en les lysant : ce sont les virus des bactéries dont le nom - bactériophage - signifie littéralement « mangeurs de bactéries »).

C'est au cours de recherches d'hypothétiques virus filtrants qu'il découvrit le premier cas de « lyses bactériennes transmissibles ». Lors de cultures de lymphe vaccinale de veau sur gélose nutritive, il observa que certaines colonies de *Micrococcus* (un contaminant) qui s'étaient développées, se transformaient en devenant vitreuses, en s'éclaircissant puis en prenant un aspect aqueux transparent. L'examen microscopique des colonies ainsi « lysées » montrait que les microcoques avaient disparu. Twort remarqua que le transfert d'une très petite quantité de la colonie lysée sur une nouvelle colonie saine et normale, engendrait un processus identique entraînant la liquéfaction et la disparition de la colonie. Il démontra enfin que le « facteur » responsable de ce phénomène qu'il appela « dissolving material » passait à travers les pores très fins des filtres de porcelaine (les bactéries et débris bactériens étant retenus) et que le liquide ainsi filtré conservait ses propriétés lytiques. Il mit ainsi en évidence la transmissibilité par le « dissolving material » de la « maladie du *Micrococcus* ».

Quant à la nature de l'agent lytique, Twort n'avança pas de réelles conclusions, mais estima qu'il pouvait bien s'agir d'un ultravirus responsable d'une maladie infectieuse bactérienne. La découverte de Twort passa totalement inaperçue et c'est le microbiologiste franco-canadien Félix d'Herelle (qui était sujet britannique) qui « redécouvrit » le phénomène en 1917 chez la bactérie responsable de la dysenterie (*Shigella*), et proposa le nom de « microbe bactériophage » qui devint ensuite « bactériophage » puis « phage ».

Twort réalisa aussi de remarquables travaux sur la nutrition de *Mycobacterium paratuberculosis*, appelé à l'époque « Johne's *bacillus* » en Angleterre.

## UHLENHUTH Eduard (1885-1961)*

Médecin et infectiologue allemand. Il a largement contribué à l'étude clinique et biologique des ictères infectieux et particulièrement à la leptospirose ictéro-hémorragique due à *Leptospira interrogans* sérovar *ictero-haemorragiae*, forme grave avec atteinte à la fois hépatique, rénale et méningée, appelée également « maladie de Weil* ».

* *À ne pas confondre avec UHLENHUTH Paul Theodor (1870-1957), autre médecin, bactériologiste et sérologiste allemand de la même époque ; voir ci-après.*

## UHLENHUTH Paul Theodor (1870-1957)*

Médecin allemand, né à Hanovre (Basse-Saxe), ancien élève de l'Institut d'Hygiène que dirigea Robert Koch*.

Il a été enseignant à Greifswald puis, en 1906, il fut nommé Directeur du Département de Bactériologie du « *Reichsgezundheitsamt* » (Service d'État de la Santé).

Il fut Professeur de Bactériologie à Strasbourg en 1911, puis à Marburg en 1921, et enfin à Fribourg-en-Brisgau.

Uhlenhuth fit d'intéressantes découvertes en bactériologie et publia de très nombreux articles relatifs à la microbiologie et la sérologie dont notamment des publications sur la différenciation biologique des protéines, la tuberculose, la transmission de la syphilis, la fièvre typhoïde, la fièvre récurrente, l'ictère infectieux... Avec E.A. Hubener, il découvrit en 1908 une « nouvelle » bactérie paratyphique chez le porc qui portera plus tard le nom de *Salmonella* Paratyphi C.

Avec Rudolf Kraus, il publia en 1923-1924 un volumineux ouvrage (3 volumes ; 1745 pages) sur les techniques microbiologiques et intitulé « Handbuch der microbiologischen Technik » (Manuel des techniques microbiologiques).

* *À ne pas confondre avec UHLENHUTH Eduard (1885-1961), autre médecin allemand de la même époque.*

# V

## VAILLARD Louis (1850-1935)

Médecin militaire français, né à Montauban (Tarn-et-Garonne). Il fit ses études médicales à Strasbourg puis commença sa carrière à Bordeaux, d'abord comme chef de clinique puis, en 1880, comme chef de Laboratoire d'Histologie.
Nommé en 1892, Professeur des Maladies et Épidémies des Armées au Val-de-Grâce à Paris, il fut également promu Inspecteur Général Médical de l'Armée Française.
Vaillard a été le fondateur d'un centre de vaccination de l'armée et le créateur du premier laboratoire militaire de bactériologie.
Il s'intéressa à une diversité de pathologies comme les névrites, les pleurésies, mais plus particulièrement les pathologies infectieuses comme le choléra, les dysenteries ainsi qu'à l'épidémiologie de la fièvre typhoïde. Il travailla également sur le tétanos, affection sur laquelle il publia plusieurs articles. Avec Jean Hyacinthe Vincent*, également médecin militaire, il réalisa des expériences pour l'élaboration d'un sérum antitétanique. Avec Émile Roux*, qui était son ami, il collabora en 1893, également pour la mise au point d'un sérum antitétanique et avec Charles Dopter* il prépara en 1903 un sérum contre la dysenterie.
Louis Vaillard fut le Directeur de l'École de Médecine du Val-de-Grâce jusqu'en 1912.

## Van ERMENGEM Emile Pierre Marie (1851-1932)

Émile Pierre Marie van Ermengem est né le 15 août 1851 à Louvain, chef-lieu du Brabant flamand en Belgique, et ville située à une trentaine de kilomètres à l'Est de Bruxelles ; elle doit sa réputation à sa célèbre Université Catholique créée en 1425. C'est à Louvain qu'il fit ses études secondaires chez les jésuites, suivies d'études universitaires à la faculté de médecine où il obtint son diplôme de Docteur en Médecine le 20 septembre 1875. Lauréat du concours pour les bourses de voyage en 1876, il profita de cette opportunité pour se perfectionner pendant 3 ans en physiologie, d'abord à Paris où il travailla avec Louis Ranvier, grand histologiste, puis avec le célèbre Claude Bernard. Il compléta ensuite sa formation à Londres, à Édimbourg et enfin à Vienne.
Dans la perspective de parfaire ses connaissances en microbiologie, il quitta la Belgique en 1883 pour travailler avec Robert Koch* à Berlin. Revenu dans son pays natal, il s'installa comme généraliste à Bruxelles et ouvrit un laboratoire privé de bactériologie, un des premiers en Belgique.

En 1885, il fut chargé par le gouvernement belge d'étudier en Espagne le choléra et la vaccination contre cette maladie avec Jaime Ferran*, bactériologiste catalan. Chargé du cours d'Hygiène publique et privée et du cours de Bactériologie en 1885, il fut nommé en 1888 Professeur de Bactériologie à l'Université d'État à Gand, en Flandre-Orientale et, en 1889, il fut chargé du cours de Microbiologie appliquée à la Faculté des Sciences. En 1896, il reçut la charge du cours de médecine légale et, en 1910, une partie des cours de spécialisation pour l'obtention du grade de médecin-hygiéniste lui fut confiée. Il occupa tous ces postes jusqu'en 1919, lorsqu'il fut nommé Secrétaire Perpétuel à l'Académie Royale de Médecine de Belgique et membre correspondant de l'Académie de Médecine de Paris.
Émile van Ermengem, faisant partie de la noblesse flamande, était un homme extrêmement cultivé ; il parlait couramment six langues. Il publia de très nombreux articles sur une grande diversité de sujets : le bacille de Koch, le choléra, le cancer, les désinfectants, la diphtérie, la peste, l'ankylostomose, la rage, la méningite cérébrospinale, la prophylaxie, les mesures sanitaires, le nitrate d'amyle, les diatomées, etc., la liste est impressionnante. Il écrivait aussi bien en français qu'en allemand. Ses publications les plus célèbres restent cependant celles qui sont associées à l'épidémie de botulisme survenue à Moorsele en 1892, au cours de laquelle il établit l'origine bactérienne des toxi-infections alimentaires, et celle d'Ellezelles en 1895, lorsqu'il décrivit le bacille botulinique. En 1887, il publia un manuel de techniques microbiologiques.
Titulaire de nombreuses distinctions dont celles de Commandeur de l'Ordre de Léopold et d'Officier de l'Ordre Grand-Ducal, van Ermengem était membre de très nombreuses commissions en Belgique, membre honoraire de l'Académie de Médecine de Barcelone et membre de nombreuses sociétés belges, françaises, allemandes, italiennes, américaines...
Ce grand bactériologiste belge peu connu est mort à Ixelles, dans l'agglomération bruxelloise, après une longue et pénible maladie, le 29 septembre 1932, à l'âge de 81 ans.

## van LEEUWENHOEK Anthonie (1632-1723)

C'est à Delft en Hollande que naquit le 24 octobre 1632 Anthonie van Leeuwenhoek, d'un père fabricant de paniers et d'une mère fille d'un brasseur de bière. Élevé par son oncle, il ne termina pas ses études et, en 1648 il fut embauché chez un marchand de tissu à Amsterdam. C'est à cette époque qu'il se lia d'amitié avec l'astronome Christian Huygens. En 1654, il revint à Delft où il ouvrit une boutique de laine et s'adonna à sa passion favorite du polissage des lentilles et à l'observation de la nature à travers des microscopes qu'il fabriquait lui-même. Cette passion lui est née de l'observation des mailles de ses tissus au moyen d'une loupe (on considère qu'il a fabriqué au moins 500 microscopes dont il ne reste que quelques exemplaires actuellement).
Ses microscopes n'étaient constitués que d'une lentille et leur utilisation n'était pas facile du tout, contraire-

ment aux microscopes composés, constitués de 3 lentilles et fonctionnant sur le principe des microscopes actuels et qu'utilisait déjà l'Anglais Robert Hooke. Ce dernier avait fait paraître un livre illustré en 1665 intitulé « Micrographia » qui décrivait une grand nombre de structures non visibles à l'œil nu comme des structures d'insectes, des éponges et des foraminifères.

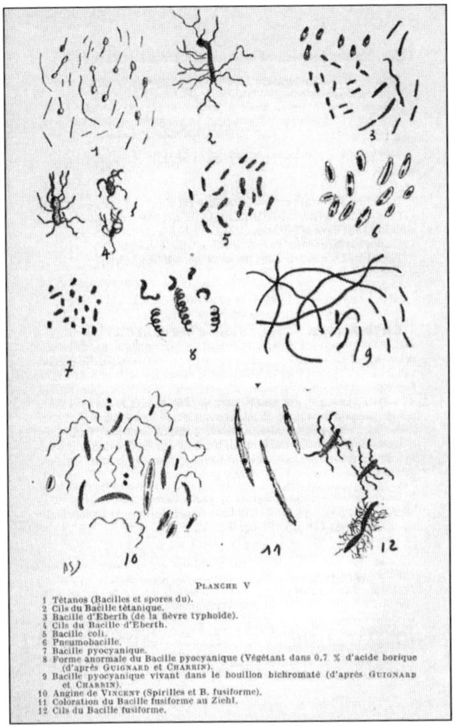


*Examens microscopiques. Dessins de différentes formes bactériennes. Guide pratique des principales manipulations bactériologiques à l'usage des pharmaciens. A Sartory, Nancy*

Les microscopes composés de l'époque ne grossissaient qu'entre 20 et 30 fois, tandis que les microscopes simples d'Antonie van Leeuwenhoek grossissaient près de 200 fois. Il faut dire aussi qu'il avait lui-même une vue très aiguisée qui lui permettait d'observer des détails infimes.

Il mettait devant sa lentille tout ce qui était vivant en voulant montrer que les structures vivantes étaient composées de très petits éléments. Il s'extasiait devant les « créations de Dieu ». Après de très nombreuses observations, il se décida à faire part de ses travaux en publiant pour la première fois à la Royal Society en 1673 : c'est la première publication d'une longue série qui dura près de 50 ans ! Comme il ne parlait que le hollandais, il se faisait traduire ses textes. C'est à Hooke que la Royal Society of London demanda de confirmer les observations d'Antonie van Leeuwenhoek, ce qu'il fit en avouant que ses propres images étaient moins belles que les siennes.

En 1673 il décrivit les globules rouges, en 1675 les infusoires, en 1677 les spermatozoïdes (qu'il préleva dans le vagin d'une lapine). En 1683 il publia les observations de sa propre plaque dentaire (et celles de son épouse et de sa fille). C'est là qu'il décrivit pour la première fois des « animalcules » vivants et mobiles. On considère que c'est la première description de bactéries vivantes. La découverte des microbes n'a malheureusement pas mis fin à la théorie de la génération spontanée. En revanche, elle a permis d'émettre l'hypothèse qu'ils pouvaient être responsables de certaines maladies. Mais ce n'est qu'en 1870 que Robert Koch* établit définitivement la relation germes-maladies.

C'est en avril 1673 que, 4 mois avant sa mort, le physiologiste Reinier De Graaf le présenta à la Royal Society of London dont il devint membre sans pourtant jamais y siéger.

On retrouve Antonie van Leeuwenhoek comme arpenteur (1669), goûteur de vin (1679). En 1678, il est l'exécuteur testamentaire de Johannes Vermeer. En 1665, il se marie avec la fille d'un riche marchand de soie, Barbara de Mey avec laquelle il eut 5 filles dont une seule lui survécut et une seconde fois avec Cornelia Swalmius avec laquelle il n'eut qu'une fille décédée en bas âge.

Observateur infatigable, 12 heures encore avant sa mort le 26 août 1723 à l'âge de 91 ans, il était encore occupé à écrire deux courriers à la Royal Society of London !

Il était atteint d'une maladie rare : la maladie dite « de Leeuwenhoek » ou myoclone respiratoire qui se traduit par des contractions involontaires et répétitives du diaphragme et d'autres muscles respiratoires.

## VIDAL Jean-Baptiste Emile (1825-1893)

Dermatologiste français né le 18 juin 1825 et mort le 16 juin 1893 à Paris. Jean-Baptiste Emile Vidal a fréquenté l'école de médecine de Tours puis celle de Paris où il devint externe en 1848, interne en 1850, docteur en médecine en 1855 puis médecin des hôpitaux en 1862. De 1867 à 1890, il travailla à l'hôpital St Louis. À partir de 1883 il devint membre de l'Académie de Médecine. Vidal a conduit des travaux fondamentaux en dermatologie essentiellement sur les formes non syphilitiques de l'infection cutanée. Il accomplit un important travail sur le lupus. En tant qu'hygiéniste, il prit une part active à isoler les patients contagieux dans les hôpitaux.

## VIEUSSEUX Gaspard (1746-1814)

Médecin suisse. Après avoir fait ses études dans son pays natal, il passa sa thèse de doctorat à Leyde aux Pays-Bas. Il compléta ensuite ses études en Autriche (Vienne), en France (Strasbourg et Paris) et en Angleterre (Londres et Edimbourg). Il revint ensuite s'installer à Genève où il ouvrit un cabinet médical en 1771.

Vieusseux a été un grand promoteur de la vaccination antivariolique en Suisse. Ce travail allait le faire connaître non seulement dans son pays mais également en France, en Angleterre et en Suède où il connut les honneurs.

Gaspard Vieusseux est surtout connu pour avoir donné la première description détaillée de la méningite cérébrospinale (méningite à *Neisseria meningitidis*) à l'occasion d'une épidémie à Genève et ses environs en 1805.

## VILLEMIN Jean Antoine (1827-1892)

Jean Antoine Villemin, fils de cultivateurs, est né à Prey dans les Vosges le 28 janvier 1827. Il a 10 ans à la mort de son père et doit très tôt subvenir à sa propre existence. Il se dirigea vers l'enseignement primaire quand la conscription lui fit choisir le métier des armes. À 22 ans, en 1849, il s'inscrivit à l'hôpital d'instruction du service de santé militaire à Strasbourg. Il soutint sa thèse en 1853 sur les « Collections purulentes du rein » et rejoignit la même année le Val-de-Grâce comme aide-major stagiaire. En 1860, il revint à l'École de Strasbourg et, en 1861, il publia une étude fondamentale « Le Tubercule, au point de vue de son siège, de son évolution et de sa nature ».

En 1863, il devient Professeur Agrégé à l'École Impériale du Val-de-Grâce. C'est là qu'il remarqua que la phtisie pouvait éclater chez des soldats robustes et camarades de chambrée de sujets phtisiques. Il compara alors la propagation de la phtisie à celle de la morve chevaline et écrivit « Le soldat phtisique est à son voisin de chambre ce que le cheval morveux est à son compagnon d'écurie ». De même, dans ses études sur la tuberculose, il eut cette phrase prophétique : « La morve et la syphilis étant inoculables, nous nous sommes demandés si la tuberculose ne le serait pas ». Il soumit cette idée à deux sommités du Val-de-Grâce, Michel Lévy, le directeur, et le Professeur Godelier qui l'encouragèrent. Villemin présenta, le 5 décembre 1865, à l'Académie de Médecine une note sur la « Cause et la nature de la tuberculose » et des « idées qui ne laissent pas que de s'écarter considérablement des opinions reçues », note dans laquelle il démontra le premier la transmissibilité de la tuberculose. Cette communication est passée totalement inaperçue. La seconde note, datée du 30 octobre 1866, provoqua la nomination d'une commission d'experts comprenant Louis*, Grisolle, Colin et Bouley*.

Le 6 mars 1865, Villemin prit deux jeunes lapins âgés de 3 semaines tétant encore leur mère. À l'un des lapins, il introduisit par l'intermédiaire d'une petite plaie cutanée pratiquée derrière l'oreille « deux petits fragments de tubercule et un peu de liquide puriforme d'une caverne pris sur le poumon et l'intestin d'un homme phtisique, mort depuis 33 heures ». Le 20 juin, après le sacrifice des deux lapins, il constata que celui qui avait été inoculé présentait les lésions suivantes : « Semis tuberculeux le long de la grande courbure de l'estomac, quelques tubercules dans l'intestin grêle et dans les deux substances du rein. Les poumons sont pleins de grosses masses tuberculeuses formées par l'agglomération de plusieurs granulations. Le lapin frère ne présente absolument aucun tubercule ». De ses expériences, Villemin en conclut que « La tuberculose est l'effet d'un agent causal, en un mot, d'un virus. Introduit dans un organisme susceptible d'être impressionné par lui, cet agent doit donc se reproduire et reproduire en même temps la maladie ». De même, Villemin affirmait que l'hérédité prétendue de la tuberculose, ne correspondait en fait qu'à une contagion précoce dans le milieu familial. Comme toujours, lorsqu'une idée nouvelle est émise, elle est immédiatement combattue. Jusqu'au bout, Villemin eut à faire face à ses détracteurs de l'Académie de Médecine. Pidoux dira : « Il faut que nous acceptions du jour au lendemain que la phtisie tombe des nues et que, dans sa pathogénie, le sujet, la constitution, les conditions hygiéniques, l'hérédité, les diathèses, ne sont rien ». Cependant, la confirmation des expériences de Villemin devait venir d'autres auteurs comme les Anglais John Burdon Sanderson et John Simon ou comme le vétérinaire lyonnais Jean-Baptiste Chauveau* qui, en 1868, pouvait écrire dans la Gazette Hebdomadaire : « Il est prouvé maintenant que l'identité de la tuberculose et des maladies reconnues virulentes est si complète et si absolue qu'il faut, ou bien reconnaître à la tuberculose le caractère de la virulence, ou bien nier la virulence elle-même. La conséquence que Villemin a tirée de ses faits d'inoculation a donc bien la valeur qu'il lui a attribuée ». Finalement, les disputes s'estomperont progressivement à l'Académie de Médecine dont Villemin prit même la présidence. La mort vint le surprendre le 6 octobre 1892.

À la suite de la découverte de Villemin, Cohnheim et Salomonsen* inoculèrent à leur tour, en 1877, la tuberculose dans la chambre antérieure d'un œil de lapin et Tappeiner infecta des chiens en les exposant à l'inhalation de gouttelettes de matériel contaminé. Il devint alors évident que la tuberculose était provoquée par un microbe ; il restait à le découvrir. Ce sera l'œuvre de Robert Koch*.

## VINCENT Hyacinthe (1862-1950)

Médecin et épidémiologiste français né à Bordeaux le 22 décembre 1862. Médecin militaire, il entra premier à l'école du Val-de-Grâce et en sortit deux années après avec le même rang. Après avoir soutenu sa thèse de médecine sur un sujet de physiologie concernant l'hyperthermie, il s'orienta vers des sujets divers ayant trait à la physiologie et à la microbiologie. En 1892, il décrivit une angine nécrotique qu'il a bien différenciée de la diphtérie, la syphilis et la tuberculose et qui porte encore son nom : « l'angine de Vincent ». Cette pathologie associe des bacilles en fuseau et des spirochètes. En 1909, il fit faire aussi beaucoup de progrès à la vaccination antityphoïdique qui n'avait jusqu'alors, jamais été appliquée à l'homme. Il prépara un vaccin triple contre la typhoïde et les fièvres paratyphoïdes sous le nom de vaccin TAB. Les préparations se faisaient au moyen de l'éther et il fut le premier à en bénéficier puisqu'il se l'est appliqué à lui-même avant de le mettre réellement en pratique. Rendue obligatoire dans l'Armée française par la loi du 29 mars 1914, cette vaccination a pratiquement fait disparaître tous les cas d'affections typhoïdiques. C'est ainsi que les hôpitaux spéciaux et les ambulances des « thyphoïsants » étaient devenus vides et inutiles, ce qui fit dire que « La médecine a, elle aussi, remporté sa victoire de la Marne ». Médecin Inspecteur Général des Armées, il a été créé pour lui une chaire d'Épidémiologie et des Maladies Infectieuses au Collège de France. C'est à ce moment-là qu'il se consacra à des recherches de sérothérapie au cours desquelles il mit au point un antisérum contre les gangrènes gazeuses. Le Professeur Vincent est mort en 1950.

## VINZENT René (1897-1966)

Médecin français né à Paris le 16 septembre 1897. Vinzent fit ses études médicales à l'École de Santé Navale de Bordeaux et entra à l'Institut Pasteur en 1923. C'est là qu'il fit une brillante carrière de bactériologiste et particulièrement dans le domaine des bactéries anaérobies pour lesquelles il améliora considérablement les techniques de culture.

Il découvrit l'agent responsable des tumeurs cervicales bénignes du

cobaye, *Sphaerophorus caviae*, avec lequel il reproduisit la maladie.
René Vinzent a décrit de nouvelles bactéries anaérobies dont il précisa les caractères physiologiques et culturaux. Ses contributions à l'étude de *Campylobacter fetus, Actinobacillus meyeri, Ristella glutinosa, Ramibacterium dentium* étaient remarquables pour l'époque.
Il fit aussi des recherches sur la vaccinothérapie des infections buccales ainsi que sur la flore microbienne des épithéliomas du col utérin. Il étudia également les tréponèmes commensaux des cavités naturelles de l'homme.
Il quitta l'Institut Pasteur en 1929 pour diriger le laboratoire du Centre Hospitalier du Havre.
C'est en Auvergne que Vinzent se retira pour prendre sa retraite.

# W-X-Y-Z

## WAKSMAN Selman Abraham (1888-1973)

Microbiologiste américain d'origine russe et d'extraction juive, né à Prilouki, près de Kiev en Ukraine. Il fut un des nombreux disciples de Serge Winogradsky* dont le travail eut plus tard une grande influence sur ses recherches.

Il quitta l'Union Soviétique en 1910 pour aller retrouver aux États-Unis quelques cousins établis dans les environs de New Brunswick (New Jersey). Il travailla d'abord à la station agronomique expérimentale de l'état de New Jersey où il fit la connaissance de Jacob D. Lipman, un spécialiste de la bactériologie des sols, qui lui enseigna les principes fondamentaux de la microbiologie et de la flore bactérienne humicole. Puis, c'est à l'Institut de Microbiologie de la Rudgers University de New Brunswick qu'il fit ses études universitaires et réalisa ses premières expériences sur les actinomycètes. S'étant inscrit à Berkeley pour ses études du 3e cycle, c'est à l'Université de Californie que Waksman présenta sa thèse de doctorat, ayant comme sujet l'activité protéolytique des champignons et des actinomycètes. Avec Jacob Joffe, Waksman isola et décrivit *Thiobacillus thiooxidans*, une bactérie sulfo-oxydante capable d'oxyder le soufre en acide sulfurique.

De nombreux travaux ont ensuite été consacrés à la décomposition des matières organiques présentes dans le sol et les mécanismes de formation de l'humus.

Le travail de René Dubos* l'impressionna beaucoup, et il était particulièrement intrigué par l'aptitude des bactéries du sol à produire des antibiotiques. À partir de ce moment, il orienta ses recherches dans cette voie. C'est ainsi qu'en 1940, Waksman isola (avec l'aide de son assistant H. Boyd Woodruff) un antibiotique qu'il appela « Actinomycine » parce que le composé avait été isolé à partir de la culture d'un actinomycète. D'autres chercheurs isolèrent d'autres « actinomycines » (en fait des polypeptides) qui se montrèrent actives vis-à-vis de certaines tumeurs. En 1942, Waksmann et Woodruff isolèrent à partir de la culture d'une actinomycétale de la famille des *Streptomycetaceae* (*Streptomyces griseus*) une substance qu'ils appelèrent « Streptotricine », présentant une activité à large spectre aussi bien sur les bactéries à Gram positif que sur celles à Gram négatif, mais également sur les mycobactéries. En fait, il s'agissait d'un composé, appelé depuis 1944 « Streptomycine » par Albert Schatz, Elisabeth Bugie et Selman Waksman, le premier antibiotique de la famille des aminosides.

Les expériences réalisées en 1944 par W.H. Feldman et H.C. Hinshaw sur le cobaye infecté par *Mycobacterium tuberculosis* montrèrent l'activité de la streptomycine sur cette mycobactérie.

La découverte de la streptomycine lui valut, avec Albert Schatz, le Prix Nobel de Médecine et de Physiologie en 1952.
Plus tard, le laboratoire de Waksman à la Rudgers University, isola encore une vingtaine d'autres antibiotiques, dont la néomycine, isolée par S.A. Waksman et H.A. Lechevalier en 1949. Le travail de Waksman va ensuite servir comme base pour d'autres recherches qui conduiront à la découverte d'autres antibiotiques dont le chloramphénicol et les tétracyclines.
Avec Dommergues, Duchaufour, Kaiser et Pochon, Waksman peut être considéré comme un des pionniers de la microbiologie moderne des sols.

## WASSERMANN von August Paul (1866-1925)

August Paul von Wassermann est né à Bamberg le 21 février 1866. Il était le second fils d'Angelo Wassermann et de Dora Bauer. Il fréquenta le lycée de Bamberg et étudia la médecine successivement dans les universités d'Erlangen, de Vienne et de Munich et reçut le diplôme de médecin à Strasbourg en 1888 pour son travail sur l'effet du Sulfonal.
Le 1er septembre 1891, il rejoignit le tout nouvel Institut des Maladies Infectieuses créé par Robert Koch et y travailla sans être rétribué sous la direction de Bernhard Proskauer*. En février 1893, il devint assistant temporaire avec pour mission d'étudier les problèmes liés au choléra. De février 1895 à juin 1896, il exerça la fonction de médecin inspecteur à l'unité de contrôle des antitoxines pour la diphtérie qui fut transférée en 1896 à l'Institut pour la Recherche des Sérums à Steglitz, un faubourg de Berlin. En 1898, il devint Professeur titulaire et en 1901, il obtient un titre en médecine interne à l'Université Freidrich Wilhelm de Berlin. Il fut nommé Professeur hors-cadre en 1902 et en 1911, Professeur Honoraire. En 1895, il se maria à Alice von Taussig de Vienne qui lui donna deux garçons. Il fut anobli en 1910 d'où la particule « von » qui fut alors ajoutée à son nom.
En 1906, il devint directeur de la division de thérapie expérimentale et de recherche sur les sérums à l'Institut des Maladies Infectieuses. Il quitta l'institution en 1913 pour devenir directeur du département de thérapie expérimentale à l'unité Kaiser Wilhelm à Dahlem, un quartier de Berlin. Il garda cette position jusqu'à sa mort.
Très tôt Wassermann a été séduit par la nouvelle science représentée par la bactériologie et entra en relation avec Paul Ehrlich* auprès duquel il devint un élève puis un collègue. À l'aide de la bactérie pyocyanique (*Pseudomonas aeruginosa*), Wassermann conduisit des expériences en 1896 sur la cassure des liaisons toxines/antitoxines. À partir de 1900, il fut de plus en plus impliqué dans des recherches relatives au complément à la suite des travaux de Jules Bordet* et d'Octave Gengou*. Il développa un test de fixation du complément pour le diagnostic de la tuberculose en 1901. À la même époque, avec Albert Neisser* à l'Institut Robert Koch des Maladies Infectieuses de Berlin, il mit au point un test pour la détection des anticorps produits par des personnes infectées

par la bactérie responsable de la syphilis, *Spirochaeta pallida* maintenant appelée *Treponema pallidum*, à partir d'un antigène obtenu d'un extrait de foie fœtal syphilitique. L'antigène fut par la suite modifié et fabriqué à partir d'extrait de cœur. En 1906, avec ses collaborateurs Neisser et Bruck, il démontra la valeur de cette réaction dans le diagnostic de la syphilis. La réaction de Wassermann allait devenir très rapidement un test utilisé dans le monde entier et une méthode de choix pour le diagnostic de la syphilis. Ce test allait devenir le fameux BW (Bordet-Wassermann) qui sera utilisé pendant les décennies qui suivirent. Lors de la Première Guerre mondiale, les activités de recherche de Wassermann furent considérablement réduites. Nommé brigadier général, il supervisa le contrôle des épidémies sur le front Est comme bactériologiste et hygiéniste. Il devint ensuite Directeur de l'Office d'Hygiène et de Bactériologie du ministère prussien de la guerre.

Parmi ses œuvres figure le célèbre traité « Les sérums immuns » écrit en 1903, et en collaboration avec Kolle, le monumental « Traité des Microorganismes pathogènes ».

Au début des années 1920, l'Institut Wassermann s'agrandit et devint le Kaiser-Wilhelm Institut pour la thérapie expérimentale et la biochimie. Alors que Wassermann commençait à souffrir à partir de 1924 de la maladie de Bright, il accomplit son travail à l'Institut de façon régulière jusqu'à sa mort l'année suivante. Il reçut de nombreuses distinctions et décorations de par le monde dont, en 1921 le premier prix de la fondation Aronson, mais il n'obtint jamais la chaire prestigieuse de la faculté de Berlin et ne fut jamais nommé au Prix Nobel pour lequel il s'était porté candidat.

## WEEKS John Elmer (1853-1949)

John Elmer Weeks, médecin américain, est né le 9 août 1853. Il obtint son diplôme de médecin de l'Université du Michigan en 1881 et devint interne à Alms House à New York. Pendant plusieurs années, il fut l'élève du docteur Herman Knapp à l'Institut Ophtalmique de New York.

Après une année post-doctorale à Berlin, il revint à l'Institut comme médecin résidant en 1887 et devint assistant chirurgien. Il avait un intérêt croissant pour la bactériologie des conjonctivites épidémiques aiguës et en 1886 il en découvrit l'agent causal : un organisme qui a porté le nom de bacille de Koch-Weeks (*Haemophilus aegyptius*). De 1890 à 1920, il déploya une activité considérable dans le domaine de l'enseignement et de la recherche en ophtalmologie. Weeks fut chirurgien à New York, spécialisé dans l'œil et l'oreille et Professeur d'Ophtalmologie à l'Université et au Collège du Bellevue Hospital (maintenant Université de New York). Après sa retraite en 1921, il rejoignit Portland dans l'Oregon où il fut consultant en ophtalmologie et également pendant plusieurs années Professeur Honoraire d'Ophtalmologie et membre du Comité de l'Université Médicale de l'Oregon. Il a écrit différents articles sur l'ophtalmologie ainsi que deux livres : « Diseases of the eye, ear, throat and nose » en 1892 et « Diseases of the eye » en 1910.

## WEICHSELBAUM Anton (1845-1920)

Médecin autrichien, né à Schiltern, dans les environs de Langenlois le 8 février 1845. Il fit ses études médicales à Vienne et reçut une formation de chirurgien militaire.

Anton Weichselbaum succéda à Karl von Rokitansky en 1885 à la chaire d'Anatomie Pathologique à l'Université de Vienne et fut nommé en 1893 Professeur dans cette discipline en même temps qu'il fut honoré par sa nomination comme membre de l'Académie Impériale des Sciences à Vienne. Il termina sa carrière avec le grade de Professeur Émérite. En 1912, il eut l'honneur suprême d'être nommé *Rector Magnificus* de l'Université de Vienne. À cette occasion, il présenta un travail sur les corrélations entre la constitution physique du corps humain et les maladies, sur l'influence des facteurs héréditaires dans la prédisposition aux maladies, et sur les causes de la dégénérescence de l'espèce humaine. Il attribua ce dernier phénomène principalement au système d'éducation dépassant la capacité mentale au cours de la période de croissance, à l'abus d'alcool, et à la prévalence de la syphilis et de la tuberculose. Au cours de sa conférence, il fit valoir les arguments pour une liberté totale de la recherche scientifique dans la perspective de permettre à l'économie sociale d'éradiquer ces facteurs défavorables : son exposé eut une répercussion retentissante, même en dehors des frontières de son pays.

Weichselbaum était particulièrement intéressé par la pathologie et publia en 1877 son premier travail en rapport avec l'arthrite déformante. Il se tourna ensuite vers la bactériologie et se fit remarquer par ses études et ses travaux, à partir de 1886, sur l'étiologie des pneumonies. Ayant eu l'occasion de faire des recherches approfondies sur 129 cas de différents types de pneumonies, il isola pour la première fois dans ce contexte pathologique particulier, un coque qu'il nomma *Diplococcus pneumoniae* (avec une variante qu'il appela *Streptococcus pneumoniae*), correspondant au micro-organisme précédemment décrit par Albert Fraenkel* sous le nom de *Diplococcus lanceolatus*. Weichselbaum attira l'attention sur le fait que le pneumocoque était également impliqué avec une fréquence non négligeable dans des méningites, endocardites, péricardites, arthrites etc. Moins fréquemment observé, il isola également dans les pneumonies à issue fatale un micro-organisme identique à celui isolé quatre années auparavant (en 1882) par Carl Friedländer* (= Bacille de Friedländer = *Klebsiella pneumoniae*). Dans les pathologies pulmonaires, il isola dans 129 exsudats, 9 souches de « Bacille de Friedländer ».

Beaucoup moins connus sont les travaux de Weichselbaum sur les analyses bactériologiques des eaux de distribution de Vienne qui furent cependant remarquables pour l'époque.

Weichselbaum publia en 1887 un ouvrage présentant les « statuts » de la bactériologie de l'époque en rapport avec la pratique médicale. Il publia encore un autre ouvrage consacré aux aspects pratiques de l'histologie : celui-ci eut un tel succès qu'il fut traduit en anglais par W.R. Dawson « Elements of Pathological Histology ».

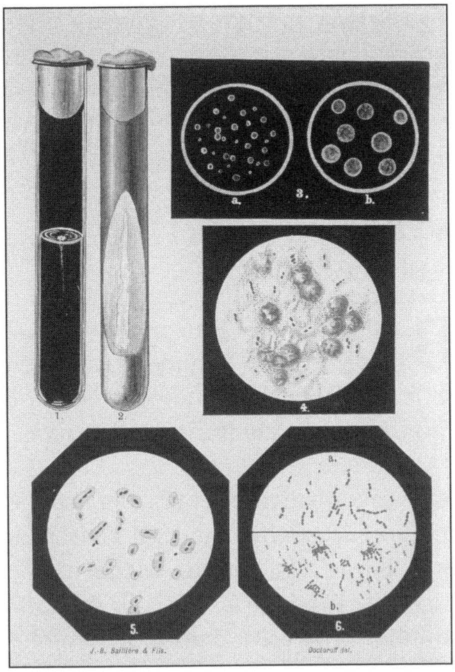

*Pneumocoque. Atlas de microbiologie, 1898. 1. Culture en piqûre, 2. En strie, 3. Sur plaque de gélose, 4. à 6. Préparations microscopiques : dans la salive humaine, d'une culture sur sérum liquide, de culture sur gélose © Institut Pasteur*

En 1887, Weichselbaum a également été le premier à isoler des liquides céphalorachidiens et à décrire le méningocoque au cours d'une épidémie de méningites cérébro-spinales à Vienne. Il appela l'agent causal « *Diplococcus intracellularis meningitidis* » qui deviendra plus tard *Neisseria meningitidis*.

Weichselbaum était un grand chercheur. Avec un peu de retard sur Robert Koch* dont il avait adopté les méthodes et techniques, il échoua de peu dans la découverte du bacille tuberculeux mais il fut le premier à isoler la mycobactérie en Autriche. Il s'est également révélé être un enseignant talentueux, doué d'un sens pédagogique aigu.

Anton Weichselbaum est mort à Weidling, dans les environs de Vienne le 22 octobre 1920, à l'âge de 75 ans.

## WEIGERT Karl (1845-1904)

Pathologiste allemand, né à Münsterberg (Ziebice dans l'actuelle Pologne) en Silésie. Il était le cousin de Paul Ehrlich* et l'assistant de Julius Friedrich Cohnheim (1839-1884), histopathologiste à Breslau et à Leipzig. Il fit ses études à Breslau (Wroklaw dans l'actuelle Pologne) puis à Berlin. Il prit ensuite part à la Guerre de 1870.

Pendant 20 ans (de 1885 à 1904) il fut Directeur de l'Institut Senckenberg à Francfort-sur-le-Main.

Weigert était un homme très cultivé, doué d'une grande intelligence et d'une probité absolue. Il s'intéressa à une diversité de disciplines : l'anatomie pathologique, l'histologie, la neurologie, la bactériologie et les techniques de laboratoire.

Dans le domaine de la bactériologie-histologie, il mit au point plusieurs colorations ; c'est ainsi qu'il démontra en 1871 que le carmin colorait les coques (bactéries coccoïdes) et en 1875, il proposa une coloration au violet de méthyle pouvant mettre les coques en évidence dans les tissus. Il modifia une méthode de coloration du bacille tuberculeux mise au point par son cousin, Paul Ehrlich. Les techniques de coloration de Weigert furent utilisées avec succès par Robert Koch* lors d'études sur le bacille charbonneux (*Bacillus anthracis*) responsable du charbon bactérien.

## WEIGL Rudolf (1883- 1957)

Biologiste polonais, Professeur de Bactériologie, Weigl fut à quatre reprises candidat au Prix Nobel (1932, 1936, 1942, 1946).

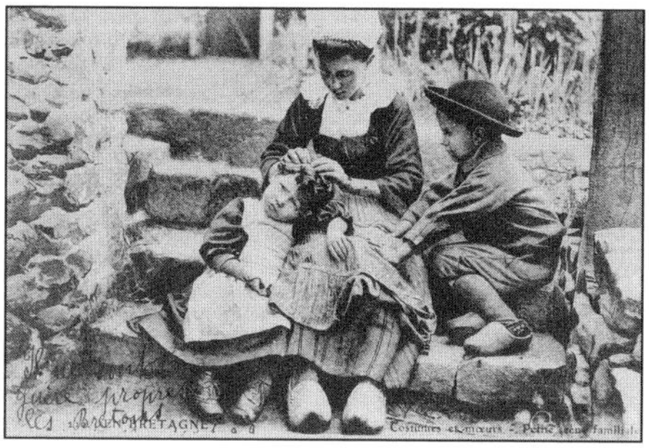

*Scène d'épouillage en Bretagne vers 1900-1920.*
*© Institut Pasteur*

Il travailla dans les laboratoires militaires de bactériologie à Cracovie (Krakow) et Przemysl de 1916 à 1919, à une époque où de nombreux prisonniers de guerre (Guerre 1914-1918) étaient atteints par le typhus exanthématique. Cette maladie constitua pour le bactériologiste polonais un sujet d'études pour lequel il fit des recherches très originales.
Il réalisa des cultures de rickettsies en injectant ces micro-organismes, par voie rectale, dans le tractus gastro-intestinal du pou à l'aide d'un très fin tube capillaire. Il prépara en 1924 un vaccin anti-*Rickettsia prowazekii* qui se révéla ne pas être très efficace. En revanche, l'administration de ce vaccin atténuait considérablement la maladie. C'est pourquoi ce vaccin fut largement utilisé dans les parties du monde où le typhus exanthématique était endémique. Ainsi, 8 millions de personnes furent vaccinées en Pologne et en Russie au cours des années 1930. Weigl démontra également que les poux morts et desséchés ainsi que leurs excréments restaient infectants pendant plusieurs mois.

## WEINBERG Michel (1868-1940)

Bactériologiste français d'origine russe, Michel Weinberg est né en 1868 à Odessa (Ukraine). Il s'établit à Paris et se fit naturaliser français en 1901.
Après avoir suivi les cours à la Faculté de Droit de sa ville natale, il s'inscrivit en 1888 à la Faculté de Médecine de Paris et pendant 8 ans, il travailla comme préparateur dans le laboratoire d'anatomie pathologique du Professeur Letulle.
C'est en 1900, dans le service de Metchnikoff* à l'Institut Pasteur, qu'il étudia le rôle des Helminthes dans la transmission de bactéries pathogènes et qu'il mit au point la technique de la réaction de fixation de l'alexine appliquée au sérodiagnostic de l'échinococcose, plus connue sous le nom de « Réaction de Weinberg ».
Affecté en qualité d'aide-major dans un hôpital militaire lors de la Guerre 1914-1918, il réalisa de belles études sur les bactéries anaérobies responsables des infections putrides et de la gangrène gazeuse, démontrant la complexité des infections polymicrobiennes. C'est ainsi qu'il découvrit de nouvelles espèces d'anaérobies impliquées dans certaines formes d'infections gangréneuses, désignées à l'époque *Bacillus oedematiens,*

*Bacillus fallax, Bacillus aerofoetidus*... Il prépara des antisérums contre ces diverses espèces et fut le premier à obtenir le sérum anti-*perfringens* et à préparer un sérum antigangréneux polyvalent. Il prépara d'autres antisérums dont le sérum antibotulinique.
Weinberg a publié de nombreux articles sur une grande diversité de sujets en rapport avec la bactériologie : antagonismes microbiens, synergie des anticorps, hémolysines, anti-hémolysines. Il est l'auteur d'un important ouvrage sur les anaérobies intitulé « Les Microbes anaérobies ». Avec A. Gilbert, il a dirigé un autre ouvrage, le « Traité du Sang ».
Membre de l'Académie de Médecine (Sciences biologiques) et de nombreuses Sociétés Savantes, Weinberg a été Chef de Service à l'Institut Pasteur.

## WELCH William Henry (1850-1934)

Médecin américain, né à Norfolk (Connecticut).
Il fit ses études médicales à l'Université de Yale et vint ensuite se perfectionner en Europe, notamment à Strasbourg, Breslau (= Wroklaw, dans l'actuelle Pologne), Berlin et Leipzig.
Il fut nommé Professeur de Pathologie à la célèbre Johns Hopkins Medical School. Il assuma ce cours de 1884 à 1918. Il était également Directeur de l'École d'Hygiène et de la Santé Publique à Baltimore (Maryland).
William Welch contribua beaucoup au développement des connaissances en rapport avec la pathologie et la bactériologie aux États-Unis.
Avec George Henry Falkiner Nuttall, il découvrit en 1892 le premier anaérobie sporulé responsable de la gangrène gazeuse : *Clostridium perfringens*.
Welch est mort le 1er mai 1934, à l'âge de 84 ans.

## WERLHOF Paul Gottlieb (1699-1767)

Médecin allemand de la ville de Hanovre, capitale de la Basse-Saxe.
C'est dans cette ville qu'il publia en 1735 un livre dans lequel il décrivait pour la première fois le « *morbus maculosus* » (purpura de la peau et des muqueuses) qui devint ensuite le purpura hémorragique ou « purpura essentiel de Werlhof ».

## WHYTT Robert (1714-1766)

Il naquit à Bennochie en Écosse d'un père propriétaire d'un bar qui décéda 6 mois avant sa naissance. Il perdit sa mère alors qu'il n'avait que 6 ans. Il débuta sa scolarité à St Andrews puis rejoignit en 1730, l'École de Médecine d'Edinbourg où il se spécialisa en anatomie. Il se rendit à Londres en 1734 où il devint l'élève de Cheselden puis sur le continent, d'abord à l'Hôpital de la Charité et à l'Hôtel Dieu à Paris, puis à Leyden où il fut élève de Boerhaave. Il obtint son diplôme de médecin à Reims en 1736, l'université de cette ville ayant un très bonne réputation en Écosse. Il reçut un deuxième diplôme à St Andrews avant de rejoindre le Royal College of Physicians d'Edimbourg. Il occupa ensuite la Chaire de « Theory of Medicine » jusqu'à sa mort en 1766. Whytt se consacra surtout à l'étude de la neurologie.

Il publia en 1751 une étude sur « les mouvements vitaux et involontaires des animaux » où il décrivait de nombreux types de réflexes. Parmi ses découvertes majeures figure la description très précise de la méningite tuberculeuse chez l'enfant dans un ouvrage paru à Edimbourg en 1768.

## WIDAL Fernand (1862-1929)

Clinicien et biologiste français. Il a beaucoup travaillé sur les maladies infectieuses au moment où naissait la bactériologie sous l'impulsion de Pasteur*. Fernand Widal était médecin et il sut faire le lien entre la vieille médecine traditionnelle et les nouvelles découvertes réalisées par Pasteur et ses élèves. En 1886, jeune interne, il entra au laboratoire du Pr. Cornil. Il se mit rapidement en relation avec Emile Roux* dont il sera un ami fidèle. À l'époque, Pasteur pensait qu'à chaque maladie correspondait une bactérie pathogène (spécificité microbienne) : c'était le cas de la gangrène gazeuse, du furoncle, du choléra des poules, de la tuberculose, de la pneumonie, de la fièvre purpurale…

Widal pensait alors qu'il était peut-être temps de faire le point sur ces germes et de mettre en relation ces microbes avec leurs effets cliniques.

Le cas de la fièvre puerpérale était exemplaire en ce domaine car Pasteur avait mis en évidence la présence de ces « germes en grains de chapelet » au cours de cette maladie mais aussi dans les prélèvements d'infections purulentes chez des blessés. On en avait même retrouvé dans des suppurations d'érysipèles. Le même germe pouvait-il donner des types d'infections différentes ? Déjà Semmelweis* en 1847 et Trousseau en 1858 avaient émis l'hypothèse qu'il pouvait y avoir un même principe pathogène apporté de l'extérieur capable de donner différents types de maladies.

Fernand Widal publia 16 cas de fièvres puerpérales dans lesquels il retrouva, dans 14 cas du streptocoque, et dans 2 cas du colibacille. Il montra de plus qu'un streptocoque isolé d'une fièvre puerpérale était capable de donner un érysipèle. Ces travaux publiés dans sa thèse « *phlegmatia alba dolens* et l'érysipèle » mit un coup d'arrêt définitif à l'aspect spécifique des germes au profit d'une théorie dite « pluraliste ». Il démontrait du même coup que certains germes pouvaient bien être des « microbes à tout faire » comme le disait ironiquement Michel Peter lorsqu'il défendait la thèse pastorienne de l'unicité.

Il s'intéressa ensuite à la fièvre typhoïde dont on connaissait le germe responsable, découvert en 1880 par Eberth* et cultivé ensuite par Gaffky* en 1883. La difficulté était dans sa séparation au sein d'une selle, du colibacille ou *Bacteridium coli* d'Escherich*. Ce dernier se développait d'une façon beaucoup plus luxuriante et masquait donc la présence du bacille d'Eberth dont Widal était persuadé qu'il était spécifiquement responsable de la maladie. Gabriel Roux et Rodet étaient persuadés qu'ils avaient réussi à réaliser la transformation du colibacille en bacille typhique. Les travaux qu'il réalisa avec Chantemesse prouvèrent qu'il y avait bien 2 germes distincts. Ce sont eux qui mirent au point les techniques qui révolutionnèrent plus tard le diagnostic bactériologique en montrant que le bacille typhique était incapable de fermenter le lactose contrairement au colibacille. Le diagnostic différentiel était posé. Ils mirent aussi en évidence le rôle de l'eau dans la transmission de la maladie et l'aspect pratiquement insurmontable de l'isolement du bacille très rare au sein d'une flore hydrique. En revanche, en véritables précurseurs de l'hygiène alimentaire, ils constatèrent que la présence de très nombreuses colonies de colibacilles dans une eau était un indice précieux de sa contamination par les matières fécales et de son rôle « typhigène » (ce que l'on appelle maintenant un germe test de contamination fécale).

*« Les microbes convergent ». Dessin humoristique représentant les microbes contenus dans l'eau de Seine et l'alcool. Dessin signé P. Barn © Institut Pasteur*

En 1889, en chauffant des cultures du bacille typhique, il réussit, à l'instar de Roux* et Chamberland* qui avaient montré peu de temps auparavant le rôle immunisant des cultures mortes, à protéger des animaux contre la typhoïde. C'est Wright qui appliqua ce vaccin à l'homme en 1896 en modifiant les conditions de chauffage (56°C au lieu de 100°C).

En juin 1896, Widal annonça qu'il était capable de réaliser un diagnostic de certitude de la fièvre typhoïde. « Il suffit de mélanger dans un tube quelques gouttes de sang du malade et de la culture de bacille typhique. Au microscope, en une heure, les bacilles s'immobilisent en se rapprochant les uns des autres tandis qu'en 3 heures, le tube est devenu clair alors que la culture s'est amassée en petits grumeaux dans le fond du tube ». En fait, en inventant le sérodiagnostic, il reprenait les travaux de l'Allemand Grüber qui avait constaté que cette agglutination existait lorsqu'on mélangeait le sang d'un animal vacciné et les cultures de bacille. Son mérite est d'avoir déduit des expériences de Grüber qu'un individu ayant contracté la maladie pouvait avoir les mêmes anticorps qu'un individu vacciné. À dater de 1896, la sérologie clinique était née avec des applications innombrables.

## WILLIS Thomas (1621-1675)*

Médecin anglais, né en 1621 dans le Wiltshire. Il débuta sa carrière comme généraliste à Oxford puis, à partir de 1666, il s'installa définitivement à Londres. C'est dans la capitale anglaise qu'il mourut à l'âge de 54 ans et qu'il fut enterré à Westminster Abbey.

Dans son ouvrage intitulé « *Diatribae duae medicophilosophicae quarum prior agit de fermentatione sive de muto interstino particularum in quovis corpore* », publié en 1659, Willis reprit les idées de Jérôme Fracastor*

sur la fermentation et les développa. Pour lui, tout dans l'existence était conditionné par les fermentations : la vie, la mort et la maladie. Selon Willis, la fermentation était un mouvement interne de particules (mais il n'en précise nullement la nature) dont le but était d'équilibrer le corps dans lequel il avait lieu afin de lui faire atteindre la perfection ou de le transformer ; par exemple, le sang qui « fermente » (par la présence de ces particules) entraîne de la fièvre.
Il a été le premier à donner une description anatomo-clinique de la fièvre typhoïde sans toutefois fournir de précisions ni sur la nature des agents infectants ni sur leur contagiosité.
En 1661, il relata la première description de la méningite épidémique qu'il appela « epidemic fever » et en 1664, il publia une étude anatomique du système nerveux central richement illustrée et la plus complète pour son époque. Willis publia également une étude sur les fièvres palustres largement répandues en Angleterre. Il différencia en 1673, le « diabète sucré » du « diabète insipide » et mit en évidence le goût sucré des urines chez les diabétiques.
S'intéressant à une grande diversité de pathologies, il découvrit une paracousie particulière mais en définitive la plus commune, appelée « paracousie de Willis » qui se caractérise par une amélioration de l'audition en ambiance bruyante alors que les sons sont moins bien perçus dans le silence.
Enfin, on doit à Willis le traitement des malades atteints de phtisie pour lesquels il préconisait des séjours dans le midi de la France dont il vantait le climat favorable à la guérison.

* *À ne pas confondre avec Francis WILLIS (1717-1807), médecin phsychiatre anglais qui, le premier, a identifié le cycle maniaco-dépressif.*

## WINOGRADSKY Sergei Nicolaevitch (1856-1953)

Serge Winogradsky était un Russe né le 1er septembre 1856 à Kiev (Ukraine).
Fils d'un haut fonctionnaire et directeur d'une des banques de la ville, Serge Winogradsky, après des études secondaires brillantes, entra à la Faculté de Droit de l'Université de Kiev, plus par obligation vis-à-vis de son père et de son frère aîné Alexandre, que par vocation. Quittant la Faculté de Droit après une présence brève d'à peine un an, il s'incrivit à la Faculté des Sciences. Deux ans plus tard, il abandonna ses études scientifiques pour entrer au Conservatoire Impérial de Saint-Pétersbourg dans la classe de Lechetitsky. Suite à un incident, il retourna en 1877 à la Faculté des Sciences et, après y avoir terminé ses études, il devint le collaborateur du botaniste russe Famintzin.
En 1885, Winogradsky continua sa formation en France et devint, à Strasbourg, l'assistant d'Heinrich Anton De Bary, mycologue de réputation mondiale. Il y étudia les bactéries « autotrophes » (classification de l'époque) et plus particulièrement les sulfobactéries *Beggiatoa* et *Thiothrix*, montrant que le soufre produit par ces bactéries est le résultat de l'oxydation de l'hydrogène sulfuré, le soufre étant ensuite transformé en acide sulfurique.
À la mort de De Bary en 1887, Winogradsky fut engagé à l'Université

de Zurich où il continua ses travaux de 1888 à 1891 sur les micro-organismes dits « autotrophes » et plus particulièrement sur les bactéries nitrifiantes. Ses travaux sur l'assimilation chlorophyllienne du $CO_2$ par photosynthèse ont été couronnés par le prix décennal « Van Leeuwenhoek » attribué par l'Académie de Hollande.

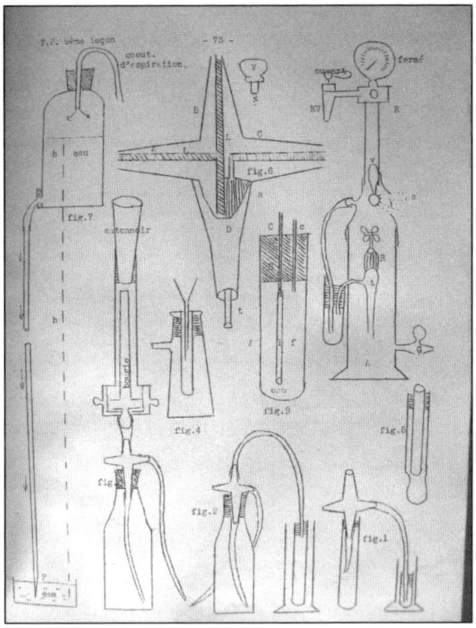

*Schéma de l'étude des gaz produits par les bactéries (cours de microbiologie de l'Institut Pasteur en 1934) © François Renaud*

Les publications de Winogradsky se suivirent alors à une cadence soutenue, notamment celles qui ont été publiées dans les Annales de l'Institut Pasteur en rapport avec les sulfobactéries, les ferrobactéries (*Ferrobacillus*) et le processus de la nitrification.

En 1891, Winogradsky était alors un homme célèbre. Sollicité par Louis Pasteur*, par l'intermédiaire d'un compatriote, Elie Metchnikoff* avec lequel il eut une entrevue à Zurich, il déclina l'offre afin de rejoindre son pays où un poste lui avait été proposé et réservé à l'Institut de Médecine Expérimentale de Saint-Pétersbourg. Il y fut nommé Chef du Département de Microbiologie Générale, et en 1903, il fut promu Directeur de cet Institut et Président de la Société de Microbiologie.

Pour des raisons de santé, Serge Winogradsky prit un repos sur la Côte d'Azur en 1905, et se retira ensuite dans la propriété de famille en Podolie (région de l'Ouest de l'Ukraine). À la révolution, il se réfugia en Suisse et, afin de subvenir à ses besoins, accepta en 1921 un poste de Professeur à la Faculté des Sciences Agronomiques de Belgrade.

Suite à la proposition d'Émile Roux*, alors directeur de l'Institut Pasteur, de venir rejoindre à Paris l'équipe de Microbiologie, Winogradsky s'installa en France en 1922 ; il avait alors 66 ans. C'est à Brie-Comte-Robert en Seine-et-Marne, qu'il continua alors ses travaux sur les bactéries du sol, et ceci jusqu'à la fin de sa vie. Trois ans plus tard, à partir de 1925, il publia dans les Annales de l'Institut Pasteur une série de mémoires qui font partie des grands classiques de la microbiologie du sol. Winogradsky y traitait les sujets suivants : les gels de silice et leurs applications en microbiologie, l'étude écologique de la flore bactérienne humicole, les bactéries fixatrices de l'azote atmosphérique et les processus de nitrifications (*Nitrosomonas* et *Nitrobacter*), la description de *Clostridium pasteurianum*, bactérie qu'il dédia à Louis Pasteur, la dégradation de la cellulose par les bactéries anaérobies, la synthèse de l'ammoniaquc par *Azotobacter*, l'oxydation de l'ammoniaque en nitrite, la validation spécifique des diverses entités bactériennes du sol dont particulièrement les sulfobactéries, les ferrobactéries et les bactéries nitrifiantes et enfin la culture sélective de micro-organismes oligonitrophiles en milieu liquide. Il fut aidé dans son travail par Lars-Gunnar Romell, par Edwige Ziemiecka et, à partir de 1931, par sa fille cadette.

En 1945, l'Académie des Sciences de l'URSS proposa de publier l'ensemble de l'œuvre de Winogradsky, en français et en russe ; une offre identique fut proposée par la Pologne. C'est cependant à Paris en 1949 qu'il publia en français l'ensemble de son travail. Victime en mars 1952 d'une atteinte grippale, Winogradsky mourut le 24 février 1953 à Brie-Comte-Robert dans sa 97e année.

Winogradsky fut un opposant acharné au pléomorphisme bactérien prôné par Wilhelm Zopf*.

L'œuvre de Winogradsky est immense. Avec Martinus Beijerinck*, Winogradsky a été un des pionniers de la microbiologie du sol et a, indirectement, contribué à l'amélioration de l'agriculture.

Esprit encyclopédique, Winogradsky était aussi très fin musicien et jouait de mémoire au piano les pièces de ses compositeurs préférés, Chopin, Beethoven et Schumann.

## WOLFFHÜGEL Gustav (1854-1899)

Bactériologiste allemand qui fut, au début des années 1880, parmi les premiers collaborateurs de Robert Koch* à Berlin avec qui il fit notamment des essais de désinfection en utilisant des vapeurs d'eau et de l'air chaud.

Wolffhügel écrivit d'importants ouvrages en bactériologie et en hygiène. Il fut nommé Professeur d'Hygiène à l'Université de Göttingen.

## WRIGHT Almroth Edward (1861-1947)

Almroth Edward Wright est né à Middleton Tyas dans le Yorkshire en 1861. Il accomplit ses études au Trinity College à Dublin où il suivit un enseignement sur les arts, parallèlement à celui de médecine pour laquelle il reçut son diplôme en 1883. Le début de sa carrière s'effectua en France à Strasbourg, en Allemagne à Leipzig puis à Marburg. Ensuite, à court d'argent, il retourna au pays et prit un poste d'employé au ministère de la Marine. Il commença à travailler à l'Université de Cambridge et à l'École Médicale nouvellement créée à l'Université de Sydney en Australie. En 1892, il devint Professeur de Pathologie de l'Army Medical Service à Netley sur Southampton Water. C'est là qu'il rencontra de nombreux soldats qui souffraient de la fièvre typhoïde, de la fièvre de Malte (brucellose) ou d'autres fièvres qu'il ne pouvait diagnostiquer. En 1896, il établit son fameux sérodiagnostic de la brucellose dite « de Wright » basé sur la mise en évidence des anticorps spécifiques de *Brucella*. De même, il avait remarqué comme d'autres auteurs que l'agglutination du bacille de la typhoïde pouvait être obtenue en présence de sérum de personnes infectées. Très vite Wright pensa qu'il serait possible de développer un test de laboratoire permettant de différencier la fièvre typhoïde des autres fièvres. À l'époque, la fièvre typhoïde représentait une menace sérieuse ; en Angleterre elle tuait 5 000 personnes par an et 15 000 aux États-Unis. Après une rencontre avec Waldemar Haffkine* à Netley, il décida, comme l'avait fait Pasteur* avec sa vaccination contre le charbon, de développer une méthode similaire contre la typhoïde. Alors que Pasteur avait utilisé un vaccin vivant mais atténué, Wright essaya de mettre au point un vaccin inactivé c'est-à-dire tué. Il proposa de vacciner les soldats de l'armée des Indes, mais il essuya un refus très net de la part des autorités militaires. Finalement, il proposa de vacciner contre la fièvre typhoïde les troupes qui se rendaient en Afrique du Sud et impliquées dans la guerre des Boers. Il réussit finalement à vacciner 4 % de ces troupes (environ 12 000 soldats). Lors de cette guerre environ 58 000 cas de fièvre typhoïde éclatèrent lors des 3 années et il y eut 9 000 morts. Finalement l'efficacité du vaccin fut largement démontrée. Lorsque débuta le conflit le 4 août 1914 entre la Grande-Bretagne et l'Allemagne, Wright se fit très pressant auprès de Lord Kitchener afin qu'il introduise la vaccination antityphoïde pour toutes les troupes servant à l'étranger. Il écrivit un long article dans le Times du 28 septembre 1914 afin d'alerter les autorités des dangers portant sur les troupes qui se battaient dans le Nord de la France où la maladie était endémique. Une politique d'immunisation adoptée par tous les services britanniques et concernant la totalité des troupes impliquées fut alors adoptée et 10 millions de doses de vaccins préparées au département d'inoculation de Ste Mary. On estime que cette vaccination généralisée aux soldats britanniques lors du conflit permit d'éviter environ 1 million de cas de fièvre typhoïde et 125 000 morts.

À côté de la typhoïde, l'un des problèmes majeurs des troupes servant lors de la Première Guerre mondiale était celui des blessures de guerre entraînant des infections comme le tétanos ou la gangrène gazeuse. Finalement Wright fut invité à développer un laboratoire qui s'établit dans le casino de Boulogne. C'est là qu'il rencontrera Alexander Fleming*, le « futur » découvreur de la pénicilline avec lequel il réalisa d'intéressants travaux sur les antiseptiques et particulièrement sur la différence de leur action *in vitro* et *in vivo* où ils sont souvent inactivés par des substances organiques comme le sérum. Après la guerre, il continua ses recherches au sein du Saint Mary Hospital de Londres avec Fleming et étudia des vaccins contre la tuberculose et la pneumonie. Il s'intéressa aussi aux opsonines qui rendaient les bactéries plus sensibles à la phagocytose.

Almroth Wright se caractérisait par une personnalité très affirmée comme le montre l'anecdote suivante : lorsqu'un collègue qui visitait son laboratoire lui demanda s'il avait lu tel article, la réponse de Wright fut fulgurante « non, nous ne lisons pas la bactériologie, nous la faisons ». Il n'eut pas que des admirateurs. Par exemple, en septembre 1915, parut dans The Lancet un article au vitriol sur son « ambitieuse médiocrité ». À la même époque, le nom de Sir Almroth Wright fut changé par ses détracteurs en « Sir Almost Wright » ou « Sir Always

Wrong ». D'autre part, il a toujours été fortement misogyne. Wright n'aurait jamais permis à des femmes de travailler dans un laboratoire et il fut un opposant féroce au suffrage universel féminin. Le mariage de Wright fut heureux au début puis commença à se détériorer après 1900. Lady Wright était également une forte personnalité qui ne prenait pas ses vacances avec son mari et passait un temps considérable en Irlande où elle possédait une propriété, avec son fils aîné Edward. Le couple se sépara en 1912. En 1913, Edward qui étudiait à Dublin se tira une balle de revolver dans la poitrine. Wright annula une conférence à Edimbourg et se rendit au chevet de son fils avant qu'il ne décède. En 1924, Lady Wright développa une tumeur maligne. Ceci affligea beaucoup Wright et ils se réconcilièrent partiellement jusqu'à la mort de Lady Wright survenue en 1926. Alors âgé de 65 ans, Wright n'avait aucune envie de faire valoir ses droits à la retraite et il continua de percevoir un salaire annuel de 2500 £ alloué par l'Inoculation Vaccine Department. Le 12 décembre 1933, le roi Georges V et la reine Mary inaugurèrent la nouvelle Medical School et l'Inoculation Department. Ce n'est qu'en 1936, qu'il abandonna la direction du laboratoire à son collaborateur Alexander Fleming. Wright a continué de se rendre chaque jour au laboratoire afin d'écrire son livre sur la philosophie. Le succès des sulfonamides et plus tard celui de la pénicilline constituèrent un rude coup pour lui qui préconisait depuis toujours le traitement et la prévention des infections par l'immunisation. Les problèmes rencontrés de nos jours avec la résistance aux antibiotiques ainsi que ceux qui sont dus à l'hypersensibilité démontrent *a posteriori* qu'il n'avait pas entièrement tort. Il se retira complètement en 1946 en laissant la direction du département à Fleming. Il fut admis en avril 1947 à l'hôpital pour un infarctus et décéda le 30 avril.

## YERSIN
## Alexandre Emile Jean (1863-1943)

Médecin français né le 23 septembre 1863 à Morges, dans le vallon de l'Aubonne, en Suisse, 3 semaines après la mort de son père qui était un entomologiste amateur de grande réputation. Il fut élevé par sa mère à Morges avec sa sœur Émilie et son frère Franck.

L'absence de père expliquera peut-être en partie son caractère solitaire et misogyne : on ne lui a jamais connu de liaison durable, si ce n'est une tentative de mariage avortée avec Mina Schwartzenbach, une nièce d'une amie de sa mère. Dans sa jeunesse, toutes les jeunes filles, à l'exception de sa sœur Émilie, étaient qualifiées de « guenons ». Ce caractère n'existait pas chez son frère aîné qui, pasteur de l'Église libre, a été père de sept enfants. Alexandre fit ses études médicales successivement à Lausanne, Marburg et finalement Paris et, afin de pratiquer la médecine en France, il a été naturalisé français en 1889. C'est à l'Hôtel-Dieu de Paris, élève de Cornil, qu'il commença à s'intéresser aux maladies infectieuses. N'ayant pas la vocation pour assister les malades, il préféra se destiner à l'activité de laboratoire. Lors de l'autopsie d'un patient mort de la rage, il se blessa à la main et sollicita un traitement prophylactique, ce qui lui permit de rencontrer Louis Pasteur* et Émile Roux* à l'Ecole Normale Supérieure. Ce dernier, impressionné par le jeune homme, le fit entrer dans l'équipe pastorienne et, en qualité d'anatomopathologiste, lui fit continuer les travaux sur la rage. Roux lui confia deux mémoires dont l'un « Sur le développement du tubercule expérimental » a constitué son sujet de thèse et le second « Sur le mode d'évolution de l'infection sanguine par le bacille tuberculeux ». En juin 1888, après avoir obtenu son diplôme de médecin, il se rendit à Berlin pour suivre le cours de bactériologie de Robert Koch* (Yersin parlait parfaitement l'allemand), qu'il adapta dès son retour en France, à l'Institut Pasteur dans le fameux « cours du docteur Roux ». Roux et Yersin abordèrent le problème de la diphtérie juste après la découverte du bacille par Friedrich Loeffler* et Edwin Klebs*, ce qui permit la caractérisation de la toxine diphtérique qui a été validée par trois articles.

L'enseignement ne le passionnant pas, Yersin, qui par ailleurs avait soif d'aventures, s'engagea dans la marine et devint médecin de bord sur les messageries maritimes qui faisaient la navette entre Saigon et Manille. Dans la nouvelle colonie d'Indochine, lui qui avait toujours rêvé de « suivre les traces de Livingstone », il accomplit entre 1890 et 1893 une véritable mission d'explorateur vers le haut pays Moï, et découvrit le plateau du Lang-Biang, situé à 1 500 m d'altitude. Ces relevés furent très utiles à l'administration coloniale. Lors d'unc correspondance à sa mère, il écrivait « Tu me demandes si je prends goût à la pratique médicale. Oui et non : j'ai beaucoup de plaisir à soigner ceux qui viennent me demander conseil, mais je ne voudrais pas faire de la médecine un métier, c'est-à-dire que je ne pourrai jamais demander à un malade de me payer pour des soins que j'aurais pu lui donner. Demander de l'argent pour soigner un malade, c'est un peu lui dire « la bourse ou la vie ». Voilà des idées qui ne sont pas, je le sais, partagées par tous mes confrères, mais enfin, ce sont les miennes et je crois que j'aurais bien de la peine à les abandonner ».

Après Albert Calmette* qui, en 1891 avait créé l'Institut Pasteur de Saigon, Alexandre Yersin fut à la base de l'Institut Pasteur de Nha-Trang en 1895, village de pêcheurs situé sur la côte d'Annam où il développa l'étude des maladies tropicales et la production de vaccins. Il se passionna aussi pour le développement de l'agriculture avec, en particulier, la culture du riz, le développement de l'arbre à quinquina (*Coinchona leidgeriana*) pour lutter contre le paludisme, et de l'arbre à caoutchouc (*Hevea brasiliensis*). Il se prit de passion pour l'élevage, en essayant sans succès d'isoler l'agent de la peste bovine (un virus), mais en réussissant à produire, à l'aide de vaches suisses importées, de grandes quantités de vaccins contre cet agent pathogène. L'astronomie, la radio et la photographie faisaient aussi partie de ses activités préférées. En 1934, à la mort d'Émile Roux et celle d'Albert Calmette survenues à 5 jours d'intervalle, il devint directeur honoraire de l'Institut Pasteur. Pendant 7 années consécutives, il se rendit à la maison-mère par avion. Il mourut le

1er mars 1943 dans sa maison de Nha-Trang sous occupation japonaise.

*Maison d'Alexandre Yersin dans la plantation de Suoi Giao de Nha Trang (Vietnam), vers 1900 © Institut Pasteur*

Alexandre Yersin jouira, tout au long de sa vie en Indochine et après sa mort, d'un véritable culte. Les habitants de Nha-Trang étant incapables de prononcer correctement son nom : ils le surnommèrent « Monsieur Nam », nam signifiant en langue annamite cinquième, car Yersin avait atteint le grade de Médecin Colonel dans l'Armée française (le cinquième galon d'un uniforme qu'il ne portait d'ailleurs jamais !). Yersin n'a jamais recherché le pouvoir, l'argent ou les honneurs. Le 22 janvier 1920, alors qu'il s'embarquait à Marseille à bord du « Paul-Lecat » pour rejoindre Saigon après 2 mois de présence en France, un jeune steward qui ne le connaissait pas, lui barra l'accès de la salle à manger en lui reprochant de ne pas porter de cravate (Yersin était toujours vêtu simplement d'un vieux costume kaki et d'une chemise ouverte). Il retourna dans sa cabine, revêtit sa cravate de Commandeur de la Légion d'Honneur et s'adressant au jeune homme lui rétorqua « Cette cravate-là, vous l'acceptez ? ».

*La découverte du bacille de la peste*

En mai 1894, éclata à Hongkong une épidémie de peste bubonique très meurtrière pour la population chinoise de la ville. La maladie avait déjà fait 60 000 morts à Canton, ville proche de Hongkong. Craignant que l'Indochine ne soit à son tour touchée, le ministère des colonies confia à Yersin la mission d'étudier la nature du fléau, les conditions dans lesquelles il se propageait, et de rechercher les mesures les plus efficaces pour l'empêcher d'atteindre nos possessions. Les Japonais avaient également délégué le grand bactériologiste Shibasaburo Kitasato*, le premier à cultiver le bacille tétanique, mais aussi ses collègues Tanemichi Aoyama* et Tohiu Ishigama, ainsi que de nombreux assistants et étudiants. Arrivés le 12 juin, les membres de la délégation japonaise eurent droit à l'hospitalité du superintendant du Government Civil Hospital, James Alfred Lawson, et disposèrent d'un laboratoire à l'hôpital Kennedy. De son côté, Yersin qui avait quitté Hanoi le 12 juin débarqua à Hongkong 3 jours après. Il n'était venu qu'avec son assistant et un peu de matériel dont un microscope et un autoclave. Il ne reçut lui, aucune aide du gouverneur. Cette absence de coopération a été expliquée par le fait, qu'à l'époque, il existait déjà une grande rivalité entre les deux empires coloniaux français et britannique. Lawson qui avait lui-même essayé en vain de découvrir la fameuse bactérie a trouvé aussi plus intéressant de collaborer avec le « célébrissime » Kitasato, plutôt qu'avec un Français parfaitement inconnu et qui, de plus, ne parlait absolument pas l'anglais. Ainsi, alors que l'agenda de Lawson était rempli de rendez-vous, repas ou autres, avec Kitasato, jamais il ne fut écrit le nom de Yersin. Le superintendant appelait Yersin : le « French-man ».

Dès son arrivée, Yersin remarqua que « dans les quartiers infectés, beaucoup de rats morts gisent sur le sol ». La peste frappe alors peu d'Européens car les conditions de salubrité sont pour eux bien meilleures que pour « les Chinois des classes pauvres qui vivent dans des bouges infects où l'on ose à peine entrer ». Yersin fut plus contrarié par l'absence de contacts avec les malades que par l'inhospitalité dont il faisait l'objet. Finalement, avec l'aide d'un missionnaire italien, le Père Vigano, il s'installa avec son matériel de laboratoire dans une cabane en paillote qu'il fit construire, avec l'autorisation du gouvernement anglais, dans l'enceinte de l'hôpital principal. On lui interdisait de pratiquer des autopsies, les cadavres de pestiférés étant saupoudrés de chaux ou enterrés immédiatement. Finalement, il soudoya des matelots anglais afin qu'ils laissent les cadavres quelques heures dans une cave, en laissant ainsi le temps à Yersin de découper des bubons et de les examiner au microscope. Il écrivait alors « la pulpe des bubons est, dans tous les cas, remplie d'une véritable purée d'un bacille court, trapu, à bouts arrondis, assez facile à colorer par les couleurs d'aniline, et ne se teignant pas par la méthode de Gram » ; James Lawson nota à ce propos : « Frenchman got his bacillus ».

On peut encore lire d'autres précisions dans la communication de Yersin ainsi que les résultats d'observations de la maladie chez divers animaux : « Le sang en renferme quelquefois, mais en beaucoup moins grande abondance : on ne l'y rencontre que dans les cas très graves et rapidement mortels... La pulpe du bubon, ensemencée sur gélose, donne un développement de colonies blanches, transparentes... Les rats crevés, que l'on trouve dans les maisons et dans les rues, contiennent presque toujours le microbe en très grande abondance dans leurs organes. Beaucoup d'entre eux présentent de véritables bubons... J'ai placé dans le même bocal des souris saines et des souris inoculées : les souris inoculées sont mortes les premières ; mais, dans les jours suivants, les souris saines ont toutes succombé les unes après les autres, avec le bacille de la peste dans leurs organes... La peste est donc une maladie contagieuse et inoculable. Il est probable que les rats en constituent le principal véhicule, mais j'ai constaté également que les mouches prennent la maladie, en meurent et peuvent aussi servir d'agents de transmission... J'avais remarqué que, dans le laboratoire où je fais mes autopsies d'animaux, il y avait beaucoup de mouches crevées. J'ai pris une de ces mouches, et après lui avoir arraché les pattes, les ailes et la tête, je l'ai broyée dans du bouillon et l'ai inoculée à un cobaye. Le liquide d'inoculation contenait une grande quantité de bacilles semblables à celui de la peste et le cobaye est mort en 48 heures avec les lésions spécifiques de la maladie... J'ai pu isoler le bacille de la peste de la terre recueillie à 4 à 5 cm de profondeur dans le sol d'une maison infectée... ». La découverte sera annoncée à l'Académie des Sciences de Paris et à la communauté scientifique le 3 juillet 1894, par Émile Roux.

Yersin eut l'occasion de rencontrer Kitasato qui, comme lui, parlait parfaitement l'allemand, ayant travaillé 7 ans à Berlin dans le laboratoire de Robert Koch. La rencontre entre les deux grands bactériologistes fut décevante, les Japonais se moquant ouvertement de Yersin. Ce dernier écrivit « Il paraît que depuis le temps que je suis allé en Allemagne, j'ai un peu oublié la langue, car au lieu de me répondre, ils rient entre eux ». Les raisons de l'échec des Japonais dans la mise en évidence du bacille de la peste sont de deux ordres. À leur arrivée, ils ont recherché la bactérie dans le sang des malades alors que Yersin très rapidement l'a fait directement dans les bubons avec le succès souligné ci-dessus ; la présence dans le sang de la bactérie étant beaucoup plus rare. À ce propos, une certaine rancune demeurera d'ailleurs entre Yersin et ses hôtes anglais. En effet, le 22 juin, il montra au docteur Lawson les bacilles observés dans les bubons et dès le lendemain, les scientifiques japonais qui jusque-là ne s'intéressaient qu'au sang ou aux autres organes commencèrent également à examiner les bubons. Yersin eut cette phrase significative « Le docteur Lawson s'est montré l'allié trop partial des Japonais... Il aurait dû être plus réservé. C'est lui qui, après avoir vu mes préparations, a conseillé aux Japonais de rechercher le microbe dans les bubons... ». D'autre part, Kitasato a bénéficié des matériels les plus perfectionnés, en particulier d'une étuve qui fonctionnait à 37°C. Or, le bacille de la peste se développe mieux à 28°C, qui est une température habituellement retrouvée à Hongkong. Yersin, qui ne possédait pas d'étuve, laissait ses cultures se développer à température ambiante, ce qui favorisait la croissance de la bactérie responsable de la peste. Après culture, Kitasato obtenait une bactérie qui avait toutes les caractéristiques du pneumocoque (diplocoque à Gram positif) ; or, celui-ci se développe préférentiellement à 37°C et est très souvent associé au bacille de la peste. Tout d'abord, Kitasato ne voulut pas reconnaître que ses cultures avaient été contaminées.

Yersin délaissa par la suite ses travaux sur la peste et continua son activité dans le domaine plus large de la santé publique et de l'hygiène. Cependant, à la mort de Kitasato en 1931, de nombreux auteurs, dont Richard Pfeiffer*, le saluèrent comme le vrai découvreur de *Pasteurella pestis*. En fait, la réponse a été donnée par Kitasato lui-même en 1925 lorsque, présidant un congrès en Extrême-Orient, il reconnut devant 400 participants que c'était bien Yersin qui avait découvert le fameux bacille. Plus tard, le propre fils d'Ogata devait reconnaître également « qu'on ne pouvait pas accorder la découverte du bacille à Kitasato, ce qu'il regrettait », en tant que Japonais. En conclusion de son article qui attribue la paternité de la découverte du bacille uniquement à Yersin, et qui note que la légende de Kitasato co-découvreur est tenace surtout au Japon, Howard-Jones écrivit justement que « Ce n'est pas la première fois qu'une erreur est presque impossible à combattre alors que souvent la vérité est vulnérable ». Pour sa part, James A Lawson de retour en Écosse, à Forfar, resta inflexible puisque 2 ans avant sa mort en 1935, il continuait, en se référant à son agenda de 1894, à attribuer la découverte du bacille de la peste à Kitasato et non à Yersin.

## ZAMMIT Themistocles (1864-1935)

Médecin maltais, il était membre de la Commission of Mediterranean Fever (dont faisait également partie David Bruce*), mission qui fut envoyée à Malte en 1905 par la Royal Society de Londres afin d'y mener une enquête épidémiologique et des investigations d'ordre étiologique sur la brucellose.

Zammit s'était particulièrement illustré à Malte en y réalisant une étude raffinée qui lui a permis, en août 1905, de détecter la brucellose chez la chèvre et de préciser la fréquence et l'incidence de l'infection chez cet animal. C'est encore Zammit qui mit en évidence le rôle primordial de la chèvre dans la transmission de la maladie à l'homme par le lait ou le fromage contaminé. Il était également un anthropologue de grande réputation. Zammit joua un rôle important à Malte et fut anobli en 1930.

## ZETTNOW Hugh Oscar Emil (1842-1927)

Bactériologiste allemand et membre honoraire de l'Institut Robert Koch à Berlin.

Zettnow était particulièrement connu en son temps pour ses approches techniques très élaborées et expertes de la bactériologie et pour ses photographies d'avant-garde des bactéries.

Il mit au point une coloration des cils microbiens qu'il décrivit en 1899.

## ZIEHL Franz Heinrich Paul (1857-1926)

Médecin allemand né à Wismar. Neurologue de formation, il travailla à la clinique médicale d'Heidelberg puis à Lübeck où il était spécialiste des maladies nerveuses.

Ziehl est bien connu grâce à la coloration des bactéries dites « alcoolo-acido-résistantes » dont principalement le bacille tuberculeux. C'est lorsqu'il était assistant à Heidelberg de 1882 à 1886 qu'il mit au point la coloration qui porte son nom : la « coloration de Ziehl », qui est en réalité une modification de la méthode d'Ehrlich* dans laquelle l'aniline a été remplacée par le phénol ou la résorcine. La coloration appelée « Ziehl-Neelsen » est en réalité une méthode mise au point par Friedrich Neelsen*.

## ZINGHER Abraham (1885-1927)

Médecin américain né en Roumanie en 1885, il fit ses études de médecine à la Cornell University (État de New York). Nommé Directeur-adjoint des laboratoires du Département de la Santé de la ville de New York, il participa activement au programme de vaccination des enfants contre la diphtérie aux États-Unis de 1914 à 1918. Celle-ci, effectuée par injection d'un mélange toxine-antitoxine, a provoqué des accidents imprévisibles : il y eut 5 morts et 30 paralysés, à cause de l'instabilité du mélange. La méthode fut abandonnée en 1918.

Zingher est mort par asphyxie en 1927, à l'âge de 42 ans au laboratoire du Willard Parker Hospital de New

York à la suite d'une émanation de gaz toxiques.

## ZINSSER Hans (1879-1940)

Bactériologiste et immunologiste américain, né à New York.
Enseignant la bactériologie et l'hygiène au College of Physicians and Surgeons à New York, il fut nommé plus tard Professeur de Bactériologie à la Columbia University et à la Harvard University.
Avec Natan Brill* il décrivit dans les années 1930 un syndrome appelé plus tard « maladie de Brill-Zinsser » qui est une réactivation du typhus exanthématique (en fait une « rechute ») avec résurgence de l'agent étiologique, *Rickettsia prowazekii*, une rickettsie qui peut persister sous forme latente dans les tissus chez des sujets ayant été atteints par cette bactérie de nombreuses années auparavant.
Ayant largement contribué à l'étude du typhus épidémique, il écrivit un ouvrage sur cette maladie, dédié à Charles Nicolle*, et intitulé « Rats, Lice and History ». Le passage suivant de ce livre donne une idée de la conception de l'auteur sur cette maladie :
« Soldiers have rarely won wars. They more often mop up after the barrage of epidemics. And typhus, with its brothers and sisters - plague, cholera, typhoid, dysentery - has decided more campaigns than Caesar, Hannibal, Napoleon, and all the . . . generals of history. The epidemics get the blame for defeat, the generals the credit for victory. It ought to be the other way round ».

## ZOPF Wilhelm (1846-1909)

Né à Rosleben en Allemagne, Zopf fit des études en sciences à l'Université de Berlin, pour s'intéresser plus spécifiquement à la botanique, domaine dans lequel il s'était spécialisé à Brefeld.
Après avoir exercé pendant un moment le métier d'instituteur à Eisleben, il devint enseignant à Halle en 1883 puis Directeur du Jardin Botanique à Münster. Auteur très prolifique, Zopf est surtout connu dans le domaine de la bactériologie comme partisan de la doctrine du polymorphisme et défendit à ce sujet les vues de Ray Lankester (1873) ; il s'opposa aux théories de Cohn* et de Hallier, défenseurs du monomorphisme.
La théorie du changement morphologique d'un germe, d'une bactérie cocciforme en bâtonnet bacilliforme, fut nommée « pléomorphisme » par Wilhelm Zopf en 1885. Parmi les défenseurs de la théorie de ce bactériologiste allemand qui connut de nombreux opposants dont Winogradsky*, il faut citer Elie Metchnikoff* qui, dès 1888, se prononça ouvertement en faveur de cette doctrine. La transformation d'une forme bacillaire en une autre configuration morphologique, théorie que Carl von Nägeli* soutint également, était due, selon Zopf, à des conditions environnementales.
Dans une classification microbienne élaborée par Zopf, celui-ci proposa en 1885 une subdivision des germes en quatre familles : *Coccaceae*, *Bacteriaceae*, *Leptotriceae* et *Cladotriceae*.

# NOMS

**A**

| | | |
|---|---|---|
| ABADIE Bernard | 1818-1888 | France |
| ABBOTT Alexander Crever | 1860-1935 | États-Unis |
| ABEL Rudolf | 1868-1942 | Allemagne |
| AMIDA Ezius d' | 502-575 | Mésopotamie |
| ANDREWES Frederick William | 1859-1932 | Angleterre |
| AOYAMA Tanemichi | 1859-1932 | Japon |
| APPERT Nicolas | 1749-1841 | France |
| ARKWRICHT Joseph Arthur | 1864-. . . . | Angleterre |
| ARLOING Saturnin | 1846-1911 | France |
| ASTRUC Jean | 1684-1766 | France |
| AXENFELD Theodor | 1867-1930 | Allemagne |

**B**

| | | |
|---|---|---|
| BABES Victor | 1854-1926 | Roumanie |
| BAIL Oscar | 1869-1927 | Allemagne |
| BAILLOU Guillaume de | 1538-1616 | France |
| BAKER Henry | 1698-1774 | Angleterre |
| BALZER Félix | 1849-1929 | France |
| BANG Bernhard Lauritz Frederick | 1848-1932 | Danemark |
| BARTON Alberto Leopoldo | 1871-1950 | Pérou |
| BASTIAN Henry Charlton | 1837-1915 | Angleterre |
| BAUMGARTEN Paul von | 1848-1929 | Allemagne |
| BÉCHAMP Pierre Jacques Antoine | 1816-1908 | France |
| BECHER Johann Joachim | 1635-1682 | Allemagne |
| BEHRING Emil Adolf von | 1854-1917 | Allemagne |
| BEIJERINCK Martinus Willem | 1851-1931 | Pays-Bas |
| BELL Benjamin | 1749-1806 | Écosse |
| BERT Paul | 1833-1886 | France |
| BESREDKA Alexandre | 1870-1940 | France |
| BILLROTH Albert Christian Theodor | 1829-1894 | Allemagne |
| BIRCH-HIRSCHFELD Félix-Victor | 1842-1899 | Allemagne |
| BIZIO Bartelomeo | 1791-1862 | Italie |
| BOECK Carl Wilhelm | 1808-1875 | Norvège |
| BOISSIER de SAUVAGES de LACROIX François | 1706-1767 | France |
| BOLLINGER Otto von | 1843-1909 | Allemagne |
| BORDET Jules Jean-Baptiste | 1870-1961 | Belgique |
| BORREL Amédée | 1867-1936 | France |
| BOSTROEM Eugen | 1850-1928 | Allemagne |
| BOUILLAUD Jean-Baptiste | 1796-1881 | France |
| BOULEY Henri-Marie | 1814-1885 | France |
| BRETONNEAU Pierre-Fidèle | 1778-1862 | France |
| BRIEGER Ludwig | 1849-1909 | Allemagne |
| BRILL Natan Edwin | 1860-1925 | États-Unis |

| | | |
|---|---|---|
| BRUCE David | 1855-1931 | Angleterre |
| BUDD William | 1811-1880 | Angleterre |
| BUNSEN Robert Wilhelm | 1811-1899 | Allemagne |
| BUONAMICI Francesco BONAMICI | 1626-1690 | Italie |
| BURNET Frank Macfarlane Sir | 1899-1985 | Australie |

**C**

| | | |
|---|---|---|
| CALMETTE Albert Léon Charles | 1863-1933 | France |
| CAMARA-PESTANA da Luiz | 1863-1899 | Portugal |
| CANTACUZINO Ion | (1863-1934) | Roumanie |
| CARBONE Tito | 1863-1904 | Italie |
| CARDANO Girolamo | 1501-1576 | Italie |
| CARLE Antonio | 1854-1927 | Italie |
| CASTELLANI Aldo | 1878-1971 | Italie |
| CATTANI Giuseppina | 1859-1914 | Italie |
| CHABERT Philibert | 1737-1814 | France |
| CHAIN Ernst Boris | 1906-1979 | Allemagne |
| CHAMBERLAND Charles | 1851-1908 | France |
| CHANTEMESSE André | 1851-1919 | France |
| CHAPIN Charles Willard | 1877- . . . . | États-Unis |
| CHAUVEAU Jean-Baptiste Auguste | 1827-1917 | France |
| COHN Ferdinand | 1828-1898 | Allemagne |
| CORNET Georg | 1858-1915 | Allemagne |
| CORNIL André Victor | 1837-1908 | France |
| COURMONT Jules André | 1865-1917 | France |
| COURMONT Paul | 1871-1951 | France |
| COZE Léon | 1819-1896 | France |
| CREDÉ Karl Sigmund Franz | 1819-1893 | Allemagne |

**D**

| | | |
|---|---|---|
| D'HÉRELLE Félix | 1873-1949 | France |
| DAKIN Henry Drysdale | 1880-1952 | Angleterre |
| DANIELSSEN Daniel Cornelius | 1815-1894 | Norvège |
| DAVAINE Casimir Joseph | 1812-1882 | France |
| DEAN George | 1863-1914 | Angleterre |
| DÖDERLEIN Albert Siegmund Gustav | 1860-1941 | Allemagne |
| DOMAGK Gerhard | 1895-1964 | Allemagne |
| DÖNITZ Friedrich Karl Wilhelm | 1838-1912 | Allemagne |
| DOPTER Charles Alfred Henri | 1873-1950 | France |
| DUBOS René Jules | 1901-1982 | États-Unis |
| DUCREY Augusto | 1860-1940 | Italie |
| DUNS SCOT John | 1266-1308 | Écosse |

**E**

| | | |
|---|---|---|
| EBERTH Carl Joseph | 1835-1926 | Allemagne |
| EHRENBERG Christian Gottfried | 1795-1876 | Allemagne |
| EHRLICH Paul | 1854-1915 | Allemagne |
| EMMERICH Rudolf | 1852-1914 | Allemagne |
| EPPINGER Hans | 1846-1916 | Autriche |
| ESCHERICH Theodor | 1857-1911 | Allemagne |
| ESMARCH Erwin von | 1855-1915 | Allemagne |

| | | |
|---|---|---|
| EVAGRE [le scolastique] | 536 ?-fin VIe siècle | Grèce |
| EVANS Alice Catherine | 1881-1975 | États-Unis |

**F**

| | | |
|---|---|---|
| FABER Knud Helge | 1862-1956 | Danemark |
| FEHLEISEN Friedrich | 1854-1924 | Allemagne |
| FERNEL Jean | 1497-1558 | France |
| FERRÁN Jaime y clua | 1851-1929 | Espagne |
| FILDES Paul | 1882-1971 | Angleterre |
| FISCHER Bernhard | 1852-1915 | Allemagne |
| FLEMING Alexander | 1881-1955 | Angleterre |
| FLEXNER Simon | 1863-1946 | États-Unis |
| FLOREY Howard Walter | 1898-1968 | Australie |
| FOURNIER Alfred Jean | 1832-1914 | France |
| FRACASTOR Jérôme | 1478-1553 | Italie |
| FRAENKEL Albert | 1848-1916 | Allemagne |
| FRANCIS Edward | 1872-1957 | États-Unis |
| FRIEDLÄNDER Carl | 1847-1887 | Allemagne |

**G**

| | | |
|---|---|---|
| GAFFKY Georg Theodor August | 1850-1918 | Allemagne |
| GALE Thomas | 1507-1586 | Angleterre |
| GÄRTNER August Anton Hieronimus | 1848-1934 | Allemagne |
| GENGOU Octave | 1875-1957 | Belgique |
| GESSARD Carle | 1850-1925 | France |
| GORDON Bernard de | 1285-1318 | Écosse |
| GRAM Hans Christian Joachim | 1853-1938 | Danemark |
| GRATIA André | 1893-1950 | Belgique |
| GRÉGOIRE de Tours [Saint] | 538-594 | France |
| GSCHEIDLEN Richard | 1842-1889 | Allemagne |
| GUÉRIN Camille | 1872-1961 | France |
| GUÉRIN Jules-René | 1801-1886 | France |

**H**

| | | |
|---|---|---|
| HAFFKINE Waldemar Mordochaï Wolff | 1860-1930 | Russie |
| HAMEAU Jean | 1779-1851 | France |
| HANSEN Gerhard Henrik Armauer | 1841-1912 | Norvège |
| HATA Sahachiro | 1873-1938 | Japon |
| HESSE Walther | 1846-1911 | Allemagne |
| HEUBNER Otto | 1843-1926 | Allemagne |
| HISS Philip Hanson, Jr. | 1868-1913 | États-Unis |
| HOFFMANN Hermann Heinrich | 1814-1891 | Allemagne |
| HOFFMANN Paul Erich | 1868-1959 | Allemagne |
| HOFMANN Georg | 1843-1890 | Autriche |
| HOLMES Oliver Wendell | 1809-1894 | États-Unis |
| HUGHES Louis Matthew | 1867-1899 | Angleterre |
| HUNTER John | 1728-1793 | Écosse |

**K**

| | | |
|---|---|---|
| KAHN Reuben Leon | 1887-1979 | États-Unis |
| KAUFFMANN Fritz Alexander | 1899-1978 | Allemagne |

| | | |
|---|---|---|
| KIRCHER Athanasius | 1601-1680 | Allemagne |
| KITASATO Shibasaburo | 1856-1931 | Japon |
| KITT Theodor | 1858-1941 | Allemagne |
| KLEBS Theodor Albrecht Edwin | 1834-1913 | Allemagne |
| KOCH Robert | 1843–1910 | Allemagne |
| KRUSE Walther | 1864-1943 | Allemagne |
| KÜHNE Wilhelm | 1837-1900 | Allemagne |

**L**

| | | |
|---|---|---|
| LABARRAQUE Antoine | 1777-1850 | France |
| LAENNEC Théophile René Hyacinthe | 1781-1826 | France |
| LANCEFIELD Rebecca Craighill | 1895-1981 | États-Unis |
| LECLAINCHE Emmanuel | 1861-1953 | France |
| LEVADITI Constantin | 1874-1953 | Roumanie |
| LISTER Joseph | 1827-1912 | Angleterre |
| LOEFFLER Friedrich August Johannes | 1852-1915 | Allemagne |
| LOUIS Pierre Charles Alexandre | 1787-1872 | France |
| LUGOL Jean Guillaume Auguste | 1788-1851 | France |
| LWOFF André | 1902-1994 | France |

**M**

| | | |
|---|---|---|
| MacCONKEY Alfred Theodore | 1861-1931 | Angleterre |
| MANTOUX Charles | 1877-1947 | France |
| MARIE Auguste-Charles | 1864-1935 | France |
| MARSTON Allen Jeffery | 1831-1911 | Angleterre |
| MARTEN Benjamin | 1690 1751 | Angleterre |
| McCoy George Walter | 1876-1952 | États-Unis |
| MÉRIEUX Charles | 1907-2001 | France |
| MÉRIEUX Marcel | 1870-1937 | France |
| METCHNIKOFF Elie | 1845-1916) | Russie |
| MIGULA Walter | 1863-1938 | Allemagne |
| MILLER Willougby Dayton | 1853-1907 | États-Unis |
| MORAX Victor | 1866-1935 | France |

**N**

| | | |
|---|---|---|
| NÄGELI Carl Wilhelm von | 1817-1891 | Suisse |
| NEEDHAM John Turberville | 1713-1781 | Angleterre |
| NEELSEN Friedrich Karl Adolph | 1854-1894 | Allemagne |
| NEISSER Albert Ludwig Sigismond | 1855-1916 | Allemagne |
| NEISSER Max | 1869-1938 | Allemagne |
| NÉVOT Armand | 1891-1960 | France |
| NICOLAIER Arthur | 1862-1942 | Allemagne, |
| NICOLLE Charles | 1866-1936 | France |
| NOCARD Edmond Isidore Étienne | 1850-1903 | France |
| NOGUCHI Hideyo | 1876-1928 | Japon |

**O-P**

| | | |
|---|---|---|
| OBERMEIER Otto Hugo Franz | 1843-1873 | Allemagne |
| OGSTON Alexander | 1844-1929 | Écosse |
| OSLER William | 1849-1919 | Canada, Angleterre, États-Unis |

| | | |
|---|---|---|
| PACINI Filippo | 1812-1883 | Italie |
| PARROT Jules Joseph | 1829-1883 | France |
| PASTEUR Louis | 1822-1895 | France |
| PERTIK Otto | 1852-1913 | Hongrie |
| PETRI Richard Julius | 1852-1921 | Allemagne |
| PFEIFFER August | 1848-1919 | Allemagne |
| PFEIFFER Richard Friedrich Johanes | 1858-1945 | Allemagne |
| PRINGLE John Sir | 1707-1782 | Angleterre |
| PROCOPE de Césarée | fin Ve siècle | Byzance |
| PROSKAUER Bernhard | 1851-1915 | Allemagne |
| PROWAZEK Stanislas Joseph Mathias von | 1875-1915 | Autriche |

**R**

| | | |
|---|---|---|
| RABINOWITSCH Lydia | 1871-1935 | Russie |
| RAMON Gaston Léon | 1886-1963 | France |
| RATTONE Giorgio | 1857-1930 | Italie |
| RAYER Pierre François Olive | 1793-1867 | France |
| RECKLINGHAUSEN Friedrich Daniel von | 1833-1910 | Allemagne |
| REITER Hans Conrad | 1881-1969 | Allemagne |
| RICKETTS Howard Taylor | 1871-1910 | États-Unis |
| RICORD Philippe | 1800-1889 | France |
| ROEDERER Johann Georg | 1727-1763 | Allemagne |
| ROSENBACH Anton Julius Friedrich | 1842-1923 | Allemagne |
| ROUX Émile | 1853-1933 | France |
| RUFFER Marc Armand | 1859-1917 | France |

**S**

| | | |
|---|---|---|
| SALICET Guillaume de | 1210-1277 | Italie |
| SALMON Daniel Elmer | 1850-1914 | État-Unis |
| SALOMONSEN Carl Julius | 1847-1924 | Danemark |
| SCHAUDINN Fritz Richard | 1871-1906 | Allemagne |
| SCHICK Béla | 1877-1967 | Hongrie |
| SCHOEN Moïse | 1884-1938 | Lettonie |
| SCHÖNLEIN Louis Lucas | 1793-1864 | Allemagne |
| SCHOTTELIUS Max | 1849-1919 | Allemagne |
| SCHOTTMÜLLER Hugo Adolf Alfred Louis Georg | 1867-1936 | Allemagne |
| SCHROETER Joseph | 1835-1894 | Allemagne |
| SCHÜTZ Johann Wilhelm | 1839-1921 | Allemagne |
| SCLAVO Achille | 1861-1930 | Italie |
| SEDALLIAN Paul | 1894-1960 | France |
| SÉDILLOT Charles Emmanuel | 1804-1883 | France |
| SELMI Francesco | 1817-1881 | Italie |
| SEMMELWEIS Ignác Fülöp | 1818-1865 | Hongrie |
| SHIGA Kiyoshi | 1871-1957 | Japon |
| SIMOND Paul-Louis | 1858-1947 | France |
| SMITH Theobald | 1859-1934 | États-Unis |
| SNOW John | 1813-1859 | Angleterre |
| SPALLANZANI Lazzaro | 1729-1789 | Italie |
| STRONG Robert Pearson | 1872-1949 | États-Unis |

**T-U-V**

| | | |
|---|---|---|
| TIZZONI Guido | 1853-1932 | Italie |
| TOUSSAINT Joseph Jean Henry | 1847-1890 | France |
| TRAUBE Moritz | 1826-1894 | Allemagne |
| TWORT Frederick William | 1877-1950 | Angleterre |
| UHLENHUTH Eduard | 1885-1961 | Allemagne |
| UHLENHUTH Paul Theodor | 1870-1957 | Allemagne |
| VAILLARD Louis | 1850-1935 | France |
| Van ERMENGEM Emile Pierre Marie | 1851-1932 | Belgique |
| Van LEEUWENHOEK Anthonie | 1632-1723 | Pays-Bas |
| VIDAL Jean-Baptiste Emile | 1825-1893 | France |
| VIEUSSEUX Gaspard | 1746-1814 | Suisse |
| VILLEMIN Jean Antoine | 1827-1892 | France |
| VINCENT Hyacinthe | 1862-1950 | France |
| VINZENT René | 1897-1966 | France |

**W-X-Y-Z**

| | | |
|---|---|---|
| WAKSMAN Selman Abraham | 1888-1973 | États-Unis |
| WASSERMANN August Paul von | 1866-1925 | Allemagne |
| WEEKS John Elmer | 1853-1949 | États-Unis |
| WEICHSELBAUM Anton | 1845-1920 | Autriche |
| WEIGERT Karl | 1845-1904 | Allemagne |
| WEIGL Rudolf | 1883- 1957 | Pologne |
| WEINBERG Michel | 1868-1940 | France |
| WELCH William Henry | 1850-1934 | États-Unis |
| WERLHOF Paul Gottlieb | 1699-1767 | Allemagne |
| WHYTT Robert | 1714-1766 | Écosse |
| WIDAL Fernand | 1862-1929 | France |
| WILLIS Thomas | 1621-1675 | Angleterre |
| WINOGRADSKY Sergei Nicolaevitch | 1856-1953 | Russie |
| WOLFFHÜGEL Gustav | 1854-1899 | Allemagne |
| WRIGHT Almroth Edward | 1861-1947 | Angleterre |
| YERSIN Alexandre Emile Jean | 1863-1943 | France |
| ZAMMIT Themistocles | 1864-1935 | Malte |
| ZETTNOW Hugh Oscar Emil | 1842-1927 | Allemagne |
| ZIEHL Franz Heinrich Paul | 1857-1926 | Allemagne |
| ZINGHER Abraham | 1885-1927 | États-Unis |
| ZINSSER Hans | 1879-1940 | États-Unis |
| ZOPF Wilhelm | 1846-1909 | Allemagne |

# PAYS

**ALLEMAGNE**

| | |
|---|---|
| ABEL Rudolf | (1868-1942) |
| AXENFELD Theodor | (1867-1930) |
| BAIL Oscar | (1869-1927) |
| BAUMGARTEN Paul von | (1848-1929) |
| BECHER Johann Joachim | (1635-1682) |
| BEHRING Emil Adolf von | (1854-1917) |
| BILLROTH Albert Christian Theodor | (1829-1894) |
| BIRCH-HIRSCHFELD Félix-Victor | (1842-1899) |
| BOLLINGER Otto von | (1843-1909) |
| BOSTROEM Eugen | (1850-1928) |
| BRIEGER Ludwig | (1849-1909) |
| BUNSEN Robert Wilhelm | (1811-1899) |
| CHAIN Ernst Boris | (1906-1979) |
| COHN Ferdinand | (1828-1898) |
| CORNET Georg | (1858-1915) |
| CREDÉ Karl Sigmund Franz | (1819-1893) |
| DÖDERLEIN Albert Siegmund Gustav | (1860-1941) |
| DOMAGK Gerhard | (1895-1964) |
| DÖNITZ Friedrich Karl Wilhelm | (1838-1912) |
| EBERTH Carl Joseph | (1835-1926) |
| EHRENBERG Christian Gottfried | (1795-1876) |
| EHRLICH Paul | (1854-1915) |
| EMMERICH Rudolf | (1852-1914) |
| ESCHERICH Theodor | (1857-1911) |
| ESMARCH Erwin von | (1855-1915) |
| FEHLEISEN Friedrich | (1854-1924) |
| FISCHER Bernhard | (1852-1915) |
| FRAENKEL Albert | (1848-1916) |
| FRIEDLÄNDER Carl | (1847-1887) |
| GAFFKY Georg Theodor August | (1850-1918) |
| GÄRTNER August Anton Hieronimus | (1848-1934) |
| GSCHEIDLEN Richard | (1842-1889) |
| HESSE Walther | (1846-1911) |
| HEUBNER Otto | (1843-1926) |
| HOFFMANN Hermann Heinrich | (1814-1891) |
| HOFFMANN Paul Erich | (1868-1959) |
| KAUFFMANN Fritz Alexander | (1899-1978) |
| KIRCHER Athanasius | (1601-1680) |
| KITT Theodor | (1858-1941) |
| KLEBS Theodor Albrecht Edwin | (1834-1913) |
| KOCH Robert | (1843–1910) |
| KRUSE Walther | (1864-1943) |
| KÜHNE Wilhelm | (1837-1900) |

| | |
|---|---|
| LOEFFLER Friedrich August Johannes | (1852-1915) |
| MIGULA Walter | (1863-1938) |
| NEELSEN Friedrich Karl Adolph | (1854-1894) |
| NEISSER Albert Ludwig Sigismond | (1855-1916) |
| NEISSER Max | (1869-1938) |
| NICOLAIER Arthur | (1862-1942) |
| OBERMEIER Otto Hugo Franz | (1843-1873) |
| PETRI Richard Julius | (1852-1921) |
| PFEIFFER August | (1848-1919) |
| PFEIFFER Richard Friedrich Johanes | (1858-1945) |
| PROSKAUER Bernard | (1851-1915) |
| RECKLINGHAUSEN Friedrich Daniel von | (1833-1910) |
| REITER Hans Conrad | (1881-1969) |
| ROEDERER Johann Georg | (1727-1763) |
| ROSENBACH Anton Julius Friedrich | (1842-1923) |
| SCHAUDINN Fritz Richard | (1871-1906) |
| SCHÖNLEIN Louis Lucas | (1793-1864) |
| SCHOTTELIUS Max | (1849-1919) |
| SCHOTTMÜLLER Hugo Adolf Alfred Louis Georg | (1867-1936) |
| SCHROETER Joseph | (1835-1894) |
| SCHÜTZ Johann Wilhelm | (1839-1921) |
| TRAUBE Moritz | (1826-1894) |
| UHLENHUTH Eduard | (1885-1961) |
| UHLENHUTH Paul Theodor | (1870-1957) |
| WASSERMANN August Paul (von) | (1866-1925) |
| WEIGERT Karl | (1845-1904) |
| WERLHOF Paul Gottlieb | (1699-1767) |
| WOLFFHÜGEL Gustav | (1854-1899) |
| ZETTNOW Hugh Oscar Emil | (1842-1927) |
| ZIEHL Franz Heinrich Paul | (1857-1926) |
| ZOPF Wilhelm | (1846-1909) |

**ANGLETERRE**

| | |
|---|---|
| ANDREWES Frederick William | (1859-1932) |
| ARKWRICHT Joseph Arthur | (1864-. . . .) |
| BAKER Henry | (1698-1774) |
| BASTIAN Henry Charlton | (1837-1915) |
| BRUCE David | (1855-1931) |
| BUDD William | (1811-1880) |
| DAKIN Henry Drysdale | (1880-1952) |
| DEAN George | (1863-1914) |
| FILDES Paul | (1882-1971) |
| FLEMING Alexander | (1881-1955) |
| GALE Thomas | (1507-1586) |
| HUGHES Louis Matthew | (1867-1899) |
| LISTER Joseph | (1827-1912) |
| MacCONKEY Alfred Theodore | (1861-1931) |
| MARSTON Allen Jeffery | (1831-1911) |
| MARTEN Benjamin | -16901751 |
| NEEDHAM John Turberville | (1713-1781) |

| | | |
|---|---|---|
| | PRINGLE John (Sir) | (1707-1782) |
| | SNOW John | (1813-1859) |
| | TWORT Frederick William | (1877-1950) |
| | WILLIS Thomas | (1621-1675) |
| | WRIGHT Almroth Edward | (1861-1947) |
| **AUSTRALIE** | | |
| | BURNET Frank Macfarlane (Sir) | (1899-1985) |
| | FLOREY Howard Walter | (1898-1968) |
| **AUTRICHE** | | |
| | EPPINGER Hans | (1846-1916) |
| | HOFMANN Georg | (1843-1890) |
| | PROWAZEK Stanislas Joseph Mathias von | (1875-1915) |
| | WEICHSELBAUM Anton | (1845-1920) |
| **BELGIQUE** | | |
| | BORDET Jules Jean-Baptiste | (1870-1961) |
| | GENGOU Octave | (1875-1957) |
| | GRATIA André | (1893-1950) |
| | Van ERMENGEM Emile Pierre Marie | (1851-1932) |
| **BYZANCE** | | |
| | PROCOPE de Césarée | fin Ve siècle |
| **CANADA** | | |
| | OSLER William | (1849-1919) |
| **DANEMARK** | | |
| | BANG Bernhard Lauritz Frederick | (1848-1932) |
| | FABER Knud Helge | (1862-1956) |
| | GRAM Hans Christian Joachim | (1853-1938) |
| | SALOMONSEN Carl Julius | (1847-1924) |
| **ÉCOSSE** | | |
| | BELL Benjamin | (1749-1806) |
| | DUNS SCOT John | (1266-1308) |
| | GORDON Bernard de | (1285-1318) |
| | HUNTER John | (1728-1793) |
| | OGSTON Alexander | (1844-1929) |
| | WHYTT Robert | (1714-1766) |
| **ESPAGNE** | | |
| | FERRÁN Jaime y clua | (1851-1929) |
| **ÉTATS-UNIS** | | |
| | ABBOTT Alexander Crever | (1860-1935) |
| | BRILL Natan Edwin | (1860-1925) |
| | CHAPIN Charles Willard | (1877- . . . .) |
| | DUBOS René Jules | (1901-1982) |
| | EVANS Alice Catherine | (1881-1975) |
| | FLEXNER Simon | (1863-1946) |
| | FRANCIS Edward | (1872-1957) |
| | HISS Philip Hanson, Jr. | (1868-1913) |

| | |
|---|---|
| HOLMES Oliver Wendell | (1809-1894) |
| KAHN Reuben Leon | (1887-1979) |
| LANCEFIELD Rebecca Craighill | (1895-1981) |
| McCoy George Walter | (1876-1952) |
| MILLER Willougby Dayton | (1853-1907) |
| RICKETTS Howard Taylor | (1871-1910) |
| SALMON Daniel Elmer | (1850-1914) |
| SMITH Theobald | (1859-1934) |
| STRONG Robert Pearson | (1872-1949) |
| WAKSMAN Selman Abraham | (1888-1973) |
| WEEKS John Elmer | (1853-1949) |
| WELCH William Henry | (1850-1934) |
| ZINGHER Abraham | (1885-1927) |
| ZINSSER Hans | (1879-1940) |

**FRANCE**

| | |
|---|---|
| ABADIE Bernard | (1818-1888) |
| APPERT Nicolas | (1749-1841) |
| ARLOING Saturnin | (1846-1911) |
| ASTRUC Jean | (1684-1766) |
| BAILLOU Guillaume de | (1538-1616) |
| BALZER Félix | (1849-1929) |
| BÉCHAMP Pierre Jacques Antoine | (1816-1908) |
| BERT Paul | (1833-1886) |
| BESREDKA Alexandre | (1870-1940) |
| BOISSIER de SAUVAGES de LACROIX François | (1706-1767) |
| BORREL Amédée | (1867-1936) |
| BOUILLAUD Jean-Baptiste | (1796-1881) |
| BOULEY Henri-Marie | (1814-1885) |
| BRETONNEAU Pierre-Fidèle | (1778-1862) |
| CALMETTE Albert Léon Charles | (1863-1933) |
| CHABERT Philibert | (1737-1814) |
| CHAMBERLAND Charles | (1851-1908) |
| CHANTEMESSE André | (1851-1919) |
| CHAUVEAU Jean-Baptiste Auguste | (1827-1917) |
| CORNIL André Victor | (1837-1908) |
| COURMONT Jules André | (1865-1917) |
| COURMONT Paul | (1871-1951) |
| COZE Léon | (1819-1896) |
| D'HÉRELLE Félix | (1873-1949) |
| DAVAINE Casimir Joseph | (1812-1882) |
| DOPTER Charles Alfred Henri | (1873-1950) |
| FERNEL Jean | (1497-1558) |
| FOURNIER Alfred Jean | (1832-1914) |
| GESSARD Carle | (1850-1925) |
| GRÉGOIRE de Tours [Saint] | (538-594) |
| GUÉRIN Camille | (1872-1961) |
| GUÉRIN Jules-René | (1801-1886) |
| HAMEAU Jean | (1779-1851) |
| LABARRAQUE Antoine | (1777-1850) |

| | |
|---|---|
| LAENNEC Théophile René Hyacinthe | (1781-1826) |
| LECLAINCHE Emmanuel | (1861-1953) |
| LOUIS Pierre Charles Alexandre | (1787-1872) |
| LUGOL Jean Guillaume Auguste | (1788-1851) |
| LWOFF André | (1902-1994) |
| MANTOUX Charles | (1877-1947) |
| MARIE Auguste-Charles | (1864-1935) |
| MÉRIEUX Charles | (1907-2001) |
| MÉRIEUX Marcel | (1870-1937) |
| MORAX Victor | (1866-1935) |
| NÉVOT Armand | (1891-1960) |
| NICOLLE Charles | (1866-1936) |
| NOCARD Edmond Isidore Étienne | (1850-1903) |
| PARROT Jules Joseph | (1829-1883) |
| PASTEUR Louis | (1822-1895) |
| RAMON Gaston Léon | (1886-1963) |
| RAYER Pierre François Olive | (1793-1867) |
| RICORD Philippe | (1800-1889) |
| ROUX Émile | (1853-1933) |
| RUFFER Marc Armand | (1859-1917) |
| SEDALLIAN Paul | (1894-1960) |
| SÉDILLOT Charles Emmanuel | (1804-1883) |
| SIMOND Paul-Louis | (1858-1947) |
| TOUSSAINT Joseph Jean Henry | (1847-1890) |
| VAILLARD Louis | (1850-1935) |
| VIDAL Jean-Baptiste Emile | (1825-1893) |
| VILLEMIN Jean Antoine | (1827-1892) |
| VINCENT Hyacinthe | (1862-1950) |
| VINZENT René | (1897-1966) |
| WEINBERG Michel | (1868-1940) |
| WIDAL Fernand | (1862-1929) |
| YERSIN Alexandre Emile Jean | (1863-1943) |

**GRÈCE**

| | |
|---|---|
| EVAGRE [le scolastique] | (536 ?-fin VIe siècle) |

**HONGRIE**

| | |
|---|---|
| PERTIK Otto | (1852-1913) |
| SCHICK Béla | (1877-1967) |
| SEMMELWEIS Ignác Fülöp | (1818-1865) |

**ITALIE**

| | |
|---|---|
| BIZIO Bartelomeo | (1791-1862) |
| BUONAMICI Francesco (BONAMICI) | (1626-1690) |
| CARBONE Tito | (1863-1904) |
| CARDANO Girolamo | (1501-1576) |
| CARLE Antonio | (1854-1927) |
| CASTELLANI Aldo | (1878-1971) |
| CATTANI Giuseppina | (1859-1914) |
| DUCREY Augusto | (1860-1940) |
| FRACASTOR Jérôme | (1478-1553) |

| | | |
|---|---|---|
| | PACINI Filippo | (1812-1883) |
| | RATTONE Giorgio | (1857-1930) |
| | SALICET Guillaume de | (1210-1277) |
| | SCLAVO Achille | (1861-1930) |
| | SELMI Francesco | (1817-1881) |
| | SPALLANZANI Lazzaro | (1729-1789) |
| | TIZZONI Guido | (1853-1932) |
| **JAPON** | | |
| | AOYAMA Tanemichi | (1859-1932) |
| | HATA Sahachiro | (1873-1938) |
| | KITASATO Shibasaburo | (1856-1931) |
| | NOGUCHI Hideyo | (1876-1928) |
| | SHIGA Kiyoshi | (1871-1957) |
| **LETTONIE** | | |
| | SCHOEN Moïse | (1884-1938) |
| **MALTE** | | |
| | ZAMMIT Themistocles | (1864-1935) |
| **MÉSOPOTAMIE** | | |
| | AMIDA Ezius d' | (502-575) |
| **NORVÈGE** | | |
| | BOECK Carl Wilhelm | (1808-1875) |
| | DANIELSSEN Daniel Cornelius | (1815-1894) |
| | HANSEN Gerhard Henrik Armauer | (1841-1912) |
| **PAYS-BAS** | | |
| | BEIJERINCK Martinus Willem | (1851-1931) |
| | VAN LEEUWENHOEK Anthonie | (1632-1723) |
| **PÉROU** | | |
| | BARTON Alberto Leopoldo | (1871-1950) |
| **POLOGNE** | | |
| | WEIGL Rudolf | (1883- 1957) |
| **PORTUGAL** | | |
| | CAMARA-PESTANA da Luiz | (1863-1899) |
| **ROUMANIE** | | |
| | BABES Victor | (1854-1926) |
| | CANTACUZINO Ion | (1863-1934) |
| | LEVADITI Constantin | (1874-1953) |
| **RUSSIE** | | |
| | HAFFKINE Waldemar Mordochaï Wolff | (1860-1930) |
| | METCHNIKOFF Elie | 1845-1916) |
| | RABINOWITSCH Lydia | (1871-1935) |
| | WINOGRADSKY Sergei Nicolaevitch | (1856-1953) |
| **SUISSE** | | |
| | NÄGELI Carl Wilhelm von | (1817-1891) |
| | VIEUSSEUX Gaspard | (1746-1814) |

# DATES

| | | |
|---|---|---|
| finVe siècle | PROCOPE de Césarée | Byzance |
| 502-575 | AMIDA Ezius d’ | Mésopotamie |
| 536?-fin VIe siècle | EVAGRE [le scolastique] | Grèce |
| 538-594 | GRÉGOIRE de Tours [Saint] | France |
| **1200** | | |
| 1210-1277 | SALICET Guillaume de | Italie |
| 1266-1308 | DUNS SCOT John | Écosse |
| 1285-1318 | GORDON Bernard de | Écosse |
| **1400** | | |
| 1478-1553 | FRACASTOR Jérôme | Italie |
| 1497-1558 | FERNEL Jean | France |
| **1500** | | |
| 1501-1576 | CARDANO Girolamo | Italie |
| 1507-1586 | GALE Thomas | Angleterre |
| 1538-1616 | BAILLOU Guillaume de | France |
| **1600** | | |
| 1601-1680 | KIRCHER Athanasius | Allemagne |
| 1621-1675 | WILLIS Thomas | Angleterre |
| 1626-1690 | BUONAMICI Francesco BONAMICI | Italie |
| 1632-1723 | VAN LEEUWENHOEK Anthonie | Pays-Bas |
| 1635-1682 | BECHER Johann Joachim | Allemagne |
| 1684-1766 | ASTRUC Jean | France |
| 1690-1751 | MARTEN Benjamin | Angleterre |
| 1698-1774 | BAKER Henry | Angleterre |
| 1699-1767 | WERLHOF Paul Gottlieb | Allemagne |
| **1700** | | |
| 1706-1767 | BOISSIER de SAUVAGES de LACROIX François | France |
| 1707-1782 | PRINGLE John Sir | Angleterre |
| 1713-1781 | NEEDHAM John Turberville | Angleterre |
| 1714-1766 | WHYTT Robert | Écosse |
| 1727-1763 | ROEDERER Johann Georg | Allemagne |
| 1728-1793 | HUNTER John | Écosse |
| 1729-1789 | SPALLANZANI Lazzaro | Italie |
| 1737-1814 | CHABERT Philibert | France |
| 1746-1814 | VIEUSSEUX Gaspard | Suisse |
| 1749-1806 | BELL Benjamin | Écosse |
| 1749-1841 | APPERT Nicolas | France |
| 1777-1850 | LABARRAQUE Antoine | France |
| 1778-1862 | BRETONNEAU Pierre-Fidèle | France |
| 1779-1851 | HAMEAU Jean | France |

| | | |
|---|---|---|
| 1781-1826 | LAENNEC Théophile René Hyacinthe | France |
| 1787-1872 | LOUIS Pierre Charles Alexandre | France |
| 1788-1851 | LUGOL Jean Guillaume Auguste | France |
| 1791-1862 | BIZIO Bartelomeo | Italie |
| 1793-1864 | SCHÖNLEIN Louis Lucas | Allemagne |
| 1793-1867 | RAYER Pierre François Olive | France |
| 1795-1876 | EHRENBERG Christian Gottfried | Allemagne |
| 1796-1881 | BOUILLAUD Jean-Baptiste | France |

**1800**

| | | |
|---|---|---|
| 1800-1889 | RICORD Philippe | France |
| 1801-1886 | GUÉRIN Jules-René | France |
| 1804-1883 | SÉDILLOT Charles Emmanuel | France |
| 1808-1875 | BOECK Carl Wilhelm | Norvège |
| 1809-1894 | HOLMES Oliver Wendell | États-Unis |
| 1811-1880 | BUDD William | Angleterre |
| 1811-1899 | BUNSEN Robert Wilhelm | Allemagne |
| 1812-1882 | DAVAINE Casimir Joseph | France |
| 1812-1883 | PACINI Filippo | Italie |
| 1813-1859 | SNOW John | Angleterre |
| 1814-1885 | BOULEY Henri-Marie | France |
| 1814-1891 | HOFFMANN Hermann Heinrich | Allemagne |
| 1815-1894 | DANIELSSEN Daniel Cornelius | Norvège |
| 1816-1908 | BÉCHAMP Pierre Jacques Antoine | France |
| 1817-1891 | NÄGELI Carl Wilhelm von | Suisse |
| 1817-1881 | SELMI Francesco | Italie |
| 1818-1888 | ABADIE Bernard | France |
| 1818-1865 | SEMMELWEIS Ignác Fülöp | Hongrie |
| 1819-1896 | COZE Léon | France |
| 1819-1893 | CREDÉ Karl Sigmund Franz | Allemagne |
| 1822-1895 | PASTEUR Louis | France |
| 1825-1893 | VIDAL Jean-Baptiste Emile | France |
| 1826-1894 | TRAUBE Moritz | Allemagne |
| 1827-1917 | CHAUVEAU Jean-Baptiste Auguste | France |
| 1827-1912 | LISTER Joseph | Angleterre |
| 1827-1892 | VILLEMIN Jean Antoine | France |
| 1828-1898 | COHN Ferdinand | Allemagne |
| 1829-1894 | BILLROTH Albert Christian Theodor | Allemagne |
| 1829-1883 | PARROT Jules Joseph | France |
| 1831-1911 | MARSTON Allen Jeffery | Angleterre |
| 1832-1914 | FOURNIER Alfred Jean | France |
| 1833-1886 | BERT Paul | France |
| 1833-1910 | RECKLINGHAUSEN Friedrich Daniel von | Allemagne |
| 1834-1913 | KLEBS Theodor Albrecht Edwin | Allemagne |
| 1835-1926 | EBERTH Carl Joseph | Allemagne |
| 1835-1894 | SCHROETER Joseph | Allemagne |
| 1837-1915 | BASTIAN Henry Charlton | Angleterre |
| 1837-1908 | CORNIL André Victor | France |
| 1837-1900 | KÜHNE Wilhelm | Allemagne |

| | | |
|---|---|---|
| 1838-1912 | DÖNITZ Friedrich Karl Wilhelm | Allemagne |
| 1839-1921 | SCHÜTZ Johann Wilhelm | Allemagne |
| 1841-1912 | HANSEN Gerhard Henrik Armauer | Norvège |
| 1842-1899 | BIRCH-HIRSCHFELD Félix-Victor | Allemagne |
| 1842-1889 | GSCHEIDLEN Richard | Allemagne |
| 1842-1923 | ROSENBACH Anton Julius Friedrich | Allemagne |
| 1842-1927 | ZETTNOW Hugh Oscar Emil | Allemagne |
| 1843-1890 | HOFMANN Georg | Autriche |
| 1843-1909 | BOLLINGER Otto von | Allemagne |
| 1843-1926 | HEUBNER Otto | Allemagne |
| 1843–1910 | KOCH Robert | Allemagne |
| 1843-1873 | OBERMEIER Otto Hugo Franz | Allemagne |
| 1844-1929 | OGSTON Alexander | Écosse |
| 1845-1916 | METCHNIKOFF Elie | Russie |
| 1845-1920 | WEICHSELBAUM Anton | Autriche |
| 1845-1904 | WEIGERT Karl | Allemagne |
| 1846-1911 | ARLOING Saturnin | France |
| 1846-1916 | EPPINGER Hans | Autriche |
| 1846-1911 | HESSE Walther | Allemagne |
| 1846-1909 | ZOPF Wilhelm | Allemagne |
| 1847-1887 | FRIEDLÄNDER Carl | Allemagne |
| 1847-1924 | SALOMONSEN Carl Julius | Danemark |
| 1847-1890 | TOUSSAINT Joseph Jean Henry | France |
| 1848-1932 | BANG Bernhard Lauritz Frederick | Danemark |
| 1848-1929 | BAUMGARTEN Paul von | Allemagne |
| 1848-1916 | FRAENKEL Albert | Allemagne |
| 1848-1934 | GÄRTNER August Anton Hieronimus | Allemagne |
| 1848-1919 | PFEIFFER August | Allemagne |
| 1849-1929 | BALZER Félix | France |
| 1849-1909 | BRIEGER Ludwig | Allemagne |
| 1849-1919 | OSLER William | Canada |
| 1849-1919 | SCHOTTELIUS Max | Allemagne |
| 1850-1928 | BOSTROEM Eugen | Allemagne |
| 1850-1918 | GAFFKY Georg Theodor August | Allemagne |
| 1850-1925 | GESSARD Carle | France |
| 1850-1903 | NOCARD Edmond Isidore Étienne | France |
| 1850-1914 | SALMON Daniel Elmer | État-Unis |
| 1850-1935 | VAILLARD Louis | France |
| 1850-1934 | WELCH William Henry | États-Unis |
| 1851-1931 | BEIJERINCK Martinus Willem | Pays-Bas |
| 1851-1908 | CHAMBERLAND Charles | France |
| 1851-1919 | CHANTEMESSE André | France |
| 1851-1929 | FERRÁN Jaime y clua | Espagne |
| 1851-1915 | PROSKAUER Bernard | Allemagne |
| 1851-1932 | Van ERMENGEM Emile Pierre Marie | Belgique |
| 1852-1914 | EMMERICH Rudolf | Allemagne |
| 1852-1915 | FISCHER Bernhard | Allemagne |
| 1852-1915 | LOEFFLER Friedrich August Johannes | Allemagne |
| 1852-1913 | PERTIK Otto | Hongrie |

| | | |
|---|---|---|
| 1852-1921 | PETRI Richard Julius | Allemagne |
| 1853-1938 | GRAM Hans Christian Joachim | Danemark |
| 1853-1907 | MILLER Willougby Dayton | États-Unis |
| 1853-1933 | ROUX Émile | France |
| 1853-1932 | TIZZONI Guido | Italie |
| 1853-1949 | WEEKS John Elmer | États-Unis |
| 1854-1926 | BABES Victor | Roumanie |
| 1854-1917 | BEHRING Emil Adolf von | Allemagne |
| 1854-1927 | CARLE Antonio | Italie |
| 1854-1915 | EHRLICH Paul | Allemagne |
| 1854-1924 | FEHLEISEN Friedrich | Allemagne |
| 1854-1894 | NEELSEN Friedrich Karl Adolph | Allemagne |
| 1854-1899 | WOLFFHÜGEL Gustav | Allemagne |
| 1855-1931 | BRUCE David | Angleterre |
| 1855-1915 | ESMARCH Erwin von | Allemagne |
| 1855-1916 | NEISSER Albert Ludwig Sigismond | Allemagne |
| 1856-1931 | KITASATO Shibasaburo | Japon |
| 1856-1953 | WINOGRADSKY Sergei Nicolaevitch | Russie |
| 1857-1911 | ESCHERICH Theodor | Allemagne |
| 1857-1930 | RATTONE Giorgio | Italie |
| 1857-1926 | ZIEHL Franz Heinrich Paul | Allemagne |
| 1858-1915 | CORNET Georg | Allemagne |
| 1858-1941 | KITT Theodor | Allemagne |
| 1858-1945 | PFEIFFER Richard Friedrich Johanes | Allemagne |
| 1858-1947 | SIMOND Paul-Louis | France |
| 1859-1932 | ANDREWES Frederick William | Angleterre |
| 1859-1932 | AOYAMA Tanemichi | Japon |
| 1859-1914 | CATTANI Giuseppina | Italie |
| 1859-1917 | RUFFER Marc Armand | France |
| 1859-1934 | SMITH Theobald | États-Unis |
| 1860-1935 | ABBOTT Alexander Crever | États-Unis |
| 1860-1925 | BRILL Natan Edwin | États-Unis |
| 1860-1941 | DÖDERLEIN Albert Siegmund Gustav | Allemagne |
| 1860-1940 | DUCREY Augusto | Italie |
| 1860-1930 | HAFFKINE Waldemar Mordochaï Wolff | Russie |
| 1861-1953 | LECLAINCHE Emmanuel | France |
| 1861-1931 | MacCONKEY Alfred Theodore | Angleterre |
| 1861-1930 | SCLAVO Achille | Italie |
| 1861-1947 | WRIGHT Almroth Edward | Angleterre |
| 1862-1956 | FABER Knud Helge | Danemark |
| 1862-1942 | NICOLAIER Arthur | Allemagne, |
| 1862-1950 | VINCENT Hyacinthe | France |
| 1862-1929 | WIDAL Fernand | France |
| 1863-1933 | CALMETTE Albert Léon Charles | France |
| 1863-1899 | CAMARA-PESTANA da Luiz | Portugal |
| 1863-1934 | CANTACUZINO Ion | Roumanie |
| 1863-1904 | CARBONE Tito | Italie |
| 1863-1914 | DEAN George | Angleterre |
| 1863-1946 | FLEXNER Simon | États-Unis |

| | | |
|---|---|---|
| 1863-1938 | MIGULA Walter | Allemagne |
| 1863-1943 | YERSIN Alexandre Emile Jean | France |
| 1864-.... | ARKWRICHT Joseph Arthur | Angleterre |
| 1864-1943 | KRUSE Walther | Allemagne |
| 1864-1935 | MARIE Auguste-Charles | France |
| 1864-1935 | ZAMMIT Themistocles | Malte |
| 1865-1917 | COURMONT Jules André | France |
| 1866-1935 | MORAX Victor | France |
| 1866-1936 | NICOLLE Charles | France |
| 1866-1925 | WASSERMANN August Paul von | Allemagne |
| 1867-1930 | AXENFELD Theodor | Allemagne |
| 1867-1936 | BORREL Amédée | France |
| 1867-1899 | HUGHES Louis Matthew | Angleterre |
| 1867-1936 | SCHOTTMÜLLER Hugo Adolf Alfred Louis Georg | Allemagne |
| 1868-1942 | ABEL Rudolf | Allemagne |
| 1868-1913 | HISS Philip Hanson, Jr. | États-Unis |
| 1868-1959 | HOFFMANN Paul Erich | Allemagne |
| 1868-1940 | WEINBERG Michel | France |
| 1869-1927 | BAIL Oscar | Allemagne |
| 1869-1938 | NEISSER Max | Allemagne |
| 1870-1940 | BESREDKA Alexandre | France |
| 1870-1961 | BORDET Jules Jean-Baptiste | Belgique |
| 1870-1937 | MÉRIEUX Marcel | France |
| 1870-1957 | UHLENHUTH Paul Theodor | Allemagne |
| 1871-1950 | BARTON Alberto Leopoldo | Pérou |
| 1871-1951 | COURMONT Paul | France |
| 1871-1935 | RABINOWITSCH Lydia | Russie |
| 1871-1910 | RICKETTS Howard Taylor | États-Unis |
| 1871-1906 | SCHAUDINN Fritz Richard | Allemagne |
| 1871-1957 | SHIGA Kiyoshi | Japon |
| 1872-1957 | FRANCIS Edward | États-Unis |
| 1872-1961 | GUÉRIN Camille | France |
| 1872-1949 | STRONG Robert Pearson | États-Unis |
| 1873-1949 | D'HÉRELLE Félix | France |
| 1873-1950 | DOPTER Charles Alfred Henri | France |
| 1873-1938 | HATA Sahachiro | Japon |
| 1874-1953 | LEVADITI Constantin | Roumanie |
| 1875-1957 | GENGOU Octave | Belgique |
| 1875-1915 | PROWAZEK Stanislas Joseph Mathias von | Autriche |
| 1876-1928 | NOGUCHI Hideyo | Japon |
| 1876-1952 | McCoy George Walter | États-Unis |
| 1877-.... | CHAPIN Charles Willard | États-Unis |
| 1877-1947 | MANTOUX Charles | France |
| 1877-1950 | TWORT Frederick William | Angleterre |
| 1877-1967 | SCHICK Béla | Hongrie |
| 1878-1971 | CASTELLANI Aldo | Italie |
| 1879-1940 | ZINSSER Hans | États-Unis |
| 1880-1952 | DAKIN Henry Drysdale | Angleterre |
| 1881-1955 | FLEMING Alexander | Angleterre |

| | | |
|---|---|---|
| 1881-1969 | REITER Hans Conrad | Allemagne |
| 1881-1975 | EVANS Alice Catherine | États-Unis |
| 1882-1971 | FILDES Paul | Angleterre |
| 1883-1957 | WEIGL Rudolf | Pologne |
| 1884-1938 | SCHOEN Moïse | Lettonie |
| 1885-1927 | ZINGHER Abraham | États-Unis |
| 1885-1961 | UHLENHUTH Eduard | Allemagne |
| 1886-1963 | RAMON Gaston Léon | France |
| 1887-1979 | KAHN Reuben Leon | États-Unis |
| 1888-1973 | WAKSMAN Selman Abraham | États-Unis |
| 1891-1960 | NÉVOT Armand | France |
| 1893-1950 | GRATIA André | Belgique |
| 1894-1960 | SEDALLIAN Paul | France |
| 1895-1964 | DOMAGK Gerhard | Allemagne |
| 1895-1981 | LANCEFIELD Rebecca Craighill | États-Unis |
| 1897-1966 | VINZENT René | France |
| 1898-1968 | FLOREY Howard Walter | Australie |
| 1899-1978 | KAUFFMANN Fritz Alexander | Allemagne |
| 1899-1985 | BURNET Frank Macfarlane Sir | Australie |
| **1900** | | |
| 1901-1982 | DUBOS René Jules | États-Unis |
| 1902-1994 | LWOFF André | France |
| 1906-1979 | CHAIN Ernst Boris | Allemagne |
| 1907-2001 | MÉRIEUX Charles | France |

# INDEX

Achevé d'imprimer sur les presses de l'Imprimerie BARNÉOUD
B.P. 44 - 53960 BONCHAMP-LÈS-LAVAL
Dépôt légal : Janvier 2005 - N° d'imprimeur : 501.004
*Imprimé en France*